城市水务基础设施规划理论与实践系列培训教材

# 水环境治理系统化方案编制理论与实践

主 编 马洪涛 王 磊

副主编 国小伟 许慧星 孟恬园 张玉政

U0264184

中国建筑工业出版社

图书在版编目（CIP）数据

水环境治理系统化方案编制理论与实践/马洪涛，
王磊主编；国小伟等副主编.—北京：中国建筑工业
出版社，2021.2
城市水务基础设施规划理论与实践系列培训教材
ISBN 978-7-112-27032-3

Ⅰ.①水… Ⅱ.①马… ②王… ③国… Ⅲ.①水环境
—综合治理—技术培训—教材 Ⅳ.①X143

中国版本图书馆CIP数据核字（2021）第270041号

本书阐述了我国水环境治理的发展历程、政策要求，分析了新时代背景下水环境综合治理面临的挑
战，提出了水环境治理的解决途径，并围绕"控源截污、内源治理、生态修复、活水保质"等措
施，系统介绍了方案编制的方法和主要内容，结合南方与北方、沿海与内陆、大城市与小城市、平
原与丘陵等5个不同类型的典型水环境治理案例分析，为不同类型城市的水环境治理工作及系统化
方案的编制提供借鉴和参考。

责任编辑：李　杰
文字编辑：葛又畅
版式设计：锋尚设计
责任校对：张　颖

城市水务基础设施规划理论与实践系列培训教材
水环境治理系统化方案编制理论与实践
主　编　马洪涛　王　磊
副主编　国小伟　许慧星　孟恬园　张玉政
\*
中国建筑工业出版社出版、发行（北京海淀三里河路9号）
各地新华书店、建筑书店经销
北京锋尚制版有限公司制版
天津翔远印刷有限公司印刷
\*
开本：850毫米×1168毫米　1/16　印张：19　字数：438千字
2022年9月第一版　2022年9月第一次印刷
定价：**138.00** 元
ISBN 978-7-112-27032-3
（38835）

# 本书编委会

主　　编：马洪涛　王　磊

副主编：国小伟　许慧星　孟恬园　张玉政

编写组：张　伟　张海行　李智奇　李　宝　马伟青

　　　　肖朝红　揭小峰　涂楠楠　王腾旭　曹玉烛

　　　　王　英　王梦迪　潘　芳　杨　宁　王　翔

# 前　言

生态文明建设是关系人民福祉、关乎民族未来和中华民族永续发展的根本大计，防治水污染、保护水生态环境、打好碧水保卫战，是生态文明建设的重要组成部分。我国的水环境治理工作，已经"从污染治理为主向水生态、水环境、水资源等系统治理转变"。为系统梳理水环境治理工作经验，巩固治理成效，继续深入开展水环境综合治理工作，提高城市涉水工作的系统性和科学性，需要创新规划设计的方法和模式，在规划与设计之间增加系统化方案，实现规划的细化落实和设计的综合统筹。系统化方案立足本底条件，按照"问题+目标"导向，构建综合工程体系，完善非工程保障措施，实现水生态、水环境、水资源的系统治理，确定项目类型及建设要求，理清项目和效果、项目和项目之间的关系，加强项目的可实施性，保障城市水环境治理工作成效。

本书包括三大部分和12个章节，结合了多个城市的水环境治理工作经验，既是编者们近年来项目经验的总结，也是全体智慧的结晶，为读者快速了解新时代背景下水环境治理工作以及如何编制水环境治理系统化方案提供参考，为顺利推进水环境综合治理工作提供技术支撑，为政府和城市管理者提供决策依据。本书第一部分为背景篇，主要阐述了我国水环境治理的发展历程、政策要求，分析了新时代背景下水环境治理面临的挑战，提出了水环境治理的系统解决途径。第二部分为方法篇，介绍了自然本底、基础设施、水环境治理工程等的调查内容与方法，明确了目标指标的确定途径，围绕"控源截污、内源治理、生态修复、活水保质"等工程措施，系统介绍了方案编制的方法和主要内容，并借助先进的技术手段进行定量分析，识别主要问题，构建最优系统方案，辅以非工程保障措施，实现水生态、水环境、水资源的系统治理，同时明确了编制要求和成果产出。第三部分为实践篇，归纳总结了厦门、吴忠、青岛、宜春等4个城市的5个典型的水环境治理案例，涵盖南方与北方、沿海与内陆、大城市与小城市、平原与丘陵等不同类型，可为其他类似城市的水环境治理工作及系统化方案的编制提供借鉴和参考。

本书编写过程中，我们得到了多方的大力支持和帮助，在此谨向住房和城乡建设部、生态环境部、中国城镇供水排水协会表示感谢，向厦门市海沧区建设与交通局、吴忠市住房和城乡建设局、青岛市水务管理局、青岛市李沧区城市管理局、青岛市水务事业发展服务中心、宜春市综合行政执法局、九江市住房和城乡建设局、九江市城市管理局等地方住建、水务管理部门表示感谢，向长江生态环保集团有限公司江西区域公司、厦门市城市规划设计研究院、青岛市市政工程设计研究院、宜春市园林绿化工程有限公司等地方单位表示感谢！最后，特别感谢中国市政华北设计研究总院有限公司及兄弟单位的大力支持！

由于编写时间有限，本书难免存在疏漏和不足之处，请读者提出宝贵意见。愿本书能够为广大水环境治理相关管理人员、研究人员、规划设计人员、建设施工人员以及全国大中专院校相关学科师生提供经验和参考，让我们共同为水环境治理工作贡献力量，打造"有河有水，有鱼有草，人水和谐"的生态宜居家园！

# 目 录/Contents

背景篇

# 第1章　水环境治理背景

## 1.1　水环境现状

近年来，随着我国城市化进程加快，社会经济飞速发展，传统以GDP为核心的发展思路导致水环境问题日益凸显，城市河流和湖泊被污染，水生态严重退化，城市水体黑臭现象越来越多地出现在人们的视野中，严重破坏了城市形象。特别是在一些经济发达地区，每况愈下的水环境质量与持续向好的经济发展态势形成了鲜明对比。

根据《2019中国生态环境状况公报》，2019年，我国十个主要流域（长江、黄河、珠江、松花江、淮河、海河、辽河、浙闽片河流、西北诸河、西南诸河）监测的1610个水质断面中，Ⅰ～Ⅲ类水质断面占79.0%，劣Ⅴ类占3.0%；其中，西北诸河、浙闽片河流、西南诸河和长江流域总体水质为优，珠江流域水质良好，黄河流域、松花江流域、淮河流域、辽河流域和海河流域为轻度污染（图1-1）。

2016年4月，住房和城乡建设部、生态环境部联合对全国城市黑臭水体进行了排查。根据排查结果，截至2016年底，全国295个地级及以上城市中，220个城市排查确认黑臭水体2026个。黑臭水体的地域分布呈现南多北少的特点，约60%分布在东南沿海等经济相对发达地区。36个直辖市、省会城市、计划单列市建成区中，31个城市排查确认黑臭水体638个。全国74.5%的地级以上城市中河道水体存在黑臭水体。国内大江大河以及主要湖泊富营养化、水体污染等新闻也引起了社会大众对我国水环境质量现状的持续关注。

水环境污染问题已成为城市水环境面临的最突出的问题，水环境的逐步恶化一方面造成了水体黑臭，影响了河流生态健康，对生态环境造成了破坏；另

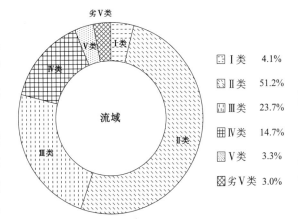

图1-1 2019年全国流域总体水质状况一览图（数据来源：《2019中国生态环境状况公报》）

Ⅰ类　4.1%
Ⅱ类　51.2%
Ⅲ类　23.7%
Ⅳ类　14.7%
Ⅴ类　3.3%
劣Ⅴ类　3.0%

一方面，也严重地影响了百姓生活，破坏了城市形象，严重制约了社会的可持续发展，水环境系统治理工作迫在眉睫。

## 1.2　水环境治理要求

党的十八大以来，习近平总书记多次就"科学治水"发表重要讲话，作出重要指示，将坚决打好"污染防治攻坚战"作为全面建成小康社会决胜期的关键任务，强调要牢固树立和践行"绿水青山就是金山银山"的发展理念，大力推进生态文明建设。2013年，习近平总书记在十八届三中全会上明确了"山水林田湖共同生命体"概念，要求"对山水林田湖进行统一保护、统一修复"；2014年，在中央财经领导小组第五次会议上提出了"节水优先、空间均衡、系统治理、两手发力"新时期治水方针；2016年，在推动长江经济带发展座谈会上提出要"共抓大保护，不搞大开发"工作部署；2017年，在中国共产党第十九次全国代表大会报告中提出，要"加快水污染防治，实施流域环境和近海海域综合治理"；2018年4月，在中央财经工作领导小组第一次会议上，强调"打好污染防治攻坚战"，要打几场标志性的重大战役，城市黑臭水体治理被明确为污染防治攻坚战的七大战役之一；2018年5月，在全国生态环境保护大会上，指出要"基本消灭城市黑臭水体，还给老百姓清水绿岸、鱼翔浅底的景象"；2019年，在黄河流域生态保护和高质量发展座谈会上，提出要"共同抓好大保护，协同推进大治理"，科学引导我国治水工作由传统管理向综合治理转变，为推进新时代治水提供了科学指南和根本遵循。

为贯彻落实习近平总书记的重要指示、批示精神，切实加大水污染防治力度，保障国家整体水安全，解决部分地区水环境质量差、水生态受损重、环境隐患多等诸多问题，党中央、国务院研究出台了一系列政策制度（表1-1），积极推动我国流域水环境治理工作。

2015年4月16日，国务院发布《水污染防治行动计划》（简称"水十条"），提出到2020年，长江、黄河、珠江、松花江、淮河、海河、辽河等七大重点流域水质优良（达到或优于Ⅲ类）比例总体达到70%以上，地级及以上城市建成区黑臭水体均控制在10%以内，京津冀区域丧失使用功能（劣于Ⅴ类）的水体断面比例下降15%左右，长三角、珠三角区域力争消除丧失使用功能的水体的工作目标要求。这部史上最严"水十条"为我国开展水污染防治工作提供了纲领性的指导。

随后，国务院发布《关于深入推进新型城镇化建设的若干意见》和《关于进一步加强城市规划建设管理工作的若干意见》，提出加强自然水系保护与生态修复，切实保护良好水体和饮用水源；整治城市黑臭水体，强化城中村、老旧城区和城乡结合部污水截流、收集，抓紧治理城区污水横流、河湖水系污染严重的现象。到2020年，地级以上城市建成区力争实现污水全收集、全处理，缺水城市再生水利用率达到20%以上。

2018年6月16日，国务院发布《关于全面加强生态环境保护　坚决打好污染防治攻坚战的意见》，提出着力打好碧水保卫战（包括水源地保护攻坚战、城市黑臭水体治理攻坚战、长江保护修复攻坚战、渤海综合治理攻坚战、农业农村污染治理攻坚战等5项攻坚战任务），要求深入实施水污染防治行动计划，扎实推进河长制湖长制，坚持污染减排和生态扩容两手发力，加快工业、农业、生活污染源和水生态系统整治，保障饮用水安全，消除城市黑臭水体，减少污染严重水体和不达标水体。

李克强总理在2019年、2020年、2021年连续三次国务院政府工作报告中，都强调了深入贯彻落实可持续发展战略，加强水污染防治和城市黑臭水体治理工作，加强城市污水管网和处理设施、垃圾处置设施建设，加强生态系统保护和修复，促进生态文明建设。

2021年3月11日，十三届全国人大四次会议表决通过了《中华人民共和国国民经济和社会发展第十四个五年规划和2035年远景目标纲要》的决议，明确了"十四五"期间，要持续改善环境质量，深入打好污染防治攻坚战；推进城镇污水管网全覆盖，基本消除劣V类国控断面和城市黑臭水体；同时提升生态系统质量和稳定性，坚持山水林田湖草系统治理，加大重点河湖保护和综合治理力度，恢复水清岸绿的水生态体系。

国家相关部委也先后印发多项政策文件，全面落实国家政策要求。2018年，住房和城乡建设部、生态环境部联合发布《城市黑臭水体治理攻坚战实施方案》，明确到2020年底，各省、自治区地级及以上城市建成区黑臭水体消除比例达到90%以上的治理目标；2019年，住房和城乡建设部、生态环境部、国家发展和改革委等三部委联合发布《城镇污水处理提质增效三年行动方案（2019～2021年）》，要求到2021年，全国地级及以上城市建成区基本无生活污水直排口，基本消除城中村、老旧城区和城乡结合部生活污水收集处理设施空白区，基本消除黑臭水体，城市生活污水集中收集效能显著提高。

生态环境部会同其他部委先后发布《重点流域水污染防治规划（2016～2020年）》《长江保护修复攻坚战行动计划》等文件，提出到2020年，全国地表水环境质量得到阶段性改善，水质优良水体有所增加，污染严重水体较大幅度减少；长江流域水质优良（达到或优于Ⅲ类）的国控断面比例达到85%以上，丧失使用功能（劣于V类）的国控断面比例低于2%；长江经济带地级及以上城市建成区黑臭水体消除比例达90%以上。

在国家加大水环境治理力度的同时，各省市先后印发地方性文件，全面加强水环境治理的投入。例如广东省印发了《南粤水更清行动计划（2013～2020年）》，辽宁省印发了《辽河流域综合治理与生态修复总体方案》，浙江省先后印发了《浙江省水污染防治行动计划》《浙江省近岸海域污染防治实施方案》《杭州湾污染综合治理攻坚战实施方案》等。各地积极响应国家方针政策，推进辖区流域水环境治理各项工作。

我国水环境治理方面主要政策一览表      表1-1

| 序号 | 发文单位/发布会议 | 发布时间 | 文件名称 | 主要内容 |
|---|---|---|---|---|
| 1 | 国务院 | 2015年 | 《水污染防治行动计划》 | 到2020年，长江、黄河、珠江、松花江、淮河、海河、辽河等七大重点流域水质优良（达到或优于Ⅲ类）比例总体达到70%以上，地级及以上城市建成区黑臭水体均控制在10%以内，京津冀区域丧失使用功能（劣于V类）的水体断面比例下降15%左右，长三角、珠三角区域力争消除丧失使用功能的水体 |
| 2 | | 2016年 | 《关于深入推进新型城镇化建设的若干意见》 | 加强自然水系保护与生态修复，切实保护良好水体和饮用水源，强化河湖水系整治 |

| 序号 | 发文单位/发布会议 | 发布时间 | 文件名称 | 主要内容 |
|---|---|---|---|---|
| 3 | 国务院 | 2016年 | 《关于进一步加强城市规划建设管理工作的若干意见》 | 整治城市黑臭水体，强化城中村、老旧城区和城乡结合部污水截流、收集，抓紧治理城区污水横流、河湖水系污染严重的现象。到2020年，地级以上城市建成区力争实现污水全收集、全处理，缺水城市再生水利用率达到20%以上 |
| 4 | | 2018年 | 《关于全面加强生态环境保护 坚决打好污染防治攻坚战的意见》 | 着力打好碧水保卫战，深入实施水污染防治行动计划，扎实推进河长制湖长制，坚持污染减排和生态扩容两手发力，加快工业、农业、生活污染源和水生态系统整治，保障饮用水安全，消除城市黑臭水体，减少污染严重水体和不达标水体 |
| 5 | 中国共产党十九届五中全会 | 2020年 | 《中共中央关于制定国民经济和社会发展第十四个五年规划和二〇三五年远景目标的建议》 | "十四五"期间，要持续改善环境质量，深入打好污染防治攻坚战；推进城镇污水管网全覆盖，基本消除城市黑臭水体；同时提升生态系统质量和稳定性，坚持山水林田湖草系统治理，强化河湖长制，加强大江大河和重要湖泊湿地生态保护治理 |
| 6 | 十三届全国人大常委会第二十四次会议 | 2020年 | 《中华人民共和国长江保护法》 | 我国首部流域保护法律 |
| 7 | 十三届全国人大四次会议 | 2021年 | 《中华人民共和国国民经济和社会发展第十四个五年规划和2035年远景目标纲要》 | 深入打好污染防治攻坚战，建立健全环境治理体系，推进精准、科学、依法、系统治污。完善水污染防治流域协同机制，加强重点流域、重点湖泊、城市水体和近岸海域综合治理，推进美丽河湖保护与建设，化学需氧量和氨氮排放总量分别下降8%，基本消除劣Ⅴ类国控断面和城市黑臭水体 |
| 8 | 国家发展和改革委、科技部、工业和信息化部、财政部、自然资源部、生态环境部、住房和城乡建设部、水利部、农业农村部、市场监管总局 | 2021年 | 《关于推进污水资源化利用的指导意见》 | 到2025年，全国污水收集效能显著提升；到2035年，形成系统、安全、环保、经济的污水资源化利用格局。重点推进城镇污水管网破损修复、老旧管网更新和混接错接改造，循序推进雨污分流改造。重点流域、缺水地区和水环境敏感区结合当地水资源禀赋和水环境保护要求，实施现有污水处理设施提标升级扩能改造，根据实际需要建设污水资源化利用设施 |
| 9 | 住房和城乡建设部、生态环境部 | 2018年 | 《城市黑臭水体治理攻坚战实施方案》 | 到2020年底，各省、自治区地级及以上城市建成区黑臭水体消除比例达到90%以上 |
| 10 | 住房和城乡建设部、生态环境部、国家发展和改革委 | 2019年 | 《城镇污水处理提质增效三年行动方案（2019~2021年）》 | 到2021年，全国地级及以上城市建成区基本无生活污水直排口，基本消除城中村、老旧城区和城乡结合部生活污水收集处理设施空白区，基本消除黑臭水体，城市生活污水集中收集效能显著提高 |
| 11 | 住房和城乡建设部 | 2022年 | 《"十四五"推动长江经济带发展城乡建设行动方案》 | 流域区域协调建设治理水平更加高效，城市防洪排涝能力显著增强，海绵城市建设取得显著成效，有效应对城市内涝防治标准内的降雨。到2025年，城市生活污水集中收集率不低于70%（或较2020年提高5个百分点以上），县城生活污水处理能力基本满足需求，生活污水收集效能进一步提升 |
| 12 | | 2022年 | 《"十四五"推动长江经济带发展城乡建设行动方案》 | 到2025年，黄河流域人水城关系逐渐改善，城镇生态修复和水环境治理工程有效推进，城市风险防控和安全韧性能力持续加强，节水型城市建设取得重大进展；城市转型提质、县城建设补短板取得明显成效，城市绿色发展和生活方式普遍推广；黄河流域各省区城乡历史文化保护传承体系日益完善，沿黄城市风貌特色逐渐彰显 |
| 13 | 国家发展和改革委 | 2017年 | 《重点流域水环境综合治理中央预算内投资计划管理办法》 | 明确了中央专项投资重点支持对水环境质量改善直接相关的项目，项目类型主要包括城镇污水处理、城镇垃圾处理、河道（湖库）水环境综合治理和城镇饮用水水源地治理，以及推进水环境治理的其他工程 |

续表

| 序号 | 发文单位/发布会议 | 发布时间 | 文件名称 | 主要内容 |
|---|---|---|---|---|
| 14 | 国家发展和改革委 | 2021年 | 《"十四五"重点流域水环境综合治理规划》 | 到2025年，基本形成较为完善的城镇水污染防治体系，城市生活污水集中收集率力争达到70%以上，基本消除城市黑臭水体。重要江河湖泊水功能区水质达标率持续提高，重点流域水环境质量持续改善，污染严重水体基本消除，地表水劣Ⅴ类水体基本消除，有效支撑京津冀协同发展、长江经济带发展、粤港澳大湾区建设、长三角一体化发展、黄河流域生态保护和高质量发展等区域重大战略实施。集中式生活饮用水水源地安全保障水平持续提升，主要水污染物排放总量持续减少，城市集中式饮用水水源达到或优于Ⅲ类比例不低于93% |
| 15 | | 2017年 | 《重点流域水污染防治规划（2016-2020年）》 | 到2020年，全国地表水环境质量得到阶段性改善，水质优良水体有所增加，污染严重水体较大幅度减少，饮用水安全保障水平持续提升。长江流域总体水质由轻度污染改善到良好，其他流域总体水质在现状基础上进一步改善 |
| 16 | 生态环境部 | 2019年 | 《长江保护修复攻坚战行动计划》 | 到2020年底，长江流域水质优良（达到或优于Ⅲ类）的国控断面比例达到85%以上，丧失使用功能（劣于Ⅴ类）的国控断面比例低于2%；长江经济带地级及以上城市建成区黑臭水体消除比例达90%以上，地级及以上城市集中式饮用水水源水质优良比例高于97% |
| 17 | | 2021年 | 《"十四五"生态环境监测规划》 | 推动三水统筹，增强地表水环境监测，突出水生态监测评价。深化全国地表水环境质量监测评价，进一步提升重点区域流域水质监测预警与水污染溯源能力。建立水生态监测网络与评价体系，支撑水环境、水资源和水生态统筹管理 |

　　综合来讲，国家已经为水环境治理明确提出了未来发展方向。近期到"十四五"末，以推动高质量发展为主题，以满足人民日益增长的美好生活需要为根本目的，深入打好污染防治攻坚战，基本消除黑臭水体，生态环境持续改善；远期到2035年，广泛形成绿色生产生活方式，碳排放达峰后稳中有降，生态环境根本好转，"美丽中国"建设目标基本实现。这就要求水环境治理工作要贯彻"以人为本"的理念，从早期的"就水论水"向"系统发力"转变，通过水环境的系统性综合治理，实现以下目标：

　　**一是改善城市生态环境。**通过系统治理水环境问题，减少源头污染物入河，降低水体内源污染，增加水体环境容量，保证水体生态基流；通过自然连通的河湖水系，修复城市水生态环境，构建"清水绿岸、河畅景美"的城市滨水空间，系统改善城市生态环境。

　　**二是增强人民获得感和幸福感。**以解决流域水环境治理、污水处理提质增效等方面作为切入点，系统解决城市水体黑臭、水生态环境恶化等问题，推进区域整体治理改善，为老百姓提供更多的休闲娱乐空间，推动城市发展建设从"形象工程、经济优先"向"以人为本、为人服务"转变，让老百姓能够切身体会到水环境改善带来的城市整体居住环境的变化，使老百姓有获得感和幸福感，满足人们对美好生活的向往。

　　**三是带动经济和产业发展。**在系统实施流域水环境治理的过程中，探索创新投资运营模式，吸引包括民间资本在内的社会资金从投资、建设、运营等全过程参与治水，在加快推进城市基础设施建设的同时，带动建材、装备、仪表、信息等相关产业发展，既为企业发展提供更多的市场空间，同时能够提供更多的就业岗位，有力支持和带动我国经济社会高质量转型发展。

# 第2章 水环境治理面临的挑战

近年来，各城市对流域水环境治理的重视程度越来越高，尤其是《水污染防治行动计划》发布以来，以流域为单元的水环境综合治理工作日渐增多。通过各地积极探索，我国在水环境治理方面取得了不俗的成绩，也积累了一定的实践经验。但我们应清醒地认识到，当前水环境治理过程中仍存在客观条件复杂、系统统筹缺乏、体制机制保障不足等问题和挑战，水环境治理工作任重道远。

## 2.1 客观条件存在复杂性

### 2.1.1 历史欠账多

改革开放以来，我国社会经济快速发展，城镇化进程不断加快，人民生活水平不断提高。但在经济社会高速发展的过程中，生态环境保护并没有得到足够重视，空气、水、土壤受到了不同程度的污染。其中，水环境污染的表象在水中，而其根源却在岸上，主要体现在以下三个方面。

**1. 市政基础设施建设总体投入不足**

根据《中国城市建设统计年鉴》（2019年）公布的数据，进入21世纪以来，我国GDP由2001年的11.1万亿元增长至2019年的99.1万亿元，增幅为794%（图2-1）。相应地，城市市政公用设施建设固定资产投资金额呈现总体上升趋势，从2001年的2351.0亿元增长到2019年的2.0万亿元，占同期GDP的比重基本稳定在2.0%~3.0%之间（图2-2）。但是在近十年（2010~2019年）国内GDP迅速上升的情况下，城市市政公用设施建设固定资产投资比例却逐年降低，已从3.2%降至2.0%，是近20年来的最低值。

2017年，住房和城乡建设部、国家发展和改革委联合发布的《全国城市市政基础设施建设"十三五"规划》中也指出了市政基础设施投入不足的问题，文中提到"长久以来，我国市政基础设施建设的投入远低于合理水平，历史欠账巨大。'十二五'时期的投入总量有了很大增长，但设市城市市政基础设施投资占基础设施投资和全社会固定资产投资的比例持续下降"。

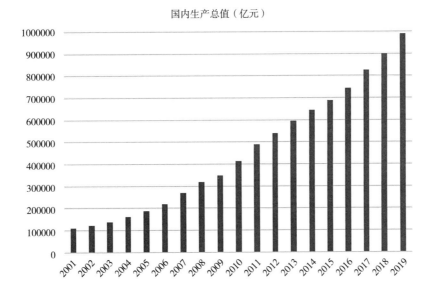

图2-1
2001~2019
年国内生产
总值（GDP）
变化情况
[数据来源：
《中国城市建
设统计年鉴》
（2019年）]

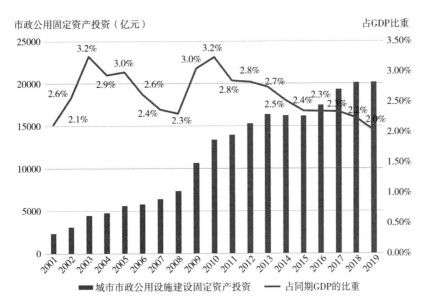

城市市政公用设施建设固定资产投资 ——占同期GDP的比重

图2-2
2001~2019年
城市市政公用
设施建设固定
资产投资情况
[数据来源：
《中国城市建
设统计年鉴》
（2019年）]

**2．地下基础设施建设成为发展短板**

地下排水系统承载着城市排污、排涝等重要功能。受到"重地上、轻地下"政绩观的影响，一些地方领导干部在城市开发建设过程中往往重视"看得见"的地上工程，忽略"看不见"的地下工程，导致城市水环境久治不见成效、内涝治理效果不理想；一旦出现暴雨等极端天气，城市就会付出惨痛的代价，群众的生命财产无法得到有效保障，"地上政绩"也会大打折扣。"看不见"的地下基础设施建设短板已经成为影响部分城市品质和形象的地下隐患。

2020年12月，住房和城乡建设部在《关于加强城市地下市政基础设施建设的指导意见》中也指出，我国地下基础设施建设基本满足城市快速发展的需要，但是"城市地下管线、地下通道、地下公共停车场、人防等市政基础设施仍存在底数不清、统筹协调不够、运行管理不到位等问题，城市道路塌陷等事故时有发生"。

### 3. 管网建设规模落后于水厂规模

自2000年起，为提升污水收集处理率，我国开始大范围、大规模地建设污水处理厂，仅用20年时间，全国城市污水处理厂总规模从3100万m³/d增长到17900万m³/d，规模增长了575%（图2-3）。

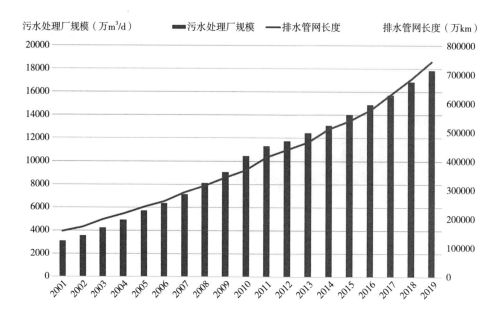

图2-3
2001年以来
污水处理厂与
污水管网建设
情况
［数据来源：
《中国城市建
设统计年鉴》
（2019年）］

与此同时，排水管网（含雨水管网、污水管网、合流管网）总长度从15.8万km增长到74.4万km，长度增长了470%，排水管网密度从6.6km/km²逐步增加至12.3km/km²（图2-4）。虽然我国排水管网长度和密度呈稳步增长趋势，但是，对比一些发达国家和地区（如美国的排水管网密度为15km/km²、日本东京的排水管网密度为22km/km²），我国在排水管网建设方面仍有较大差距。

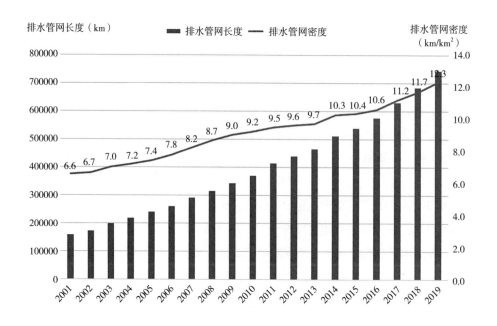

图2-4
2006年以来
排水与污水管
网建设情况
［数据来源：
《中国城市建
设统计年鉴》
（2019年）］

不仅如此，我国对排水管网质量的关注度也远远低于污水处理厂。近年来，各地投入大量人力、物力和财力，对污水处理厂进行全面提标改造，污水处理厂出水水质标准不断提高，然而却鲜有城市真正对城市排水管网进行系统化的梳理建设，排水管网老化、淤堵、破损，管网建设不达标等问题普遍存在，城市排水管网整体现状水平远低于新修订的国家设计标准要求。

### 2.1.2 管理部门分散

水环境综合治理涉及多个专业，与城市规划、建设、管理，城市市政基础设施的运营维护，城市水体相关的调度、养护，都有密不可分的关系，因此其涉及管理部门多、协调事项多。例如，某城市市政管理部门负责市政排水管网维护建设、城市黑臭水体治理、城市沿河截污；农业水利部门负责河长制工作、生态安全水系、清淤、农村污染治理等工作；生态环保部门负责排口管理、监测断面水质监测等工作；集镇街道社区负责地块内管网维护、集镇沿河截污。

以排水许可发放和管理为例，该事项一般涉及行业主管部门、行政审批部门和行政执法部门三类主管部门。行业主管部门负责完善行业的监督管理体系，并对事中和事后的监管承担主要责任；行政审批部门决定是否受理排水接驳与排水许可的申请，在决定受理之后进行审查和现场核查，最后允许接驳或核发许可证；行政执法部门负责发现问题后发布整改通知单，对拒不整改的排水户采取行政执法手段。上述三个部门在我国绝大多数城市中是两个，甚至是三个不同的局级单位分别负责。以北方某城市为例，行业主管部门为市水务局，行政审批部门为市行政审批局，行政执法部门为市城市管理局（图2-5）。多个部门协作同一事项，极易出现管理"真空"、推诿扯皮的现象，也往往为后续管理工作留下隐患。

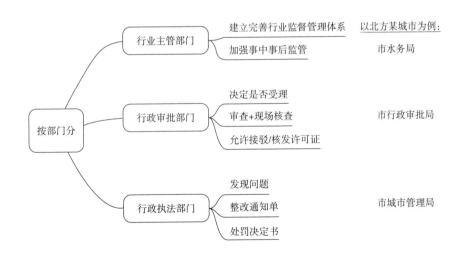

图2-5 北方某城市排水许可相关主管部门

### 2.1.3 改造空间不足

城市是我国经济、政治、文化、社会等方面活动的中心，在我国经济社会发展中具有举足轻重的地位。"十四五"乃至今后一个时期，城市建设既是贯彻落实新发展理念的重要载体，也是构建新发展格局的重要支点。

根据住房和城乡建设部"十三五"建设成就相关统计数据，2019年，全国有684个城市、

21013个建制镇，常住人口城镇化率60.6%（即以常住人口计，在城镇中生活的人口占到总人口60%以上）；但城市建成区面积仅有6.03万km²，占国土总面积不足百分之一，狭小局促的城市空间中聚集了全国一半以上的人口，这样的现实因素使城市成为人口发展和资源环境约束矛盾集中的核心。

过去，我们对于城市发展的认识不够全面，不可避免地采用了"大量建设、大量消耗、大量排放"和过度房地产化的城市建设方式，片面追求城市发展速度和规模，导致城市规划建设管理"碎片化"问题突出，城市的整体性、系统性、宜居性、包容性和生长性不足，一些大城市出现了"城市病"。为解决我国城镇化较快发展中后期面临的突出问题和挑战，"转变城市发展方式，统筹城市规划建设管理，实施城市更新行动，推动城市空间结构优化和品质提升"成为"十四五"期间国家经济社会发展的主要工作目标之一，城市水环境治理作为实施城市更新行动、恢复城市生态功能的重要组成部分，也得到了关注和重视。

受制于有限的空间和资源，城市各类项目建设过程中，特别是在城市建成区开展水环境治理项目时，常常面临改造空间不足、用地属性调整、房屋征拆和居民安置等问题，增加了项目的复杂性和改造难度。我们在城市水环境治理项目实施过程中，需要充分发挥"一项多用、多项融合"的建设效益，统筹优化工程时空安排，重视和利用城市小微空间，实现项目效益最大化。

### 2.1.4 自然本底有欠缺

城市的扩张过程也是人类对自然改造的过程，在城市建设过程中如果缺乏对生态环境的保护，将造成水体岸线硬化、暗渠化等城市自然本底欠缺问题，严重影响城市水环境质量。

#### 1. 自然河道暗渠化

在城市建设发展过程中，因建设用地需求过大往往导致城区内大量河道空间或被挤占，或被覆盖成为暗渠，被覆盖的暗渠仍承担着原有的城市排水排涝功能。但是，由于暗渠被覆盖成为"看不见"的地下设施，有关部门对暗渠和与其连接的管渠排水和排污监管难度很大，暗渠内往往出现大量雨污混接的现象，成为实际意义上的"合流制管渠"（图2-6）。暗渠最终流向一般分为两类：一是不经处理直接排入城区河道，暗渠中混流的大量污水极易造

图2-6 北方某城市暗渠内雨污合流情况

成河道水环境污染，导致水体黑臭；二是被截流进入污水处理厂，暗渠中混流的雨水既挤占了污水处理厂的处理规模，也存在雨季溢流的风险。

### 2．生态基流缺失

除暗渠化以外，城市发展过程中还存在自然河湖岸线渠道化的问题。大量城区河道、湖泊等水体失去自然生态岸线，被改造为"两面光""三面光"的硬质化岸线，导致部分城市水体除在雨季通过雨水获得部分流量外，几乎丧失了自然补水水源；一方面雨水不可持续且难以留存，另一方面城市雨水常伴随有径流污染。过于依赖雨水获得水体流量的城市水体水环境容量低，生态基流不足，水体水质也受到严重影响。

以京津冀地区为例，根据生态环境部开展的第三次全国生态状况变化遥感调查评估结果，京津冀地区全年存在断流现象的河流比例约为70%，其中永定河、潮白河等主要河道存在全年断流现象；13个地级及以上城市汛期均有干涸河道分布，保定、张家口等地的干涸河道长度均超过300km；白洋淀、七里海等湿地萎缩，长期依靠生态补水维持，区域存在水资源量短缺严重制约区域生态安全，河流断流和湿地萎缩依旧突出两项主要问题。

## 2.2 治理思路缺乏系统性

流域水环境问题往往是系统性的问题，而非简单的一两项工程的问题。我们应充分认识到流域水环境问题成因的复杂性，避免采用简单、片面的治理思路解决流域水环境问题。

### 2.2.1 复杂问题简单化

水环境治理需要解决的是系统复杂的问题，但由于各地在实际开展水环境治理工作时，通常交由某一职能部门负责，容易出现将系统问题片面化、复杂问题简单化等现象，具体包括：

### 1．简单地认为水环境问题仅由生活污水引发

生活污水与居民生活的关系最为紧密，更容易为人所见所知，因此往往被认为是水环境问题的罪魁祸首。然而造成流域水环境污染的不仅仅是生活污水，工业企业污水偷排、工业污水混错接、农业面源污染、河道内源污染等问题广泛存在，其污染物排放量有时甚至高于生活污水；一些工业和农业污染比生活污水污染更难发现、更难去除、危害更大，需要引起重视。

例如，南方某城市在城市水体排空治理过程中，排查发现了一处淹没在湖水水面以下的排水口，其长期直排污水，排水量达到2.3万$m^3/d$，沿此排水口上溯排查，发现了大量错接点，多数为工业企业和经营性排水户错接进入雨水管道。

又例如，中部地区某城市，经过系统性排查，发现进入城市污水处理厂的污水中，工业废水比例高达32%，成为污染的重要来源。大量的工业废水不仅挤占了生活污水的处理空间，同时也降低了进厂污水的可生化性，严重影响污水处理厂正常运行。

### 2．片面地将原因归结为污水处理厂排放标准不高

一些城市片面地认为，造成水环境污染的原因是污水处理厂的排放标准不够高，寄希望

于单纯地通过提高污水处理厂排放标准解决水环境污染问题。然而,我国大多数污水处理厂的污染物排放标准比美国、欧洲、日本等发达国家和地区更加严格。将污水处理厂排放标准不高作为水环境污染的重要原因,可能是舍本逐末。

根据中国城镇供水排水协会的调查,目前全国约70%的污水处理厂已经达到或超过《城镇污水处理厂污染物排放标准》GB 18918—2002中的一级A排放标准。以常用的污染物指标$BOD_5$为例,一级A排放标准的$BOD_5$允许排放浓度为10mg/L(日均值);而国际上,美国《清洁水法案》中常用的二级处理设施$BOD_5$排放标准为45mg/L(7d平均值),欧盟《水框架指令》中要求污水处理厂执行的$BOD_5$排放标准为25mg/L(年均值)。

### 3. 狭隘地否定雨污合流排水体制

雨污合流制是比雨污分流制更传统的排水体制,两种排水体制各有优缺点。其中,合流制主要存在雨天溢流污染风险,分流制存在降雨径流污染问题,因此,两种排水体制并不存在"谁更好"的问题,合流制排水系统也不是导致水环境污染的根本问题。

放眼世界,伦敦、巴黎、东京、汉堡、西雅图、纽约、华盛顿等国外发达城市都是以合流制为主的排水系统,如日本合流制覆盖的城市有192个,东京都地区合流制比例达82%;英国、法国合流制比例约为70%;德国合流制比例约为54%;纽约合流制比例约为60%,这些国家和城市的水环境均能维持在良好稳定的状态,并没有出现水环境严重污染、污水处理厂入厂浓度低等问题。

然而,一些城市规划设计、建设和管理人员对排水体制的认识和理解存在偏差,狭隘地将水体污染、城市内涝积水、城市污水处理厂进水浓度偏低等种种问题全部归因到合流制排水体制上,全盘否定合流制,导致耗费大量精力实施雨污分流工程却不能彻底解决水环境污染问题。

"黑臭在水里,根源在岸上,核心在管网,关键在排口",我们需要系统地梳理城市排水系统存在的问题,科学地寻找具体突破点,才能更有针对性地解决问题。

### 2.2.2 存在治标不治本问题

部分地区在水环境治理中急功近利,盲目采用堵排口、撒药剂、加菌种等"治标不治本"的手段,虽然能在短时间内见到治理成效,但无法实现水环境持续改善,甚至会出现"返黑返臭"现象。

一是不做分析,盲目封堵沿河排口。为减少入河(湖)污染物,部分城市不排查分析上游管网情况和排口性质,盲目采用"一刀切"的方式将沿河排口全部截污封堵,这种做法反而使上游污水或从管道漏点渗入地下水,或从污水井冒溢,产生更严重的污染问题;同时,盲目封堵合流制或雨污混接排口将导致雨天排水不畅,严重影响城市防洪排涝;大量的截污工程还导致城市污水处理厂进水浓度下降,严重影响污水处理厂正常运行,特别是雨天污水处理厂进水量激增,极易产生溢流。

二是应付考核,简单撒药治理污染。在国家相关部门的考核和问责压力下,部分城市不系统分析流域存在的黑臭水体问题,简单地采用加药、曝气、调水冲污等治标手段应付考核。例如，2018年，中央第三生态环境保护督察组对某市某河道综合治理工程进行现场检查时发现，该市为快速完成整改任务，主要依赖投放药剂治污，7月验收前河道水质达到Ⅴ类标准，但11月"回头看"期间，河道水质迅速恶化为劣Ⅴ类，污染程度逐步退回到"撒药治污"前水平，耗资4700万元的治污工程基本未见成效。

三是忽视"岸上"，单纯治理河道内部。部分城市对于"黑臭在水里、根源在岸上"并没有理解到位，将"治水"当作一个单纯的河道工程项目，投入大量资金在河道内安装设备、提升景观，过度工程化导致建设资金浪费。例如，2019年中央第四生态环境保护督察组对某省"回头看"中，发现某城市在河道治理过程中"重面子、轻里子"，注重河道堤岸景观绿化却忽视管网建设，结果"岸线绿了、水却不清"。

对上述表面治污现象，《人民日报》曾评论道："污染在水里，根子在岸上，而且由于每条河流'病因'有差异，'病情'各不同，因此，找到科学合理的治理方案，才是河流复清、长清的根本所在。控源截污、河道疏浚、底泥清淤、植物吸附、恢复生态，要让'病河'康复，要做的事情不少，该花的时间得花。相关部门不仅要绷紧科学治理这根弦，更需要抓铁有痕踏石留印地埋头苦干。"

### 2.2.3 缺乏系统统筹

黑臭水体治理、污水处理提质增效、城市排水防涝、海绵城市等建设工作相互融合、紧密联系，如果不能统筹协调好各项水务工作之间的关系，就会导致事倍功半的后果。例如，有些城市的排水防涝工作与黑臭水体治理工作缺乏统筹，采用"城区整体分流制、沿河截污干管混流兜底"的排水系统，一旦发生降雨就会出现雨污混流，打开沿河排口会导致大量污水进入河道，造成水环境污染；关闭沿河排口就会导致雨水难以外排，造成城市积水内涝。再如，有些城市的黑臭水体治理工作与污水处理提质增效工作缺乏统筹，在治理黑臭水体的过程中，对沿河雨污混接排口进行截流，虽然减少了入河污水量，但却使大量外水进入污水系统，降低污染物浓度，导致污水处理厂进厂水量增加，污水收集处理效能降低。

同时，水环境治理工作往往需要流域内多城市或多区域、多部门互相统筹协调，形成工作合力。例如，2018年，为了统筹东江流域的水环境治理工作，广东省人民政府印发了《关于同意建立东江流域水环境综合整治联席会议的函》，从城市内部部门角度看，成员单位包括经济和信息化部门、财政部门、国土资源部门、生态环境部门、住房和城乡建设部门、水利部门、农业部门；从城市角度看，东江流域的广州市、深圳市、韶关市、河源市、惠州市、东莞市都参与其中。

除了工程建设、涉水管理部门需要系统性统筹外，造成城市水环境污染的污染源往往比较复杂，需要格外重视。一般地，水环境污染源按行业不同可分为工业污染源、生活污染源和农业污染源3大类，每一类还可进一步细分。因此，在治理过程中需要统筹考虑不同污染源类型、主次、治理措施等，才能有效发挥各项措施的治理效果。

### 2.2.4 忽视本地诉求

部分城市在水环境治理过程中缺乏系统的本底调研，忽视本地实际条件和自身诉求，在政策上、技术上盲目跟风，导致治理效果不理想。

一是政策上盲目跟风。部分城市不能将上级政策文件要求与本地实际需求有机结合，盲目追随政策热点，导致工作缺乏系统性、延续性，解决一个问题的同时带来其他问题。例如，《水污染防治行动计划》中要求"地级及以上城市建成区黑臭水体均控制在10%以内"，部分城市为完成黑臭水体治理任务，采用了大量的沿河临时截污措施，在截流污水的同时将大量外水接入污水收集系统，导致污水处理厂的进厂污水浓度迅速降低。以南方某市为例，2017年前该市污水处理厂$BOD_5$浓度稳定在110mg/L左右。自2017年起，该市采用大量沿河临时截污措施治理黑臭水体，城市黑臭水体问题得到有效缓解，但污水处理厂的进厂$BOD_5$却急剧下降，短短5个月便降至50mg/L（图2-7）。

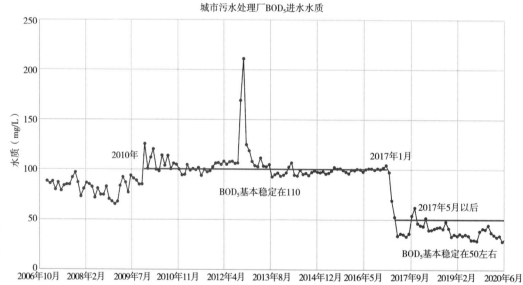

图2-7 南方某城市污水处理厂进厂$BOD_5$浓度变化情况

二是建设上脱离实际。部分城市在水环境治理工作中过于"求快、求大"，在缺乏科学调研和系统分析的情况下盲目开展工程建设，导致治理效果时有反复，"治反复、反复治"导致大量资金"打水漂"。例如一些容易受台风影响的南方城市不考虑实际情况，在城区行洪河道内采用生态浮岛措施，大量种植水草，难以解决河道水质问题；部分城市盲目开展截污工程却忽视建设质量和后期运维管理，导致投入使用不久的截污管道出现破损，收集的生活污水又从破漏处流入河道，造成水体污染（图2-8）。

图2-8 某城市截污管道断裂，污水直排入河

## 2.3　机制体制有待完善

### 2.3.1　重建设、轻管理

长期以来，我国城市建设过程中普遍存在"重建设、轻管理"的问题。2021年，住房和城乡建设部相关负责人在解读《关于加强城市地下市政基础设施建设的指导意见》时指出，"近年来，城市道路塌陷事故多发频发，事故导致城市交通断行，周边停水停电停气，居民生活受到影响，甚至造成人员伤亡。经对事故成因系统分析研究，城市道路塌陷事故暴露出城市地下基础设施规划建设管理方面存在不足，特别是在安全管理上短板突出，主要表现在设施底数不清、统筹协调不够、运行管理不到位等问题，需要全面加强对城市地下空间利用与市政基础设施建设管理的指导与监督"。

对于暗渠、管网等地下或水下设施，此类问题也尤为突出。一方面，在设计和建设阶段，管道之间的避让和安全距离常因地下空间不足等因素被挤占，存在安全隐患；另一方面，部分城市不重视地下管网管理，运行维护队伍欠缺专业知识和技术水平，管网老旧破损、长期无人问津的现象并不罕见；同时，地下基础设施管理相关的法律法规、政策制度或监管手段也相对不足，存在地下管网底数不清、多头管理等问题。

### 2.3.2　工程质量把控不足

水环境治理工作往往硬指标、硬任务、限期完成，容易在治理过程中出现重视进度、忽视质量的问题。

以排水管道工程建设为例。排水管道施工的准入门槛不高但专业性较强，加之部分城市对施工过程监管不到位，极易出现工程质量问题：

（1）管材质量不过关。施工所用管材各项参数未达到设计要求，特别是HDPE等塑料管材，存在环刚度不足、材料配比不合格等问题，易造成管道变形、破碎。

（2）管道基础及接口施工质量差。管道基础材料不符合设计要求，压实度不够，易造成不均匀沉降。管道接口施工不细致，易造成接口漏水。

（3）闭水试验走形式。未严格按照国家施工及验收规范要求进行闭水试验，投入使用后易造成污水渗漏和地下水的渗入。

### 2.3.3 缺乏按效付费机制

国内大多数水环境治理项目的建设和运维资金由政府财政资金支出保障，缺乏有效的按效付费机制，对项目后期运维效果缺乏有效监管。

一方面，水环境治理项目普遍存在付费和效果分离的现象，项目的设计、施工与后期运维往往分别由不同单位承担。一般情况下，勘察设计单位完成设计后、工程部分竣工并通过"可用性"验收后，政府即支付设计和工程费用，这些费用支付都不与建成后的项目运行效果挂钩，导致设计和施工单位均不对项目运行效果负责，出现部分项目"建好了却不能用"的现象，项目后期运维和水环境治理效果无法得到有效保障。

另一方面，水环境治理项目及相关设施（包括河道、管网等）的运维缺乏有效的制度，导致地方缺乏专业运维队伍和运维经费，也缺乏与运维效果挂钩的考核制度，不能很好地激发运维单位和相关工作人员的主观能动性，运维效果也往往大打折扣。

# 第3章 水环境治理系统途径

水环境综合治理面临的问题较为复杂，按照传统治理方式就水治水，仅仅开展一些碎片化的工程项目，难以真正地解决水环境问题。目前在水环境综合治理中，普遍存在着缺乏顶层设计、缺少定量分析、专业间统筹不足等问题。

为提高水环境治理的系统性和科学性，破解水环境治理建设工作中显现出的底数不清、目标分散、缺乏统筹、碎片建设、治标不治本等问题，需要转变传统理念，创新规划设计方法和模式，为顺利推进水环境治理提供科学有效的技术指导和支撑，因此，在水环境治理过程中需要在规划和设计之间增加水环境治理系统化方案编制，系统性地分析并解决问题。系统化方案将作为整体效益与零散项目设计的纽带和桥梁，在细化落实规划目标的同时，系统统筹项目设计，实现水环境治理多目标融合。

编制水环境治理系统化方案是对原有规划设计体系进行优化，需要深刻认识和理解人水关系，从改造自然向顺应自然转变，从碎片化向系统化转变；编制系统化方案的过程应突出系统谋划、综合统筹的思路，合理设计监测和检测方案，利用好数学模型等先进技术手段，为构建"最优工程解"、实现综合效益最大化提供技术支撑。

## 3.1 转变传统理念

在水环境综合治理过程中，首先要充分认识和理解"绿水青山就是金山银山"理念，工作思路要由改造自然向顺应自然转变，由碎片化向系统化转变，在尊重城市发展客观规律的基础上，转变传统工程思维，由工程导向变为需求导向（图3-1）。

### 1. 由改造自然向顺应自然转变

传统的城市开发建设模式，对自然本底

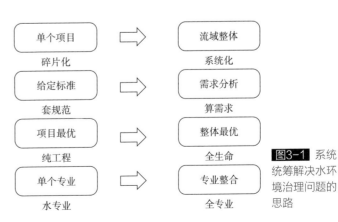

图3-1 系统统筹解决水环境治理问题的思路

造成了大量破坏，在城市层面形成了日益严峻的生态矛盾。因此在水环境治理过程中，需要把水生态修复放在最重要的位置。

（1）要优先采用水生态修复的方式解决现状水环境问题。生态修复的核心理念是节约优先、保护优先、自然恢复，应根据现状调查，识别水生态系统存在的问题，科学制定生态修复目标及标准，因地制宜地选择保护保育、自然恢复、辅助再生或生态重建等水生态保护修复技术模式。

（2）要从流域整体出发开展系统保护及治理工作。在水环境治理过程中，深入开展山水林田河湖草系统治理，综合考虑自然生态系统的系统性、完整性，以江河湖流域、山体山脉等相对完整的自然地理单元为基础，结合行政区域划分，合理布局项目工程，科学确定工程实施范围和规模，协同推进山上山下、地上地下、岸上岸下、流域上下游山水林田河湖草一体化保护和修复，有效扩大生态环境空间和水生态容量。

**2. 由碎片化项目向流域整体统筹转变**

以前，水环境治理过程中的项目碎片化问题非常突出，管网建设、沿河排口治理、河道水环境治理等项目各自为政，项目之间缺乏有效衔接和整合，难以形成合力，甚至互相之间存在负面影响。因此，在水环境治理过程中应从重视项目最优转向重视流域整体最优，在通盘考虑流域整体情况的前提下，统筹各类项目空间分布和建设时序，重点分析项目之间（尤其是解决同一具体问题的多个项目之间）的相互影响，力争实现"1+1＞2"的效果。

## 3.2 优化编制方法

编制水环境治理系统化方案应强调系统谋划、综合统筹。首先按照"控源截污、内源治理、生态修复、活水保质"的思路，以问题为导向，根据总体目标以及各单元保护修复具体目标、指标与标准等，通过定量分析，明确工程措施和建设效果之间的关系，制定最优工程体系。

同时，通过系统化方案有效梳理项目与项目之间的关系，明确项目建设的具体要求和针对关键问题的项目布局，有效地将各类项目有机结合在一起，从而实现治理过程的综合统筹，防止系统碎片化或过度工程化。

### 3.2.1 强调系统谋划

水环境治理系统化方案的重点是系统化，因此首先是需要建立系统化的思维模式，即系统化解决问题、系统化统筹关系、系统化梳理边界、系统化理清体系。基于水环境治理工作自身的复杂性，各系统间相互影响，相互制约，系统内部受边界条件、上下游、左右岸等影响，也存在盘根错节的关系，因此强调系统谋划既要关注系统内部的影响，也要关注各个系统间的影响。围绕水环境治理这个核心问题，统筹考虑城市排水防涝、海绵城市建设、污水提质增效等相关系统问题，从而以系统的思维进行整体谋划。

第一，要坚持问题导向。编制水环境治理系统化方案时需要以解决问题为出发点，将水体中反映出来的问题追根溯源，用系统性思维，综合考虑源头、过程、末端、岸上、岸下等方方面面，找到核心问题，有针对性地提出解决方案。特别是针对老城区，由于其建设改造难度较大，需要更多地"做减法"，通过找到和解决核心问题，有效提升整体水环境质量。

第二，要坚持因地制宜。解决水环境问题没有普适性、全面性的方案，不同城市、不同流域的自然地理和社会经济条件不同，存在的问题也不尽相同，因此在此提出解决措施的时候也没有一定的规律，必须要在真正摸清本底的基础上，因地制宜地、有针对性地提出解决方案。以污水提质增效为例，有些区域是清水入渗问题，需要提出清污分流与防止河水倒灌的措施；有些区域则是地下水混入问题，就需要开展管网排查修复。

第三，要坚持定量决策。水环境治理系统化方案中提出了大量的工程措施，但这些工程措施能否真正解决问题，能否最终达到预期的整体治理效果，必须通过定量分析来明确。定量分析包括对流域内源头点源污染量、面源污染量、河道内源污染量和污染类型等一系列数据的计算，通过有效的定量计算发现核心和关键问题，采用相应的技术措施；同时，还需要评估不同措施对问题的贡献，例如建设源头海绵设施后的面源污染削减量等，从而确保各项技术措施能够真正解决水环境污染问题，最终实现整体治理目标。

### 3.2.2 突出综合统筹

系统化方案要在摸清本底的基础上，定量分析问题，综合选择治理措施，统筹各项工作开展，以求在有限的时间和有限的投入制约下，寻求实施难度最小、工程技术最优和实施效果最佳的综合技术方案。

一是统筹工业、农业与生活污染源治理。立足流域角度，统筹流域中的工业集聚区、城市建成区的工业污染，农田、畜禽养殖区的农业污染，以及城市建成区与农村区域的生活污染，综合治理和解决各类污染问题。

二是统筹多个部门工作内容。水环境治理工作涉及多部门协作，往往包括住房和城乡建设局、水务局、城市管理局、财政局、生态环境局、市政园林局、自然资源与规划局等多个市直部门以及各个区县政府。应合理划分各部门职责，共同协作解决水环境相关问题。

三是统筹规划与现状。在规划长期性、系统性工程时，要充分利用和重视已经实施的现状工程，将其作为边界约束条件，统筹好整体工程体系，避免人力、物力、财力浪费和过度建设。

四是统筹近期与远期。在设立合理的水环境治理目标基础上，结合实际条件，综合统筹近远期建设。例如，近期以消除城市水体的黑臭现象为核心目标，逐步提升流域水环境质量；远期则以营造水景观、提升水文化为目标，充分采用生态的手段，同时加强运营维护管理，实现水体"长制久清"。

五是统筹工程与生态。水环境综合治理中，选择工程方案要坚持因地制宜、灰绿结合、绿色优先；管道、排口、污水处理厂等灰色基础设施要与河道生态修复、源头海绵城市建设等绿色基础设施建设有机结合，相辅相成。

六是统筹治水与发展。将流域水环境综合治理与城市发展、人居环境改善相结合，为老百姓提供水清岸美的感官体验，还岸于民、还水于民，一方面在水体城市段营造城市生态休闲空间，提升土地和工程附加价值，另一方面通过流域水环境在农村区域的治理工程，为乡村振兴提供基础。

## 3.3 提升技术手段

### 3.3.1 合理设计监测与检测方案

清晰的底数分析与问题识别，是编制水环境治理系统化方案的基础。在城市水环境问题中，最复杂的问题往往在于地下管网，其数据获取难度较大，需要借助专业的技术手段辅助获取。

管网监测与管网检测是获取地下管网数据的重要手段，二者各有特点。管网检测是识别问题的重要方式，但其费用较高，难度较大；相比于管网检测，监测成本较低。因此，往往首先借助管网监测手段，通过监测水质和水量数据对管网系统进行诊断评估，确定入流入渗、偷排漏排、混错接严重的区域，从而指导管网检测工作开展的优先级，为管网修复改造工程决策提供技术数据支撑。

在实际工作中需要结合地区实际情况，合理设计管网监测和检测方案，避免资金浪费，实现整体最优。

**1. 优先开展管网监测，识别重点问题**

管网监测需要进行系统方案设计和科学数据分析，最终达到识别重点问题的目的。监测主要内容包括定量分析污水处理设施、沿河排口、管网重要节点、源头地块小区等的水量与水质数据。

在设计监测方案时，首先应梳理排水系统，合理划定排水分区；然后根据各分区的特点，按照从末端不断深入源头的原则，制定具体的监测布点方案。重点监测内容包括：

（1）监测高水位运行情况。在管网的关键节点布设监测点位，注意分析不同时间的管网水位情况，系统梳理各个排水分区的管网高水位运行问题。

（2）监测污水处理厂运行情况。主要是污水处理厂进水干管的水量、水质及其变化规律。

（3）监测沿河排口情况。对沿河重点排口的水量和水质进行监测，识别每个排口对应的排水分区的主要问题。

（4）监测排水系统中关键设施的运行情况。主要监测对象为泵站和一体化设施等，这些关键设施往往对应着特定的排水分区，对其水量、水质、液位的监测有利于分析排水分区内存在的问题。

**2. 对重点片区开展有效的管网检测**

通过管网监测识别出重点问题后，再针对重点区域有计划、有目的地开展管网检测工作。常见的管网问题类型包括混错接、结构性、功能性缺陷，管网淤积等，通过管网检测，可以实现定位分析问题，将问题具体到点，从而指导管网修复改造工作的开展。开展管网检测和排查诊断需要借助管道潜望镜检测（QV）、声呐检测、管道闭路电视检测（CCTV）等技术手段实现。

### 3.3.2　借助模型定量评估

水环境治理系统化方案编制往往需要借助模型作为辅助工具，通过反复计算和模型验证辅助优化方案，提高方案的科学性，确保目标的可达性。系统化方案的参编人员应熟悉国内外先进的水文、水环境、水动力、市政等专业模型工具，了解各类模型的适用条件和优缺点，能够分辨各类模型在方案编制过程中的用途和数据分析的有效性，同时还应清楚模型的重要参数率定的方法，从而提高模拟结果的可靠性。

借助数学模型对现状问题成因分析，可定量分析各种原因对水环境污染问题的影响和贡献，从而支撑优化调整方案。模型工作应重点考虑参数的选择和率定环节的技术要求，合理的参数确定和率定，对于模型评估的科学合理性极为重要。参数率定一般采用人工试错法以及基于优化思想的参数自动优化方法，对于一些具备物理特征的参数，可采用人工试验获取相关参数，确保模型模拟的可靠性。

很多分布式的水文和水环境模型借助地理信息系统（GIS）为模型的输出平台，如输出年径流总量控制率和年径流污染控制要求等。另外借助GIS、遥感解译软件对现状地形、地貌、竖向、土壤、地下水、下垫面条件等进行空间分析应用也较多。因此熟悉掌握GIS、RS等软件工具，借助专业软件工具支撑方案制定，既有助于提高分析的可视化水平，又可以提高空间分析的科学性和合理性。

## 3.4　完善管理体系

水环境治理是一项长期工作，需要做到三分建、七分管。在系统构建工程体系的基础上，还需要注重管理体系的建设完善。

一是做到"有人管"。水环境治理要确定责任主体，首先要明确政府管理部门的责任主体，由专门部门进行统筹协调工作；其次是要有足够的技术力量，在水环境综合治理过程中不断优化方案和设计；最后是要有本地化的相关公司，实现与水环境治理相关的厂、网、河一体化专业化运维。

二是确保"有钱管"。水环境治理相关项目的建设经费需要有力的地方财政保障，同时还要把厂、网、河体系的运行经费纳入政府中长期财政预算。

三是实现"有制度管"。不断地优化完善河长制、绩效考核、运营管理等相关的体制机制，才能保证水环境治理效果的"长制久清"。

（1）厂、网、河一体化机制：在水环境治理工作中，需要对流域内的河湖水体、排口、泵站、排水管网、污水处理厂、再生水利用设施等进行统一调度，逐步实现自动化、智慧化运行，提高城市排水系统运转效率。推行污水处理厂、市政污水管网与河湖水体联动的"厂-网-河"一体化、专业化运维。

（2）河长制等责任落实机制：需要建立河长制工作细则，明确河长的责任清单、工作要求、考核及奖惩机制等。在河长制框架下，落实各部门职责分工，建立协调机制，由专职部门统筹协调好日常工作。

（3）排水许可与接驳管理机制：一是严格实施排水许可管理，摸清流域内的排水户底数，因地制宜地对排水户实施分类管理；二是对新改扩建项目，要严格排水接驳管理。按照《城镇排水与污水处理条例》的相关规定，城镇排水与污水处理设施建设项目以及需要与城镇排水与污水处理设施相连接的新建、改建、扩建建设工程，城乡规划主管部门在依法核发建设用地规划许可证时，应当征求城镇排水主管部门的意见。城镇排水主管部门应当就排水设计方案是否符合城镇排水与污水处理规划和相关标准提出意见。

（4）市政管网私搭乱接溯源执法机制：水环境综合治理，要根据本地体制情况，建立执法队伍、制度和工作机制。重点关注三方面：一是要严格禁止工业企业通过雨水管网偷排工业污水；二是要规范沿街经营性单位和个体工商户污水乱排直排，建立结合市场整顿和经营许可、卫生许可管理督促整改的执法监督机制；三是要加强对小、散、乱排污户的执法。

（5）管网排查修复与运维养护机制：按照设施权属及运维职责分工，全面排查污水管网等设施功能状况、混错接等基本情况及用户接入情况。依法建立市政排水管网地理信息系统（GIS），实现管网信息化、账册化管理。落实排水管网周期性检测评估制度，建立和完善基于GIS系统的动态更新机制，逐步建立以5~10年为一个排查周期的长效机制和费用保障机制。对于排查发现的市政无主污水管段或设施，稳步推进确权和权属移交工作。居民小区、公共建筑及企事业单位内部等非市政污水管网排查工作，由设施权属单位或物业代管单位及有关主管部门建立排查机制，逐步完成建筑用地红线内管网混错接排查与改造。

（6）雨水口、河道、治污设施日常管理和养护机制：明确水体及各类治污设施日常维护管理的单位、经费来源、制度和责任人，明确绩效考核指标。

方 法 篇

# 第4章 系统化方案总体思路

## 4.1 方案编制要求

### 4.1.1 方案定位

水环境治理系统化方案的主要作用是对流域水环境治理进行总体把控，对流域建设项目进行整体谋划，对后续设计方案提出明确指引，起到衔接上位规划与设计之间的桥梁作用。

系统化方案将城市总体规划、海绵城市规划、排水防涝规划、排水专项规划、城市水系专项规划等规划及国家最新政策与具体项目相结合，指导规划在近期具体实施中得到落实。通过现场详细踏勘、数据动态监测、问题定量分析等手段，从全局视角梳理多工程体系与目标之间的关系，进行多工程优化组合与比选，综合考虑经济性、落地性和实施难度，力求做到整体效果最优。水环境治理系统化方案定位见图4-1。

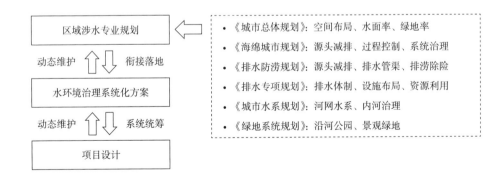

图4-1 水环境治理系统化方案定位

水环境治理系统化方案可以在水环境治理工作之前编制，作为总体方案，指导流域内各项工作有序开展；也可以在项目实施过程中编制，对项目体系进行查漏补缺，并统筹海绵城市建设、城市黑臭水体治理、污水处理提质增效、城市排水防涝等各项工作，起到分析目标可达性、优化项目结构、节约工程投资等作用。

### 4.1.2 编制原则

#### 1. 摸清本底

编制系统化方案时，首先需要对区域的本底条件进行细致翔实的调查、分析，摸清区域的生态本底、河湖水系、基础设施建设、水环境治理工程等相关情况。根据"七分现状调查、三分方案编制"的原则，坚持问题导向、需求导向，具体情况具体分析，找出城市或者区域水环境污染的核心问题，摸清具体成因，为后续方案的科学性、合理性、适用性打下良好基础。

#### 2. 定量决策

对现状问题和实施效果进行定量分析，明确主要问题，确定最佳实施方案。定量分析有助于确定流域现状问题的主次关系，识别主要问题，从而提出合理的解决方案。水环境治理系统化方案重点对水环境污染成因、水生态系统评价、水资源利用情况等进行分析，有条件的城市及区域推荐利用模型辅助定量分析，理清每个项目之间的"责任分担"，确定好各个设施和项目在系统中的"职责"，为确定设施规模奠定良好的技术基础。

#### 3. 系统思维

在方案制定中，以水系统治理为核心，采取源头、过程、系统相结合的思路，系统梳理边界条件、现状问题、环境容量、项目建设、长效机制等内容，采取"控源截污、内源治理、生态修复、活水保质"多技术手段，统筹给水排水、景观、生态、环保等多专业，统筹推进海绵城市建设、黑臭水体治理、污水处理提质增效、排水防涝等各项涉水工作，实现多目标系统性最优的要求。

#### 4. 科学评估

系统化方案编制要以实施效果为导向，对方案进行定性及定量复核，利用丰富的量化统计手段评估方案实施的各项效果，如利用模型等分析工具评估河湖水质达标情况、面源污染削减量、合流制区域溢流频次、污水处理系统效能提升情况等。

#### 5. 建管并重

按照建管并重、久久为功的工作思路，注重水环境治理工程措施的同时，同步建立健全相关管理机制，如建立信息化监测平台，把地下管网纳入"一张图"实施数字化管理，推行"厂-网-河（湖）"一体化运营管理，制定水环境治理绩效考核办法等，确保水环境治理工作"长制久清"。

## 4.2 方案产出成果

水环境治理系统化方案的成果一般包括方案说明书（以下简称说明书）、图集和附件三部分内容，以下从说明书、图集、附件三个方面进行成果产出总结。

### 4.2.1 说明书

**1．说明书主要内容**

说明书主要内容包括总论、本底情况调查、问题分析与评价、建设目标和技术路线、系统治理方案、项目投资及计划安排、非工程保障措施等内容，也可根据各区域特点对以上内容进行拆分或合并。

（1）总论

方案编制总论包括编制背景、编制原则、编制范围、实施期限、上位规划及相关规划梳理等。编制背景主要介绍系统化方案的编制需求、目的及依据；编制原则为方案编制的整体思路和遵循的基本原则；编制范围明确方案研究范围；实施期限即系统化方案内容适用的期限，一般包括编制基准年、近期期限及远期期限；上位规划及相关规划梳理一般包括城市总体规划、海绵城市专项规划、排水防涝综合规划、污水专项规划、城市水系专项规划、绿地系统规划等，与编制系统化方案相关的要求及内容梳理。

（2）本底情况调查

现状调查需要对区域本底情况进行详细调查，其是系统化方案编制的基础，主要内容包括区位条件分析、自然本底情况（包括气象特征、地形地貌、土壤、地下水、水资源等）、开发建设情况（包括土地利用、开发建设、下垫面、经济人口等）、河湖水系情况（包括水系布局、水文特征、水质、生态特征、河道附属物、管理运维等）、排水设施（包括排水体制、污水排水系统、雨水排水系统、管理运维等）、再生水设施、城市环卫设施（包括垃圾转运设施、垃圾处理设施等）、水环境治理工程、运营管理机制等现状情况的调查。

（3）问题分析与评价

问题分析与评价章节对编制区域的问题进行成因分析与定量评价。水环境污染分析对点源、面源、内源污染出现的原因进行分析，如点源污染往往由污水处理厂能力不足、存在管网空白区、雨污水管道混错接、合流制溢流等引起；面源污染由雨水径流、农业及畜禽养殖业等导致；内源污染由岸线垃圾及底泥淤积等导致；并对各类污染源、水环境容量进行定量化计算。从水文完整性、化学完整性、形态结构完整性、生物完整性等方面建立指标评价体系，客观、完整地评价水生态情况及主要问题。

（4）建设目标和技术路线

该章节内容包括总体目标、分项目标和技术路线三部分，是系统化方案编制的主要脉络。总体目标主要结合城市发展定位、相关政策、上位规划等进行确定；分项目标结合实际需求，一般可从水环境、水资源、水生态、制度保障等方面制定；技术路线需根据实际方案的编制情况进行制定，一般可从控源截污、内源治理、生态修复、活水保质、非工程保障措施等方面进行制定。

（5）系统治理方案

系统治理方案主要包括控源截污、内源治理、生态修复、活水保质四类措施。控源截污主要包括污水收集系统的完善和雨天污染控制体系的完善两部分内容，其中，污水收集系统的完善又包括确定排水体制、优化污水处理设施规模和布局、完善污水管网建设、提升污水处理系统效能等方面；雨天污染控制体系包括降雨径流污染控制、合流制溢流污染控制、农业面源污染控制等内容。内源治理主要包括底泥清淤和河岸垃圾清理。生态修复主要包括蓝绿空间构建、河道生态基底恢复、水生态系统恢复等。活水保质主要明确河道生态补水、水系连通等方面的内容。

（6）项目投资及计划安排

根据系统化方案确定工程建设项目清单、建设时序和投资估算，并按照"先急后缓、先主后次"的原则，合理安排近、远期建设计划，结合年度建设目标，按年度列出主要工程内容和投资估算。

（7）非工程保障措施

非工程保障措施主要包括组织保障机制、监督管理机制、运维保障、监测保障体系和资金保障。组织保障机制重点表现为水环境治理工作中，领导高位推动，部门责任分工等内容。监督管理机制包括但不限于加强源头管控、压实排水许可、强化排污监管、严惩私搭乱接、落实质量监管等内容。运维保障包括"厂-网-河（湖）"一体化运维管理，统筹污水处理厂、泵站、管网等排水设施的运营维护，加强河道日常运维。监测保障体系包括监测方案制定、监测模式选择等。资金保障包括工程建设模式及资金来源、日常运维资金来源、绩效考核和按效付费等内容。

## 2．图、表

编制系统化方案时，为了便于读者对文字说明的理解，通常以图、表形式重点突出文字说明的核心含义。本部分内容总结归纳各章节所对应的图、表，并在不同文字说明背景下提出了图、表的突出重点、图幅数量及必要性，具体情况如下。

（1）总论

总论中编制区位、编制范围及上位规划编制中的相关内容一般需要配图、表进行说明；编制背景、编制原则、实施期限等多以文字表述即可。编制范围需附图表示具体的编制范围线，并根据文本情况配以1~2幅图说明其在省、市的区位关系；此外，通常需要附上上位规划与本次编制范围相关的规划成果，例如城市总体规划中的空间结构规划图、城市水环境综合治理规划的水功能区划图等，具体参见表4-1。

方案编制总论所需图、表产出统计表     表4-1

| 方案内容 | 序号 | 图纸/表格名称 | 重点突出内容 | 数量（个） | 必要性 |
|---|---|---|---|---|---|
| （一）图 | | | | | |
| 研究范围 | 1 | 编制范围示意图 | 方案编制区范围及重要河道路网信息 | 1 | 高 |

续表

| 方案内容 | 序号 | 图纸/表格名称 | 重点突出内容 | 数量（个） | 必要性 |
|---|---|---|---|---|---|
| 上位规划 | 2 | 空间结构规划图 | 方案编制区所在区域的空间结构图 | 1 | 中 |
| | 3 | 规划范围图 | 方案编制区位于上位规划编制区的位置 | 1 | 高 |
| | 4 | 水系分布图 | （1）方案编制区所在该图中的范围；<br>（2）方案编制区的河道水系的分布情况，对重点说明的水系进行标注 | 1 | 高 |
| | 5 | 水功能区划图 | （1）方案编制区所在该图中的范围；<br>（2）方案编制区的水功能区标准 | 1 | 高 |
| | 6 | 绿地系统规划图 | （1）方案编制区所在该图中的范围；<br>（2）方案编制区公园绿地的分布情况，对重点说明的公园及绿地进行标注 | 1 | 中 |
| | 7 | 防洪规划图 | （1）方案编制区所在该图中的范围；<br>（2）方案编制区的各洪涝设施标准 | 1~2 | 高 |
| | 8 | 雨水系统规划图 | （1）方案编制区所在该图中的范围；<br>（2）雨水管网及收纳水体的分布情况，必要时可局部放大展示方案编制区情况 | 1~2 | 高 |
| | 9 | 污水系统规划图 | （1）方案编制区位于上位规划的污水系统；<br>（2）污水处理厂、污水管网的分布、规模，必要时可局部放大展示方案编制区情况；<br>（3）污水处理厂规划服务范围 | 1~2 | 高 |
| | 10 | 蓝绿线规划图 | （1）方案编制区所在该图中的范围；<br>（2）方案编制区蓝线、绿线的分布情况 | 1~2 | 高 |
| （二）表 | | | | | |
| 上位规划 | 1 | 城镇等级规划结构一览表 | 方案编制区所在的城镇等级及人口规模 | 1 | 中 |
| | 2 | 污水系统规划一览表 | （1）污水处理厂、泵站近、远期规划规模；<br>（2）污水处理厂排放标准 | 1~2 | 高 |
| | 3 | 雨水系统规划一览表 | 雨水管网设计标准 | 1 | 高 |
| | 4 | 绿地规划统计表 | 编制区内重点保护的公园及绿地 | 1 | 中 |
| | 5 | 规划水系统计表 | 编制区内的河道水系长度、宽度等信息 | 1 | 高 |
| | 6 | 蓝绿线规划表 | 河道蓝绿线保护宽度 | 1 | 高 |
| | 7 | 水功能区划表 | 编制区河道的水质标准 | 1 | 高 |
| | 8 | 防洪设施规划标准一览表 | 编制区防洪堤、排洪渠、闸、泵站等设施的防洪标准 | 1 | 中 |
| | 9 | 水环境相关目标指标表 | 上位规划中水环境、水资源、水安全、水生态等方面的重要目标指标值 | 1 | 高 |

（2）本底情况调查

本底情况调查包括区位条件、气象特征、地形地貌、地质水文、河湖水系、用地人口、排水系统、再生水设施、城市环卫设施等内容。例如，区位条件应重点体现出省、市、中心城区与流域之间的相对关系；排水系统需要配置现状排水体制分布图、现状污水系统图、现状雨水系统图、现状排口分布图等，使读者能直观地了解范围内水系、雨污水管网布局、排口分布等本底情况，具体参见表4-2。

本底情况调查所需图、表产出统计表 表4-2

| 方案内容 | 序号 | 图纸/表格名称 | 重点突出内容 | 数量（个） | 必要性 |
|---|---|---|---|---|---|
| | | | （一）图 | | |
| 本底情况 | 1 | 区位分析图 | 方案编制区位于市、区的位置 | 1 | 中 |
| | 2 | 降雨数据分析图 | 年降雨数据、月降雨数据等 | 2~3 | 高 |
| | 3 | 蒸发数据分析图 | 多年蒸发数据、月蒸发数据变化情况 | 1~2 | 中 |
| | 4 | 地形地貌示意图 | 高程、坡度、坡向信息 | 2~3 | 高 |
| | 5 | 土壤分布图 | 地勘点位分布及土壤分布情况 | 1~2 | 中 |
| | 6 | 地下水分布图 | 地下水监测点位及地下水深分布情况 | 1~2 | 中 |
| | 7 | 土地利用现状图 | 各类用地按照《城市用地分类与规划建设用地标准》GB 50137—2011颜色要求图示 | 1 | 高 |
| | 8 | 土地利用规划图 | | 1 | 高 |
| | 9 | 行政区划图 | 规划范围行政区域、街道分布图 | 1 | 中 |
| | 10 | 建设用地示意图 | 新建区、老城区、城中村、工业分布情况 | 1~3 | 高 |
| | 11 | 下垫面分析图 | 清晰表示下垫面情况 | >1 | 中 |
| | 12 | 现状水系布局图 | （1）外江及内河分布及名称；（2）现状水系照片 | ≥1 | 高 |
| | 13 | 现状水质监测点位及情况分布图 | （1）水质监测点位分布图；（2）河道现状水质分颜色图示并突出黑臭水体河段、水体水质照片 | >1 | 高 |
| | 14 | 现状水面分布图 | 水系现状有水河段、断流河段分布情况 | 1 | 中 |
| | 15 | 现状岸线分布图 | 水系现状生态岸线、硬质岸线分布情况 | 1 | 高 |
| | 16 | 现状河底分布图 | 水系现状生态河底、硬质河底分布情况 | 1 | 高 |
| | 17 | 现状水生动植物图 | 水系现状水生植物、水生动物分布情况 | ≥1 | 低 |
| | 18 | 河道断面分布图 | 现状河道断面分布图 | ≥1 | 中 |
| | 19 | 水系构筑物分布图 | 现状水系挡潮闸、拦水坝等分布情况 | 1 | 低 |
| | 20 | 现状排水体制图 | 现状排水体制分布情况 | 1 | 高 |
| | 21 | 现状污水系统图 | （1）污水处理厂、网、河分布及规模情况；（2）污水处理厂服务范围；（3）污水系统拓扑关系分析 | 1~3 | 高 |
| | 22 | 现状雨水系统图 | 雨水管渠及相关河道分布情况 | 1 | 高 |
| | 23 | 现状排口分布图 | 排口类别、排口分布、重点标注河道名称 | 1 | 高 |
| | 24 | 现状排口分析图 | 现场调研、管网普查情况及照片 | >2 | 高 |

续表

| 方案内容 | 序号 | 图纸/表格名称 | 重点突出内容 | 数量（个） | 必要性 |
|---|---|---|---|---|---|
| 本底情况 | 25 | 现状再生水设施分布图 | 再生水厂的布局、规模，再生水管网的布局、管径等信息 | 1 | 中 |
| | 26 | 现状环卫设施图 | 垃圾填埋场、焚烧厂、垃圾转运站的布局 | 1~2 | 中 |

（二）表

| 方案内容 | 序号 | 图纸/表格名称 | 重点突出内容 | 数量（个） | 必要性 |
|---|---|---|---|---|---|
| 本底情况 | 1 | 降雨数据统计表 | 多年平均降雨量、最大年降雨量、最小年降雨量、多年平均降雨天数等 | ≥1 | 中 |
| | 2 | 历史极端台风、暴雨情况统计表 | 降雨等级、雨量 | 1 | 低 |
| | 3 | 蒸发数据统计表 | 多年平均蒸发量、月蒸发量等数据 | 1 | 低 |
| | 4 | 地形信息统计表 | 不同高程范围、坡度范围的面积及占比 | ≥2 | 中 |
| | 5 | 土壤统计分析表 | 不同土壤类型面积、渗透系数等 | ≥1 | 中 |
| | 6 | 地下水统计表 | 地下水深度统计等 | 1 | 中 |
| | 7 | 水资源统计表 | 现状供水量、用水量统计表 | ≥1 | 中 |
| | 8 | 现状用地平衡表 | 土地现状利用平衡表，面积、比例 | 1 | 高 |
| | 9 | 规划用地平衡表 | 规划用地平衡表，面积、比例 | 1 | 高 |
| | 10 | 人口统计表 | 街道、人口统计表 | 1 | 中 |
| | 11 | 建设用地分析表 | 老城区、新城区、城中村、工业面积统计 | 1 | 中 |
| | 12 | 工业企业一览表 | 工业企业的名称、位置、类型 | 1 | 中 |
| | 13 | 城中村一览表 | 城中村名称、面积、人口 | 1 | 中 |
| | 14 | 下垫面统计表 | 屋顶、道路、绿地等下垫面面积统计表 | 1 | 中 |
| | 15 | 水系基本信息一览表 | 水系的名称、等级、长度、宽度、流域面积、平均坡降等信息 | 1 | 高 |
| | 16 | 水系水文信息表 | 水系水位、流量等信息 | 1 | 中 |
| | 17 | 现状水系水质统计表 | （1）水质监测点位信息表；（2）水质监测数据 | 1 | 高 |
| | 18 | 岸线统计表 | 各水系岸线统计情况 | 1 | 高 |
| | 19 | 河底统计表 | 各水系岸线河底统计情况 | 1 | 高 |
| | 20 | 水生态系统统计表 | 本底水生动物、水生植物统计表 | 1~2 | 中 |
| | 21 | 水系运维统计表 | 各水系主管单位、养护单位统计表 | 1 | 中 |
| | 22 | 排水体制统计表 | 排水体制面积、占比 | 1 | 高 |
| | 23 | 污水系统统计表 | 污水处理厂规模、服务面积、占地信息、污水泵站、溢流井及管网长度信息 | 2~5 | 高 |
| | 24 | 雨水系统统计表 | 雨水管渠长度、管径信息 | 1 | 高 |
| | 25 | 排口信息统计表 | 排口类别、数量、受纳水体 | 1 | 高 |
| | 26 | 再生水利用设施统计表 | 再生水提升泵站、再生水管网统计信息 | 1~3 | 中 |
| | 27 | 再生水利用统计表 | 再生水利用情况统计表 | 1 | 低 |
| | 28 | 环卫设施一览表 | （1）垃圾填埋场、焚烧厂的名称、位置、规模；（2）垃圾转运站的名称、位置等信息 | 1~2 | 中 |
| | 29 | 基础设施运维统计表 | 排水设施、再生水设施、环卫设施运维情况统计表 | 1~3 | 低 |
| | 30 | 水环境治理工程统计表 | 截污、景观、清淤、补水等水环境治理工程名称、建设内容、建设状态等 | 1 | 高 |

（3）问题分析与评价

问题分析与评价包括污染源分析、水环境容量分析、水生态问题分析等方面。例如，污染源分析主要根据本底调查情况，对点源污染、面源污染和内源污染分别采用图、表形式进行量化分析，明确主要污染成因，为后续选择工程措施提供依据，具体参见表4-3。

问题分析与评价所需图、表产出统计表 表4-3

| 方案内容 | 序号 | 图纸/表格名称 | 重点突出内容 | 数量（个） | 必要性 |
|---|---|---|---|---|---|
| | | | （一）图 | | |
| 问题分析与评价 | 1 | 污水处理厂进水量变化图 | 流域范围内各污水处理厂进水量逐月变化图 | ≥1 | 高 |
| | 2 | 污水处理厂进水BOD$_5$浓度变化图 | 流域范围内各污水处理厂进水BOD$_5$浓度逐月变化图 | ≥1 | 高 |
| | 3 | 管网空白区分布图 | 管网空白区分布图 | 1 | 高 |
| | 4 | 混错接点位分布图 | （1）地块混错接分布图；（2）市政管网混错接分布图 | 1~2 | 高 |
| | 5 | 管道破损分布图 | 管道破损分布图 | 1 | 高 |
| | 6 | 管道淤积分布图 | 管道淤积分布图 | 1 | 高 |
| | 7 | 清污混接分析图 | 施工降水、工业废水、河水、山泉水等混入污水系统分析图 | ≥1 | 高 |
| | 8 | 农业、畜禽养殖面源污染分布图 | （1）农业面源污染分布；（2）畜禽养殖面源污染分布 | ≥1 | 高 |
| | 9 | 底泥淤积分布图 | 淤积河段分布、淤积深度 | 1 | 高 |
| | 10 | 沿河垃圾点分布图 | 沿河垃圾点位分布 | 1 | 高 |
| | 11 | 旱季、雨季主要污染物分布图 | 采用饼图分别表示旱季和雨季各种污染物的来源所占比例 | ≥1 | 高 |
| | 12 | 污染负荷与水环境容量分析图 | 旱季、雨季污染负荷与水环境容量对比分析图 | ≥1 | 中 |
| | 13 | 现状生态及景观问题照片 | 采用照片突出说明现状生态及景观存在的问题 | ≥2 | 中 |
| | | | （二）表 | | |
| 问题分析与评价 | 1 | 污水处理厂运行数据表 | 各污水处理厂的现状规模、平均日进水量、最高日进水量、年均运行负荷率等 | ≥1 | 高 |
| | 2 | 空白区情况一览表 | 空白区位置、面积、人口、污水产生量、对应排口 | 1 | 高 |
| | 3 | 混错接情况一览表 | 混错接位置、污水量、对应排口 | 1 | 高 |
| | 4 | 溢流污染统计表 | 溢流口、溢流频次及污染排放量 | 1~2 | 高 |
| | 5 | 点源污染计算表 | 点源污染计算表 | 1 | 高 |
| | 6 | 面源污染统计表 | 降雨径流、农业面源、畜禽养殖等各类面源污染物排放量 | 3~6 | 高 |
| | 7 | 内源污染统计表 | 河道污泥情况及内源污染物排放量 | 1~2 | 高 |
| | 8 | 水环境容量分析表 | 水环境容量及污染物排放量对比关系 | 1~2 | 高 |
| | 9 | 水生态指标评价体系表 | 水生态指标体系评价计算表 | ≥1 | 高 |

（4）建设目标和技术路线

建设目标和技术路线包括总体目标、分项目标和技术路线三部分内容。其中，分项目标及技术路线一般需要配图、表进行说明，具体内容参见表4-4。

建设目标和技术路线所需图、表产出统计表　　　　　　表4-4

| 方案内容 | 序号 | 图纸/表格名称 | 重点突出内容 | 数量（个） | 必要性 |
|---|---|---|---|---|---|
| （一）图 | | | | | |
| 建设目标 | 1 | 分项目标分析图 | 分项目标在上位规划中的分布情况 | ≥1 | 中 |
| 技术路线 | 2 | 总体技术路线图 | 方案编制整体路线 | 1 | 高 |
| （二）表 | | | | | |
| 建设目标 | 1 | 分项目标确定分析表 | 各类分项目标统计分析表 | ≥1 | 中 |
| | 2 | 分项目标统计表 | 各类分项目标的现状值、目标值 | 1 | 高 |

（5）系统治理方案

系统治理方案主要包括控源截污、内源治理、生态修复、活水保质方案措施内容，需要根据具体工程措施，突出重点，采用图、表配合说明方案内容，并和问题分析与评价章节中的问题相呼应，具体参见表4-5。

系统治理方案所需图、表产出统计表　　　　　　表4-5

| 方案内容 | 序号 | 图纸/表格名称 | 重点突出内容 | 数量（个） | 必要性 |
|---|---|---|---|---|---|
| （一）图 | | | | | |
| 控源截污 | 1 | 技术路线图 | 控源截污治理技术路线 | 1 | 中 |
| | 2 | 排水体制分析图 | 明确近期改造区域、分流制混错接修复区域、合流制保留区域范围 | 1 | 高 |
| | 3 | 污水处理设施布局图 | 明确污水处理厂（生活、工业）、分散式污水处理设施分布、规模 | 1 | 高 |
| | 4 | 污水管网补空白分布图 | 污水管网补空白工程建设情况，包含空白区治理措施等 | ≥1（可视方案具体情况进行合并） | 高 |
| | 5 | 污水管网工程分布图 | 污水管网新建工程分布情况，包含管线信息、管径等 | | 高 |
| | 6 | 截污工程分布图 | 截污工程分布情况，必要时可叠加排口信息 | | 高 |
| | 7 | 混错接改造分布图 | （1）源头混错接改造分布情况；（2）市政管网混错接改造分布情况 | | 高 |
| | 8 | 分流改造分布图 | 合流制改造分流制分布情况 | | 高 |
| | 9 | 排查修复工程分布图 | 进行管网排查修复的管段分布情况 | | 高 |
| | 10 | 管网清淤工程分布图 | 进行管网清淤的管段分布情况 | | 中 |

| 方案内容 | 序号 | 图纸/表格名称 | 重点突出内容 | 数量（个） | 必要性 |
|---|---|---|---|---|---|
| 控源截污 | 11 | 施工专用管线分布图 | （1）施工专用管线布置、管径；（2）工地分布、在建及未建地块分布 | ≥1（可视方案具体情况进行合并） | 中 |
| | 12 | 防倒灌设施分布图 | 排口防倒灌设施设置情况 | | 中 |
| | 13 | 清水入流入渗分区图 | 区域入流入渗情况分布 | | 中 |
| | 14 | 污水系统分阶段治理 | 污水系统分阶段治理情况 | | 低 |
| | 15 | 雨水径流污染控制治理图 | 工程位置及名称 | | 高 |
| | 16 | 合流制溢流污染控制治理图 | 工程位置及名称 | | 高 |
| | 17 | 农业污染控制治理图 | 工程位置及名称 | | 中 |
| 内源治理 | 18 | 技术路线图 | 内源治理技术路线图 | 1 | 中 |
| | 19 | 水系清淤工程分布图 | 清淤工程位置，不同措施分颜色显示 | 1 | 高 |
| | 20 | 垃圾收集系统分布图 | 垃圾收集点、转运站等位置信息 | 1 | 高 |
| 生态修复 | 21 | 技术路线图 | 生态修复技术路线图 | 1 | 中 |
| | 22 | 蓝绿线规划图 | 河道蓝绿线规划图 | 1 | 高 |
| | 23 | 水系功能定位图 | 各水系功能分区及定位示意 | 1 | 中 |
| | 24 | 规划河道断面图 | 规划河道断面图 | 1 | 高 |
| | 25 | 河道岸线工程分布图 | 岸线工程分布，不同岸线形式示意图 | ≥1（可视情况合并） | 高 |
| | 26 | 河底工程分布图 | 河底工程分布情况 | | 高 |
| | 27 | 生态系统恢复工程图 | 工程分布，不同措施分颜色显示 | | 高 |
| 活水保质 | 28 | 技术路线图 | 活水保质技术路线图 | 1 | 高 |
| | 29 | 补水工程分布图 | 补水河段、补水源、补水点、补水管线、补水泵站等分布情况 | ≥1 | 高 |
| | 30 | 水系连通工程分布图 | 水系连通位置、工程措施示意 | 1 | 高 |
| （二）表 | | | | | |
| 控源截污 | 1 | 污水处理规模计算表 | 污水处理规模计算表 | 1 | 高 |
| | 2 | 污水处理设施统计表 | 污水处理厂、分散处理设施、污水泵站等污水处理设施规划规模表 | 1 | 高 |
| | 3 | 空白区治理措施表 | 管网空白区名称、具体治理措施 | ≥1（可视情况合并） | 高 |
| | 4 | 排口治理措施一览表 | 排口编号、排口类型、具体治理措施 | | 高 |
| | 5 | 污水管线工程统计表 | 管线位置、管径、长度等信息 | | 高 |
| | 6 | 截污工程统计表 | 管线位置、管径、长度等信息 | | 高 |
| | 7 | 混错接改造统计表 | （1）改造地块名称、位置、面积、措施；（2）市政管网混错接改造位置、措施 | | 高 |
| | 8 | 雨污分流改造统计表 | 雨污分流改造位置、措施 | | 高 |
| | 9 | 管网排查修复统计表 | 管道位置、长度、修复方式等信息 | | 高 |
| | 10 | 管网清淤统计表 | 清淤位置、长度等信息 | | 高 |
| | 11 | 施工管线工程表 | 管线位置、管径、长度等信息 | | 中 |
| | 12 | 入流入渗分析表 | 清水入流入渗量、比例等信息 | | 中 |
| | 13 | 污水系统分阶段治理一览表 | 污水系统分阶段治理面积、管网长度等信息 | | 中 |

续表

| 方案内容 | 序号 | 图纸/表格名称 | 重点突出内容 | 数量（个） | 必要性 |
|---|---|---|---|---|---|
| 控源截污 | 14 | 雨水径流污染控制一览表 | 源头控制项目需包含位置、规模、措施、面源污染控制率信息 | ≥1（可视情况合并） | 高 |
| | 15 | 合流制溢流控制工程统计表 | 位置、标准等信息 | | 高 |
| | 16 | 农业面源污染控制工程统计表 | 位置、工程规模等 | | 高 |
| 内源治理 | 17 | 清淤工程统计表 | 清淤范围、长度、宽度、面积、深度、清淤量、清淤方式等 | 1 | 高 |
| | 18 | 垃圾收集系统一览表 | 垃圾中转站规模、覆盖面积 | 1 | 中 |
| 生态修复 | 19 | 河道岸线工程一览表 | 岸线建设工程位置、长度 | ≥1（可视情况合并） | 高 |
| | 20 | 河道断面工程一览表 | 河道断面工程位置、长度 | | 高 |
| | 21 | 生态系统恢复工程 | 工程位置、措施、规模等 | | 高 |
| 活水保质 | 22 | 河道补水条件一览表 | 河道补水条件分析，包括周边用地、补水水源分析等 | 1 | 中 |
| | 23 | 河道需水量计算表 | 分河段计算河道需水量 | ≥1 | 高 |
| | 24 | 河道补水工程一览表 | 河道补水工程位置、规模等信息 | ≥1 | 高 |

（6）项目投资及计划安排

项目投资及计划安排包括工程建设项目清单、建设时序和投资估算表，建议通过表格形式表示，重点突出项目类别、名称、建设期限、投资金额、工程量等信息，具体参见表4-6。

**项目投资及计划安排所需图、表产出统计表**　　　　　表4-6

| 方案内容 | 序号 | 图纸/表格名称 | 重点突出内容 | 数量（个） | 必要性 |
|---|---|---|---|---|---|
| （一）表 | | | | | |
| 项目投资 | 1 | 项目及投资安排一览表 | 包括项目名称、项目内容、项目类型、项目投资等 | ≥1（可视情况合并） | 高 |
| | 2 | 项目建设年度计划安排一览表 | 项目名称、年度安排 | | 高 |

（7）非工程保障措施

非工程保障措施包括组织、管理、运维、监测、资金等方面的保障措施。该部分图表产出存在较大差异，需根据方案编制的实际情况确定，具体参见表4-7。

**非工程保障措施所需图、表产出统计表**　　　　　表4-7

| 方案内容 | 序号 | 图纸/表格名称 | 重点突出内容 | 数量（个） | 必要性 |
|---|---|---|---|---|---|
| （一）图 | | | | | |
| 组织保障 | 1 | 水环境治理工作领导小组架构图 | 明确领导成员、组成部门、办事机构等 | 1 | 中 |

续表

| 方案内容 | 序号 | 图纸/表格名称 | 重点突出内容 | 数量（个） | 必要性 |
|---|---|---|---|---|---|
| 管理保障 | 2 | 排水许可、排污许可发放流程图 | 不同排水户、排污户发放许可的工作流程及要求等 | ≥1 | 中 |
| 监测保障 | 3 | 监测点位示意图 | 河道、黑臭水体、排水口、管网、源头、雨量等监测点位的编号、位置 | ≥1 | 高 |
| （二）表 | | | | | |
| 组织保障 | 1 | 部门职责一览表 | 工作领导小组成员单位工作职责及考核要求等 | 1 | 中 |
| 管理保障 | 2 | 排水许可和备案管理名录 | 行业类型、排水水质、水量等 | ≥1 | 中 |
| 运维 | 3 | 排水设施运维管理清单 | 设施名称、运维内容、责任单位等 | ≥1 | 中 |
| 监测保障 | 4 | 监测点位一览表 | 河道、黑臭水体、排水口、管网、源头、雨量等监测位置、监测项目等 | ≥1 | 高 |

### 4.2.2 图集

系统化方案图纸应与说明书内容相对应，内容清晰、准确；图纸范围、比例、图例等应保持一致，主要分为基础分析图和系统化方案成果图两类。以下图集产出目录根据编制经验总结，实际方案编制过程中建议因地制宜根据编制情况进行增减。

#### 1. 基础分析图

基础分析图应根据项目的实际情况及需求绘制，根据编制经验，从编制范围的基本情况、问题分析两方面进行总结。具体内容参见表4-8。

**基础分析图集产出统计表**　　　　　　　　表4-8

| 类别 | 序号 | 图集名称 |
|---|---|---|
| 基本情况 | 1 | 区位分析图 |
| | 2 | 土地利用现状图 |
| | 3 | 土地利用规划图 |
| | 4 | 高程、坡向、坡度分析图 |
| | 5 | 城市建设分布图（老城区、新城区、城中村、工业区） |
| | 6 | 河湖水系布局图 |
| | 7 | 河湖水质情况分布图 |
| | 8 | 现状河道断面分布图 |
| | 9 | 现状岸线情况分布图 |
| | 10 | 现状排水体制分布图 |
| | 11 | 现状污水系统图 |
| | 12 | 现状雨水系统图 |
| | 13 | 现状排口分布图 |
| | 14 | 现状再生水利用设施分布图 |
| | 15 | 现状环卫基础设施分布图 |
| | 16 | 流域划分图 |

续表

| 类别 | 序号 | 图集名称 |
|---|---|---|
| 问题分析 | 17 | 管网空白区分布图 |
| | 18 | 混错接点位分布图（源头小区、市政管网） |
| | 19 | 点源污染分布图 |
| | 20 | 面源污染分布图 |
| | 21 | 底泥淤积及沿岸垃圾分布图 |

### 2. 系统化方案成果图

为方便后续工程设计和项目实施，系统化方案需要在产出中附方案成果图。根据编制经验，从控源截污、内源治理、生态修复、活水保质、监测体系等方面进行总结，并明确项目建设时序。图中应详细标注工程措施的名称、位置、规模等信息，以便于使用查阅。具体内容参见表4-9。

系统化方案成果图集产出统计表　　　　　　　　表4-9

| 类别 | 序号 | 图集名称 |
|---|---|---|
| 控源截污 | 1 | 规划污水处理设施布局图 |
| | 2 | 规划污水管道建设图 |
| | 3 | 规划雨水管道建设图 |
| | 4 | 规划截污工程分布图 |
| | 5 | 规划雨污混接改造分布图 |
| | 6 | 规划分流改造分布图 |
| | 7 | 管道修复工程分布图 |
| | 8 | 管道清淤工程分布图 |
| | 9 | 雨水径流污染控制工程分布图 |
| | 10 | 合流制溢流污染控制工程分布图 |
| | 11 | 农业面源污染控制工程分布图 |
| 内源治理 | 12 | 河道清淤工程分布图 |
| | 13 | 规划环卫设施建设分布图 |
| 生态修复 | 14 | 规划河道断面类型分布图 |
| | 15 | 规划驳岸类型分布图 |
| | 16 | 河道生态系统恢复工程分布图 |
| 活水保质 | 17 | 河道生态补水工程分布图 |
| | 18 | 水系连通工程分布图 |
| 监测体系 | 19 | 监测点位布置分布图 |
| 项目建设 | 20 | 项目分期建设图 |

### 4.2.3 附件

主要附件应包括根据需要设置的相关专题研究报告、政府批复文件、会议纪要、部门意见、专家论证意见等。其中，专题报告根据方案编制的实际需求，可设置"厂-网-河

（湖）"一体化专题报告、水环境模型专题报告、水系统监测专题报告等，附件内容需根据实际情况确定，此处不再赘述。

## 4.3　成果应用

系统化方案的编制主体应为地方人民政府或地方行业主管部门，其编制成果应具有以下作用。

**1. 编制主体应用场景**

（1）识别本底：对本区域水环境问题进行梳理，分析问题，并理清问题的轻重缓急，以确定问题解决思路。

（2）测算投资：根据上游规划及编制主体的要求，确定工程内容，测算较为详细的工程投资，判断工程可实施性。

（3）可达性分析：通过对工程实施效果开展评估，进行可达性分析，对建设效果负责。

（4）工作优化：通过系统的分析，确定合理的技术路线和实施方案，减少工作重复，降低工程投资，加快建设进度。

**2. 建设业主应用场景**

（1）通过系统化方案，明晰工程建设边界，避免各项目、各片区之间的界限不清晰、效果不清楚。

（2）通过系统化方案，达成上下游衔接。它是建设业主掌握上游管控指标和下游具体设计方案之间的桥梁。

**3. 设计单位应用场景**

（1）明晰项目定位和目标。设计单位能够依此掌握设计原则，确定设计思路，有利于设计师在既有的框架下充分发挥创造性，进行更科学、合理的设计。

（2）明晰项目实施效果。设计单位可以根据实施效果导向，灵活地选择具体的实施途径，在保证效果的前提下，对设计方案进行优化。

# 第5章　调查内容与方法

## 5.1　基本情况调查

基本情况调查是反映当地现状本底及问题分析的基础，是系统化方案编制的前提。基本情况调查主要针对自然本底、开发建设、河湖水系情况进行调查，调查方式包括监测、遥感、实地踏勘、部门座谈、问卷调查等多种。

### 5.1.1　自然本底情况

#### 5.1.1.1　气象特征

气象是指一个地区大气的多年平均状况，基于气温、日照、降雨、蒸发等数据对气象要素的年内、年际变化特征进行分析，重点分析蒸发、降雨情况。

一般来说，降雨分析的主要内容包括年降雨分析、月降雨分析、典型年降雨分析等。其中，年（月）降雨分析主要用于分析降雨年内的变化特征，可按汛期与非汛期或丰水期与枯水期等进行分析；典型年降雨分析则用于降雨径流污染测算、合流制溢流污染模拟评估、河道生态基流计算、雨水资源利用分析等。

**1. 年（月）降雨特征分析**

受地理区位与气候条件的影响，不同地区降雨也呈现不同的特征。一般来说，我国大部分地区夏秋多雨，冬春少雨，南方城市雨季开始早、结束晚，集中在5～10月；北方雨季开始晚、结束早，集中在7～8月。在进行年（月）降雨分析时，通常需要从气象局获取至少近10年连续、全年的月降雨尺度数据，对其进行统计分析，并以图表形式对年内、年际变化特征进行说明。

以某市降雨数据分析为例，从当地气象部门收集了该市1981～2019年连续月降雨数据，分析年均降水量、最高年降雨量、最低年降雨量、降雨天数等年际变化特征（图5-1）。该市年际丰枯变化明显，年内降雨分配特征为：汛期6～9月集中了全年降水量的60%以上，其中7～8月降水量占全年降水量的45%，其他月份降雨较少（图5-2）。

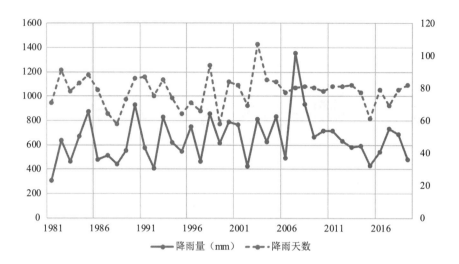

**图5-1** 某市 1981~2019年 逐年降雨量及 降雨天数分析

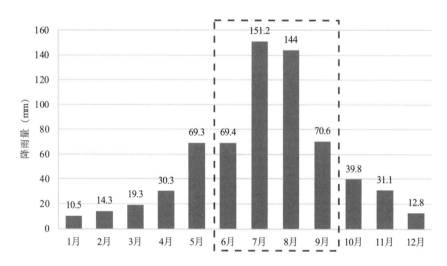

**图5-2** 某市 月降雨量特征 分析

### 2. 典型年降雨分析

根据《气候状况公报编写规范》DB 13/T 1270—2015对降水年型的划分，若某年降水量较常年偏多30%以上（显著偏多），则将该年划分为典型丰水年；若某年降水量较常年偏少30%以上（显著偏少），则将该年划分为典型枯水年。而水环境系统化方案中关于典型年降雨的分析，更倾向于分析与多年平均降雨特征一致的年份。

在确定典型降雨年时，一般采用多因子加权分析的方法进行分析，选择因子通常包括：①年降水总量；②各量级雨日均方差（小雨、中雨、大雨、暴雨、大暴雨和特大暴雨）；③月降水量均方差；④月降水量峰值；⑤年份时间趋势。对不同因子进行打分排名，并赋予不同权重，选择典型代表年份；将选取的降雨年份的降雨频次与多年平均降雨频次进行拟合，最终确定典型降雨年份。

以某市典型年降雨分析为例，对年降雨量、各级别降水频率、月均水量等进行分析，通过各因素加权结果，选取2004年为典型代表年，并选取12组不同的降雨量数据，对2004年降雨频次与多年统计降雨频次曲线进行对比（表5-1），并进行拟合分析（图5-3），$R^2=0.9917$，说明典型年的选取具有一定的代表性。

多年平均降雨与典型年降雨频次统计表　　　表5-1

| 对应降雨（mm） | 3.0 | 3.8 | 10.0 | 13.1 | 16.2 | 19.3 |
|---|---|---|---|---|---|---|
| 多年平均降雨累积降雨频次 | 13.82% | 20.81% | 54.93% | 64.31% | 70.48% | 76.07% |
| 典型年降雨频次 | 6.82% | 15.91% | 54.55% | 63.64% | 77.27% | 79.55% |
| 对应降雨（mm） | 22.9 | 27.4 | 33.6 | 42.2 | 55.0 | 67.8 |
| 多年平均降雨累积降雨频次 | 80.51% | 84.46% | 88.65% | 92.35% | 95.89% | 97.45% |
| 典型年降雨频次 | 81.82% | 86.36% | 86.36% | 93.18% | 95.45% | 99.50% |

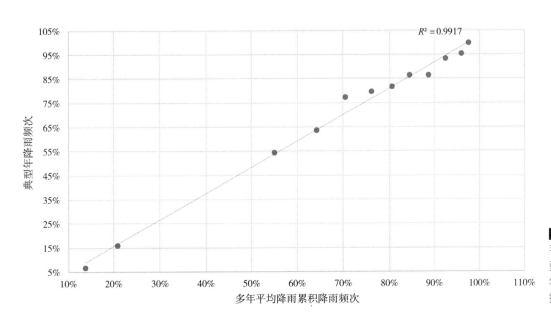

图5-3 多年平均降雨与典型年（2004年）降雨统计拟合度分析

### 5.1.1.2 土壤特征

由于土壤性质不同，造成土壤对雨水的吸纳、蓄渗、缓释程度也不同，对土壤质地、土壤分布、渗透性能等特征进行分析，为水环境综合治理方案编制、后期工程建设提供数据支撑。

土壤特征调查是指通过国土部门获取土壤类型分布图，并结合区域内的地块、道路、水系等工程地勘资料进一步分析土壤特征、孔隙率、渗透系数等特征数据。土壤基础数据调查样表见表5-2。

土壤基础数据调查样表　　　表5-2

| 序号 | 区域 | 土壤类型 | 土壤质地 | 渗透性 | 含水率 |
|---|---|---|---|---|---|
| 1 | 1区 | | | | |
| 2 | 2区 | | | | |
| … | … | | | | |

#### 5.1.1.3 地下水特征

通过地下水情况调查判断城市的地下水可提供水量是否充足，并且分析河道水位、地下水位、排水管道水位之间的相互关系。

地下水特征调查内容包括地下水分布、地下水位、埋深、地下水水质等。首先通常通过查阅本地水资源公报，获得地下水开发利用情况；其次从国土部门、水利部门和其他地勘资料中，获取规划区地下水数据。地下水调查样表见表5-3。

地下水调查样表       表5-3

| 序号 | 地下水分布 | 地下水位（m） | 埋深（m） |
|---|---|---|---|
| 1 | | | |
| 2 | | | |
| ... | | | |

以某市地下水特征分析为例，首先，通过与国土部门调研，获取平均地下水埋深数据，该区平均地下水位约为5.65m，年变幅1.0~1.5m；进一步从工程地质勘察资料中，获取规划区内地下水位监测数据，并绘制地下水位等值线图（图5-4）。

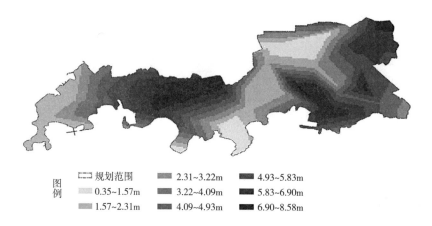

图例
- ⬚⬚ 规划范围
- ▨ 0.35~1.57m
- ▨ 1.57~2.31m
- ▨ 2.31~3.22m
- ▨ 3.22~4.09m
- ▨ 4.09~4.93m
- ▨ 4.93~5.83m
- ▨ 5.83~6.90m
- ▨ 6.90~8.58m

图5-4 某区域地下水位变化趋势图

#### 5.1.1.4 水资源特征

水资源情况调查主要指对区域的水资源量及组成、人均水资源量、用水量及组成、人均用水量等进行分析，明确地区内供水来源组成以及生活用水、工业用水、生态用水、农业用水等用水量，为水资源供需平衡分析、补水方案编制等提供数据支撑。分析方案编制区域所在大区域的现状水资源供需平衡情况，特别是生态用水量及比例，通过统计分析，明确大区域内是否存在缺口或问题。

水资源数据主要通过查阅当地水资源公报获取，以某市水资源数据分析为例，该市为资源型缺水城市，总供水量为9.33亿m³，以地表水源为主，占比67%，污水处理回用量占比4.6%；用水量9.33亿m³，其中，居民生活用水量占比34%，生态用水量占比6.9%。该市供水量、用水量统计表见表5-4。

某市供水量、用水量统计表　　　　　　　　表5-4

| 供水水源 | | 供水量（亿m³） | 用水对象 | 用水量（亿m³） |
|---|---|---|---|---|
| 地表水源供水量 | 蓄水工程供水量 | 1.57 | 生活用水 | 3.22 |
| | 引水工程供水量 | 0.56 | 工业用水 | 2.13 |
| | 提水工程供水量 | 0.08 | 城镇公共用水 | 1.00 |
| | 跨流域调水量 | 4.03 | 农业用水 | 1.95 |
| 地下水供水量 | | 2.41 | 生态用水 | 0.64 |
| 其他水源供水量 | 污水处理回用量 | 0.43 | 林、牧、渔、畜 | 0.39 |
| | 海水淡化量 | 0.25 | | |
| 合计 | | 9.33 | | 9.33 |

### 5.1.2　开发建设情况

#### 5.1.2.1　开发利用情况

通过分析区域开发建设情况，获得城市现状土地利用情况及老城区、新建区划分情况，为后续水环境治理方案制定针对性措施提供数据支撑。

结合上位规划、现场调研等情况，通常可将区域划分为老城区、已建区、新建区、工业区、城中村等类型。其中，老城区是指各地方根据城市发展时序、历史文化、道路等因素划定的区域，其排水基础设施建设通常较不完善；已建区是指城市已开发建设，建设用地集中的区域，其排水等基础设施建设相对较完善；新建区是指各地方根据城市发展需求划定的规划区域；工业区是指将各类工业布局在各种不同性质、不同地段的工业用地上形成的各类工业区域；城中村是指在城市建成区范围内失去或基本失去耕地，仍然实行村民自治和农村集体所有制的村庄。

以某区域调研为例，该区划分为老城区、新城区、工业区、城中村4种类型（图5-5），明确各类型分布范围、面积（表5-5）。

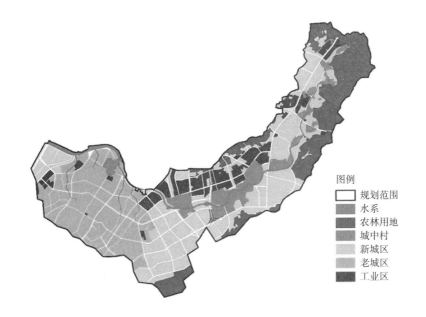

图例
- 规划范围
- 水系
- 农林用地
- 城中村
- 新城区
- 老城区
- 工业区

**图5-5** 某区域现状建设情况示意图

现状建设区域划分统计表      表5-5

| 城市建设类型 | 面积（hm²） | 占比（%） |
|---|---|---|
| 老城区 | 21.0 | 33.1 |
| 新城区 | 28.7 | 45.3 |
| 工业区 | 7.2 | 11.4 |
| 城中村 | 6.5 | 10.3 |
| 合计 | 63.4 | 100 |

对于城中村调查，除明确位置信息外，还需对其面积、人口、拆迁情况进行详细调查，城中村调查样表见表5-6。

城中村调查样表      表5-6

| 序号 | 城中村名称 | 面积（hm²） | 人口（人） | 近期是否拆迁 |
|---|---|---|---|---|
| 1 | | | | |
| 2 | | | | |
| … | | | | |

对于工业企业调查，需明确企业名称、经济性质等，工业企业调查样表见表5-7。

工业企业调查样表      表5-7

| 序号 | 企业名称 | 所在地 | 经济性质 |
|---|---|---|---|
| 1 | | | |
| 2 | | | |
| … | | | |

#### 5.1.2.2 下垫面情况

面源污染主要是由地表径流引起的，因此在水环境治理过程中对于地表径流的分析必不可少。通过下垫面情况调查获取区域内下垫面分布及面积，为后期面源污染核算提供基础数据支撑。目前，下垫面调查方法主要包括资料整理法、影像分析法等。

**1. 资料整理法**

资料整理法是指基于城市总体规划现状用地图、地理国情普查成果数据对下垫面进行分析。其中，总体规划现状图一般通过当地规划部门获取；地理国情普查成果数据往往通过当地测绘或规划部门获取。

基于城市总体规划的现状用地图获取城市下垫面基础，首先统计现状用地图中各类用地面积（图5-6）。其次，根据各类用地类型的容积率、建筑密度、绿地率等计算得到各类用地建筑屋顶、道路广场、绿地等下垫面组成。

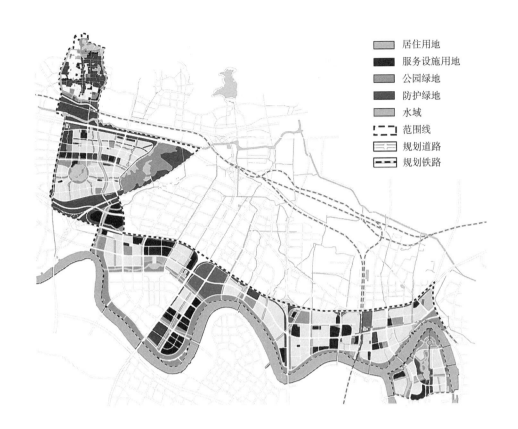

图例：
居住用地
服务设施用地
公园绿地
防护绿地
水域
范围线
规划道路
规划铁路

图5-6 某市研究区域的现状用地图

以地理国情普查成果数据为资料整理的基础，地理国情普查成果数据中，地表覆盖数据包含耕地、园地、林地、草地、房屋建筑（区）、道路、构筑物、人工堆掘地、荒漠与裸露地表、水域10种类型。根据地理国情地表覆盖分类与城市下垫面分类的关系，建立两类对应关系，并以此为依据对普查数据重新分类，获得各类下垫面类型的统计数据。

2．影像分析法

影像分析法以Landsat7或landsat8为基础数据源，通过遥感解译获得规划区内的下垫面分布及面积。

以某市研究区域遥感影像图解译为例。首先进行预处理。第一步，影像拼接，研究区域面积较大，需镶嵌两张卫星影像图进行拼接；第二步，影像裁剪，得到包含波段信息的遥感影像栅格数据，基于最优波段的原则，结合遥感影像特点和区域自身情况，使用4、3、2波段合成标准假彩色图像区分地物之间的视觉效果；使用5、4、3波段区分植被；使用5、6、4波段假彩色区分陆地和水体。

其次，对遥感影像图进行监督分类（非监督分类）。第一，根据遥感影像自身情况确定分类类别，该区域划分为屋顶、道路广场、绿地、耕地、水域、未利用地、在建用地七类（图5-7）；第二，根据不同类别地物的影像特征定义地物样本，确定每一类型用地的敏感区，选取足够多的样本以提高分类精度；第三，进行所选样本的可分离度校验，当可分离度大于0.9时，用最大似然法进行监督分类；第四，将遥感影像和谷歌图做对比分析，结合现场调研进行局部调整；最后，分类结果统计各类下垫面面积（表5-8）。

研究区域现状下垫面面积统计表 表5-8

| 类别 | 道路 | 耕地 | 建筑屋顶 | 草地、林地 | 水域 | 未利用地 | 在建用地 | 总计 |
|---|---|---|---|---|---|---|---|---|
| 面积（km²） | | | | | | | | |
| 比例（%） | | | | | | | | |

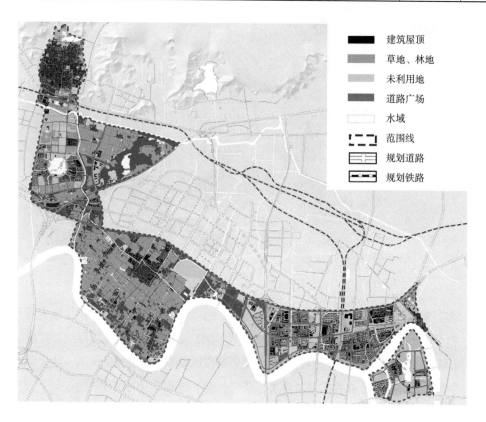

图5-7 某市研究区域下垫面分布图

图例：
- 建筑屋顶
- 草地、林地
- 未利用地
- 道路广场
- 水域
- 范围线
- 规划道路
- 规划铁路

　　根据上述方法对城市下垫面进行分类统计，其中，资料整理法的城市总体规划现状用地图等资料易获得，但部分用地的建筑密度、绿地率等信息不明确；通过地理国情普查成果数据获得下垫面数据的方法，数据保密等级较高，数据不易获得，但数据分析较为准确。影像分析法中，影像图获取方便，操作简单，相对能够准确分析区域下垫面情况。

## 5.2　河湖水系调查

### 5.2.1　总体布局

　　作为城市发展的重要组成部分，河流水系的总体布局影响着城市发展方向，也对城市水安全、水环境、水生态、水资源、水文化等方面有直接影响。水系总体布局的调查对象为河流、湖泊、水库等，主要分析河网形态、密度、水域面积。针对各水体，主要调查以下内容。

　　（1）河湖水系基本信息，包括名称、起始点、等级（如干流、一级支流、二级支流等）等。

（2）河湖水系几何特征，包括长度、宽度、弯曲系数（河段的实际长度与该河段直线长度之比）等。

（3）河湖水系流域范围、面积。

（4）坡降，即河道纵向坡度的变化。

首先通过查阅水利部门提供的水系分布图及水系特征数据，获得河湖布局、河道长度、河道宽度、流域面积等河道特征数据；其次结合现场调研对水系布局、河道基本信息进行梳理。水系基本信息调查样表见表5-9。

水系基本信息调查样表　　　　　表5-9

| 序号 | 河（湖）名称 | 等级 | 起始点 | 长度（m） | 宽度（m） | 流域面积（km²） | 坡降 |
|---|---|---|---|---|---|---|---|
| 1 | | | | | | | |
| 2 | | | | | | | |
| ... | | | | | | | |

### 5.2.2　水文特征

明确河流的水文特征，如流量、含沙量、汛期、结冰期、水能资源、流速、河流补给类型及水位等，具体包括以下内容。

（1）径流量（径流量大小和径流量的季节、年际变化）。

（2）含沙量。

（3）有无汛期/凌汛、结冰期。

（4）水位，包括常水位、设计水位及年际、年内变化情况。

（5）水系补给类型，如地下水、雨水、冰雪融水等。

水文资料的分析获取，一是通过分析当地水利部门的多年河道监测数据，获取水位和流量年际、年内变化特征；二是通过查阅水利部门的防洪规划、水系规划等相关规划，获取河道常水位、设计洪水位及对应流量等基础数据。

### 5.2.3　水质分析

为客观反映地表水环境质量及其变化趋势，调查分析地表水感官特征（颜色、气味等）、水质监测数据，进而分析现状水质，评价水环境功能区是否达标。河道水质情况调查方法有两种，一是通过生态环境部门调研河道水质数据；二是根据方案编制要求，进行现场采样，根据采样结果进行水质监测分析。

**1.监测点位设置**

地表水监测的采样布点、频率应符合《水环境监测规范》SL 219—2013等技术规范的相关要求，监测断面需具备代表性，能反映水系或所在区域的水环境质量、污染特征。在一个监测断面上设置的采样垂线数与各垂线上的采样点数要求分别见表5-10、表5-11；湖（库）监测垂线上的采样点设置要求见表5-12。

黑臭水体监测按照《城市黑臭水体整治工作指南》中的相关要求，原则上可沿黑臭水体每200～600m间距设置检测点，但每个黑臭水体的检测点不少于3个。取样点一般设置于水面下0.5m处，水深不足0.5m时，应设置在水深的1/2处。

采样垂线数的设置　　　　　　　　　　　表5-10

| 水面宽 | 垂线数 | 说明 |
| --- | --- | --- |
| ≤50m | 一条（中泓） | （1）垂线布设应避开污染带，要测污染带应另加垂线；<br>（2）确能证明该断面水质均匀时，可仅设中泓垂线；<br>（3）凡在该断面要计算污染物通量时，必须按本表设置垂线 |
| 50~100m | 二条（近左、右岸有明显水流处） | |
| >100m | 三条（左、中、右） | |

采样垂线上的采样点数的设置　　　　　　　　　表5-11

| 水深 | 采样点数 | 说明 |
| --- | --- | --- |
| ≤5m | 上层一点 | （1）上层指水面下0.5m处，水深不到0.5m时，在水深1/2处；<br>（2）下层指河底以上0.5m处；<br>（3）中层指1/2水深处；<br>（4）封冻时在冰下0.5m处采样，水深不到0.5m时，在水深1/2处采样；<br>（5）凡在该断面要计算污染物通量时，必须按本表设置采样点 |
| 5~10m | 上、下层两点 | |
| >10m | 上、中、下三层三点 | |

湖（库）监测垂线采样点的设置　　　　　　　　表5-12

| 水深 | 分层情况 | 采样点数 | 说明 |
| --- | --- | --- | --- |
| ≤5m | | 一点（水面下0.5m处） | （1）分层是指湖水温度分层状况；<br>（2）水深不足1m，在1/2水深处设置测点；<br>（3）有充分数据证实垂线水质均匀时，可酌情减少测点 |
| 5~10m | 不分层 | 二点（水面下0.5m，水底上0.5m处） | |
| 5~10m | 分层 | 三点（水面下0.5m，1/2斜温层，水底上0.5m处） | |
| >10m | | 除水面下0.5m，水底上0.5m处外，按每一斜温分层1/2处设置 | |

## 2．监测项目

按照《地表水环境质量标准》GB 3838—2002，地表水环境质量常规监测指标24项，在水环境方案编制中，往往对DO、COD、$NH_3-N$、TP等指标进行分析，分析方法可参见《地表水环境质量标准》GB 3838—2002中的相关要求。城市黑臭水体的水质监测指标包括透明度、DO、ORP、$NH_3-N$，相关指标的测定方法见表5-13。

**黑臭水体水质指标测定方法**    表5-13

| 序号 | 项目 | 测定方法 | 备注 |
|---|---|---|---|
| 1 | 透明度 | 黑白盘法或铅字法 | 现场原位测定 |
| 2 | DO | 电化学法 | 现场原位测定 |
| 3 | ORP | 电极法 | 现场原位测定 |
| 4 | $NH_3-N$ | 纳氏试剂光度法或水杨酸-次氯酸盐光度法 | 水样应经过0.45μm滤膜过滤 |

### 3. 水质监测数据分析

对水质监测数据进行分析,识别主要污染物,参照《地表水环境质量标准》GB 3838—2002等进行水环境级别分类,明确污染物超标情况,说明超标项目与超标倍数。地表水水质监测数据样表见表5-14。

**地表水水质监测数据样表**    表5-14

| 序号 | 河流名称 | 监测断面 | 水质监测指标 | | | | | 地表水质类别 | 超标项目 |
|---|---|---|---|---|---|---|---|---|---|
| | | | pH | DO | COD | $NH_3-N$ | TP | | |
| 1 | | | | | | | | | |
| 2 | | | | | | | | | |
| ... | | | | | | | | | |

关于黑臭水体的判定,按照《城市黑臭水体整治工作指南》中的相关要求,某检测点4项理化指标中,1项指标60%以上数据或不少于2项指标30%以上数据达到"重度黑臭"级别的,该检测点被认定为"重度黑臭",否则可认定其为"轻度黑臭"。连续3个以上检测点被认定为"重度黑臭"的,检测点之间的区域被认定为"重度黑臭";水体60%以上的检测点被认定为"重度黑臭"的,整个水体应被认定为"重度黑臭"。轻度黑臭、重度黑臭水质标准见表5-15。

**城市黑臭水体污染程度分级标准(《城市黑臭水体整治工作指南》)**    表5-15

| 特征指标 | 透明度(cm) | DO(mg/L) | ORP(mV) | $NH_3-N$(mg/L) |
|---|---|---|---|---|
| 轻度黑臭 | 25~10* | 0.2~2.0 | −200~50 | 8.0~15 |
| 重度黑臭 | <10* | <0.2 | <−200 | >15 |

注:*水深不足25cm时,该指标按水深的40%取值。

除了对水质数据进行分析,还应展示水质监测点位图(图5-8),根据水质监测分析结果,绘制黑臭水体分布图(图5-9)和水环境类别分布图(图5-10)。

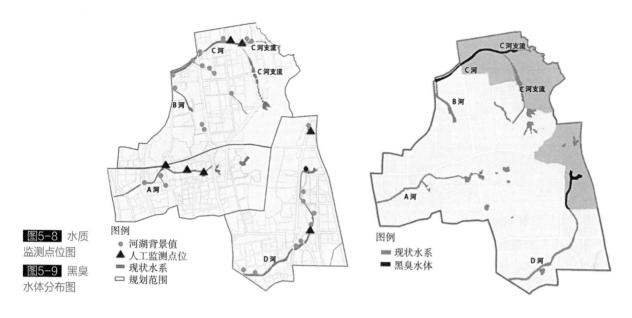

图5-8 水质
监测点位图

图5-9 黑臭
水体分布图

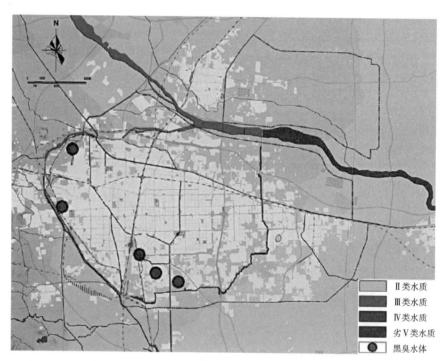

图5-10 水环
境类别分布图

### 5.2.4 生态特征

河道水生动植物、微生物是河道生态系统的重要组成部分，对河道内水生动植物进行调研，初步了解区域的水生生物多样性状况，掌握生物群落基本特征，为构建健康的水生态系统指明建设方向。

河道生态状况调查：一是通过查阅生态环境部门提供的历史河道水生生物调查报告，获得历史及现状河道水生生物分布情况；二是通过现场调研和现场采样获得水生生物调查结果，以此确定河道内水生动植物的种类、数量、分布盖度等。如浮游动物采样主要利用不同孔径的网孔对特定浮游动物进行定性采样；水生植物采样采用卷尺测量河段内沉水植物、挺水植物、浮叶植物的分布长度、宽度等。

根据调查结果，分析各河道水生动植物种类数量（图5-11）、分布盖度（图5-12）等情况。

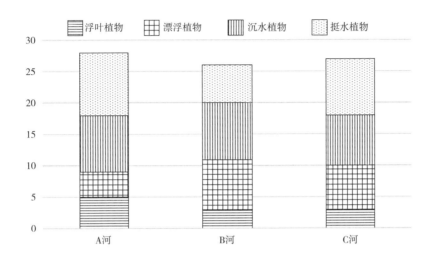

图5-11 各河道水生植物种类数量分析示例

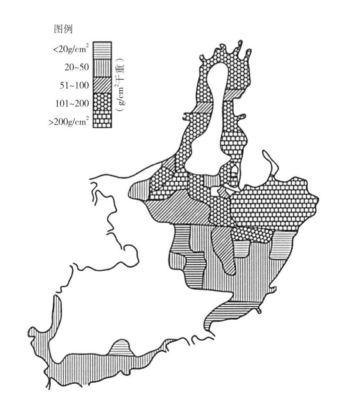

图5-12 水生植物生物量分布情况示例[1]

---

① 徐后涛. 上海市中小河道生态健康评价体系构建及治理效果研究 [D]. 上海：上海海洋大学，2016.

### 5.2.5 建设情况

#### 5.2.5.1 河道断面形式

城市河道一般具有行洪、排涝、引水、景观、旅游等功能，根据河道不同的功能要求，其横断面形式也是具有多样性的，包括矩形断面、梯形断面、复式断面和天然河道断面等。通过调查河道断面形式，区分不同河段的主要功能。

（1）矩形断面：城市河道中最常见的一种人工建设断面形式，可提高河道的过流能力，其占地面积少、结构简单，但降低了河道本身的美感，高驳坎的形式也导致了水陆生态系统隔离。

（2）梯形断面：过流能力大，同时也具有一定的生态性，但陡坡断面对生物生长有一定阻碍，且不利于景观布置，亲水性一般。

（3）复式断面：常水位以下可采用矩形或梯形断面，常水位以上可设置缓坡或者二级护岸，过流能力强、蓄水量大，河滩地相对较大，有利于水生物和两栖动物地生长，具有一定的生态性，且为滨水区的景观设计提供了空间。

（4）天然河道断面：人类活动较少的区域，在满足河道功能的前提下，应减少人工痕迹，尽量保持天然河道面貌，使原有的生态系统不被破坏。

#### 5.2.5.2 岸线建设情况

河道岸线是河道系统的主要组成部分，可分为自然岸线、生态岸线、硬质岸线等类型。通过调查河道岸线建设情况，判别不同河道生态系统性能，为后期河道生态系统构建提供数据支撑。

河道岸线建设情况主要通过现场调研进行评价，调研内容包括岸线类型、长度、建设状态等。并对河道岸线状况进行评价，如岸线是否存在破损状况、是否满足防洪要求、河岸两侧用地情况等。河道岸线调查统计样表见表5-16，岸线类别分布图见图5-13。

河道岸线调查统计样表　　　　表5-16

| 序号 | 河（湖）名称 | 河段（起始点） | 防洪标准 | 岸线类型 | 长度（m） | 岸线评价（破损、脱落等） |
|---|---|---|---|---|---|---|
| 1 | | | | | | |
| 2 | | | | | | |
| ... | | | | | | |

#### 5.2.5.3 河道构筑物情况

河道构筑物主要包括闸门、拦水坝，其主要作用是调节上下游水位和流量，在保证行洪安全的前提下，通过闸门控制有助于提高河道的水环境容量。河道构筑物情况调查主要是为了明确河道水位、流量以及构筑物前水面变化情况等，为河道水环境容量计算和后期河道治理提供数据支撑。主要调查以下内容。

图5-13 河道岸线类别分布图

（1）闸门：包括闸门位置、闸门类型、闸门宽度、闸门高度、底部高程、启闭方式、调度规程、防洪标准等，调查统计样表见表5-17。

闸门调查统计样表　　　　　　　表5-17

| 序号 | 河（湖）名称 | 位置 | 类型 | 宽度（m） | 高度（m） | 底部高程（m） | 调度规程 |
|---|---|---|---|---|---|---|---|
| 1 | | | | | | | |
| 2 | | | | | | | |
| ... | | | | | | | |

（2）拦水坝：主要调查内容包括拦水坝的位置、类型、顶部高程、宽度等，调查统计样表见表5-18。

拦水坝调查统计样表　　　　　　　表5-18

| 序号 | 河（湖）名称 | 位置 | 类型 | 宽度（m） | 高度（m） | 顶部高程（m） |
|---|---|---|---|---|---|---|
| 1 | | | | | | |
| 2 | | | | | | |
| ... | | | | | | |

一般通过查阅河道构筑物资料、现场调研获取河道构筑物建设情况，并根据资料梳理、现场调研情况，绘制河道构筑物分布图，可参考图5-14。

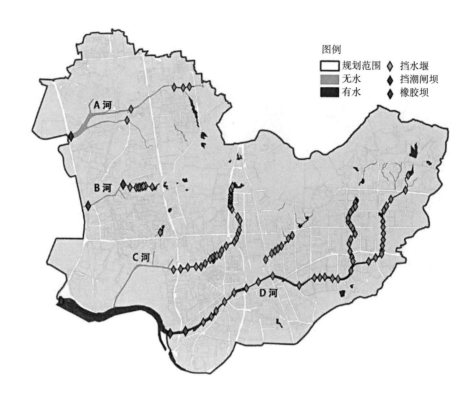

**图5-14** 河道闸门、坝分布图

### 5.2.6 管理运维情况

河道管理运维涉及上下游、左右岸、不同行政区域和行业，通过对各个地区河道管理运维情况的调查分析，明确河道管理现状及管理上存在的不足，为后期相关制度完善指明方向。主要调查以下内容。

（1）主管单位：调查内容主要包括河道水面保洁、河岸保洁、景观绿化的行政主管部门、责任分工、工作流程等。

（2）养护单位：指负责河道日常管理的单位。其主要负责河道保洁、清淤、管理范围内绿化维护、水环境保护、设施安全巡查等，调查内容主要包括养护单位、养护分工、养护职责以及养护经费等。

（3）考核标准：为切实加强各地区河道长效管理，全面改善水环境质量，制定河道管理考核办法。调查内容主要包括考核方式、考核对象、考核内容以及河道管理运维完成情况等。

河道管理运维调查统计样表见表5-19。

河道管理运维调查统计样表

表5-19

| 序号 | 河（湖）名称 | 河段（起始点） | 主管单位 | | | 养护单位 | | |
|---|---|---|---|---|---|---|---|---|
| | | | 水面保洁 | 河岸保洁 | 绿化景观 | 水面保洁 | 河岸保洁 | 绿化景观 |
| 1 | | | | | | | | |
| 2 | | | | | | | | |
| ... | | | | | | | | |

## 5.3 基础设施调查

### 5.3.1 排水设施

#### 5.3.1.1 排水体制

根据排水方式的不同，城市排水体制可分为合流制、分流制两种基本形式。通常情况下，一个区域可能同时存在合流制、分流制。在对排水体制进行调查时，以雨污水管网系统分布为主要判断依据，以排口出流情况等作为判定参考。

**1. 合流制排水系统**

合流制排水系统是将城市生活污水、工业废水和雨水混合在同一个管渠内排出的系统，目前常用的为截流式合流制。若区域内只有一套管网系统，收集的污水接入下游污水处理厂或处理设施，旱天及降雨初期排口无污水排出，降雨持续一段时间后排口开始排水，则该片区为截流式合流制，见图5-15。

**2. 分流制排水系统**

当生活污水、工业废水和雨水用两个或两个以上各自独立的管渠排出时，为分流制排水系统。若区域内有两套管网系统，污水管网收集的污水接入污水处理厂，末端排口旱天无水外排，降雨初期时有水排出，则该片区为分流制排水系统，见图5-16。

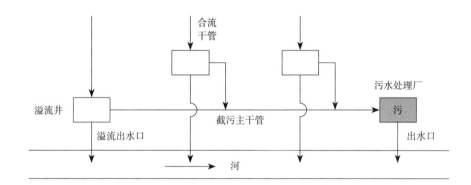

**图5-15** 截流式合流制排水系统示意图

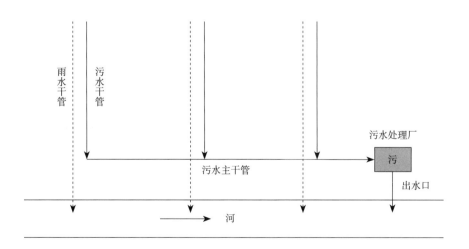

**图5-16** 分流制排水系统示意图

分流制排水系统相对完善，污染排放少，防洪排涝和环境保护能力强，但存在工程造价高、实施难度大、改造期限长等缺点。截流式合流制具有污水和初期雨水截流功能，管网改造造价一般，实施难度中等，改造期限一般，其缺点是污水和截流雨水均进入污水处理厂，会导致入厂污水污染物浓度较低。

对区域排水管网、排口情况进行详细调研，明确各类排水体制分布范围、面积等信息。排水体制调查统计样表见表5-20，分布图示例见图5-17。

现状排水体制调查统计样表　　　　　　　　　表5-20

| 排水体制 | 面积（km²） | 占比（%） |
|---|---|---|
| 合流制 | | |
| 分流制 | | |

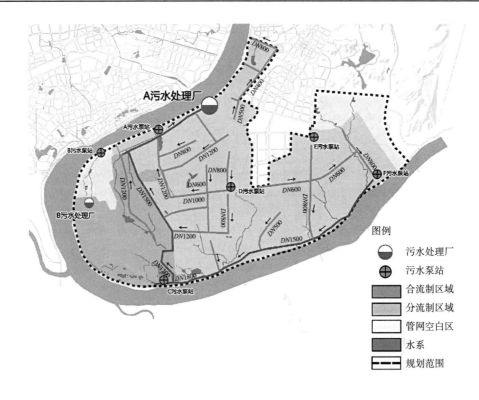

**图5-17** 某市排水体制分布图示例

### 5.3.1.2 污水排水系统

**1. 污水处理设施**

全面调查城市污水处理厂等设施，彻底摸清污水处理设施现状，为后续问题分析、方案制定提供基础。污水处理设施调查的主要内容包括：污水处理厂的分布情况、位置、规模、服务范围、出水标准等基本信息，以及处理水量、进出水浓度等动态运行数据。

（1）基本信息调查

污水处理设施既包括集中式的污水处理厂，也包括分散式的污水处理设施。污水处理设施分布情况反映了城市污水系统布局是否科学合理，其位置决定了污水管网的走向，为城市地下管网建设提供了依据。因此，需要对城市污水系统布局进行全面分析、整体把控，为现场调查做好充足准备。首先，绘制污水处理设施布局图，明确各污水处理设施的服务范围。其次，调查污水处理设施的位置、服务面积及人口、设计规模、处理工艺、出水标准、尾水去向等信息，这些信息主要通过规划设计资料、现场调研等方式获取。

污水处理设施基本信息调查样表见表5-21，污水处理设施布局图参考见图5-18。

污水处理设施基本信息调查样表　　　　　　表5-21

| 序号 | 名称（污水处理厂/一体化设施） | 地址 | 服务面积（km²） | 服务人口（人） | 设计规模（万m³/d） | 处理工艺 | 出水标准 | 尾水排放 |
|---|---|---|---|---|---|---|---|---|
| 1 | | | | | | | | |
| 2 | | | | | | | | |
| ... | | | | | | | | |

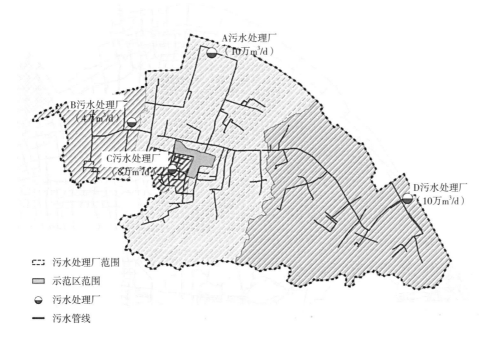

图5-18 某市污水处理厂布局图示例

（2）动态运行数据调查

污水处理设施动态运行数据包括处理水量、进水水质、出水水质分析等。

处理水量分析：收集污水处理设施近1～3年的逐月进水量台账，与设计规模进行比较，分析是否存在超负荷运行情况；与降雨数据进行比较，分析旱天、雨天的运行负荷变化情况及趋势。污水处理设施处理水量调查样表见表5-22。

污水处理设施处理水量调查样表　　　　表5-22

| 序号 | 名称（污水处理厂/一体化设施） | 设计规模（万m³/d） | 平均日进水量（万m³/d） | 最高日进水量（万m³/d） | 年平均运行负荷率（%） |
|---|---|---|---|---|---|
| 1 | | | | | |
| 2 | | | | | |
| … | | | | | |

进水水质分析：污水进水浓度是污水处理设施的一项重要设计参数，通过分析污水处理设施的进水水质监测数据，可以评估污水处理设施的实际运行效能，结合降雨、地下水位、河道水位等条件，评估进水浓度与设计参数之间的差距，辅佐判断设施服务范围内是否存在地下水等外来水入渗、雨水混接和水体倒灌等问题，为治理措施提供借鉴和依据。

出水水质分析：通过对比分析出水水质设计参数和出水水质监测数据，分析出水水质是否满足既定设计要求，评估污水处理设施是否正常运转。当污水处理标准较低时，经过处理的污水也可能成为污染源。

污水处理设施进、出水水质调查样表见表5-23。

污水处理设施进、出水水质调查样表　　　　表5-23

| 名称 | 指标 | | $COD_{cr}$（mg/L） | $BOD_5$（mg/L） | SS（mg/L） | $NH_3-N$（mg/L） | TN（mg/L） | TP（mg/L） |
|---|---|---|---|---|---|---|---|---|
| ××污水处理厂 | 进水 | 设计值 | | | | | | |
| | | 实际值 | | | | | | |
| | 出水 | 设计值 | | | | | | |
| | | 实际值 | | | | | | |

### 2．污水泵站

污水泵站作为污水系统的重要组成部分，是污水收集和污水处理的中间纽带，其调查内容主要包括位置、服务范围、设计规模、污水出路等基本信息，以及实际运行水量。评估是否存在超负荷运行状态，为实施工程改造提供依据。污水泵站调查样表见表5-24。

污水泵站调查样表　　　　表5-24

| 序号 | 泵站名称 | 地址 | 服务面积（km²） | 设计规模（m³/d） | 平均日进水量（m³/d） | 最高日进水量（m³/d） | 污水出路 |
|---|---|---|---|---|---|---|---|
| 1 | | | | | | | |
| 2 | | | | | | | |
| … | | | | | | | |

### 3．污水管网

污水管网的调查内容一般包括污水管网覆盖程度、管网拓扑关系等，通过调查以上信息，为城市管网的改造建设和运维管理提供依据。

（1）污水管网覆盖程度：污水管网覆盖程度可以反映城市污水的收集情况，可以用污水管网覆盖率或污水管网密度来进行统计，两者计算方法分别参见式（5-1）、式（5-2）：

$$P = a / A \tag{5-1}$$
$$Q = L / A \tag{5-2}$$

式中  $P$ —— 管网覆盖率（%）；

$Q$ —— 管网密度（$km/km^2$）；

$a$ —— 管网覆盖区域面积（$km^2$）；

$L$ —— 管网长度（km）；

$A$ —— 城市建成区面积（$km^2$）。

两者相比较而言，污水管网覆盖率比污水管网密度更为直观，但污水管网密度可更加准确地表达污水管网建设完善程度。因此，在实际工作中，一般多用污水管网密度来表示污水管网的覆盖程度。

在确定污水管网的覆盖程度时，需进行充分的调查和详细的资料收集，对污水管网进行整合，最终明确区域内污水管网系统的总体布局，才能确定污水管网的覆盖程度。

（2）管网拓扑关系：对污水管网进行梳理，分析管网拓扑关系，管网拓扑关系参考图见图5-19。

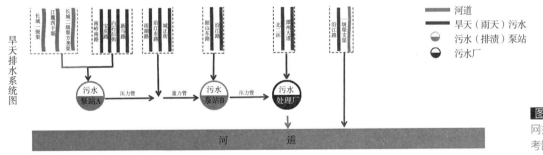

图5-19 管网拓扑关系参考图

### 5.3.1.3  雨水排水系统

#### 1．雨水管网

雨水管网的调查内容主要包括管道及箱涵的规模、设计标准、运行情况、管网缺陷以及管网拓扑关系等，目的是了解雨水的排向，分析雨水管网是否存在超负荷运行情况以及管网混错接等问题，调查方式一般包括资料查阅、部门座谈及现场调研等。

在上述调查内容中，由于管网缺陷以及管网混错接均有可能导致污水从雨水管网排至河道进而造成污染，因此需要重点分析雨水管网的破损情况以及和污水管网、合流制管网的衔接关系。管网缺陷和混错接的排查方式与污水管网一致，具体可参照污水管网调查分析的具体内容，此处不再赘述。雨水管网调查样表见表5-25。

表5-25

### 雨水管网调查样表

| 序号 | 管段 | 管径/尺寸（mm） | 设计标准 | 运行情况 |
|---|---|---|---|---|
| 雨水干管 | | | | |
| 雨水支管 | | | | |
| 箱涵 | | | | |
| 合计 | | | | |

#### 2．雨水泵站

雨水泵站的调查内容与污水泵站类似，主要包括位置、服务范围、设计流量、设计标准、建设时间、运行情况等。分析雨水泵站是否存在超负荷运行的情况，为实施工程改造提供依据。雨水泵站调查样表见表5-26。

表5-26

### 雨水泵站调查样表

| 序号 | 地址 | 服务面积（km²） | 设计流量（m³/d） | 设计标准 | 运行情况 |
|---|---|---|---|---|---|
| 1 | | | | | |
| 2 | | | | | |
| ... | | | | | |
| 合计 | | | | | |

#### 5.3.1.4 排水口

排水口（以下简称排口）调查内容包括基本信息、类型、出水水质水量和溢流频次等。通过确定排口的类型，排查污水来源和具体问题，掌握排口排放和溢流的水量与水质特征，为点源污染计算、控源截污方案制定等提供支撑。

#### 1．排口基本信息调查

（1）排口基本参数调查：包括受纳水体水位、潮汐及其他概况，排口位置（坐标、高程）、形状、规格、材质、挡墙形式及照片等，可根据编制需求增设调查子项，通过排查统计和规划设计资料、录入现场调研信息等方式开展。

1）排口位置：沿河道两岸逐一观测排查，使用GPS记录经纬度。

2）高程：使用水准仪或全站仪测量管底标高和排口地面标高。

3）构造与尺寸：采用相机和卷尺确定排口的构造和尺寸，记录排口的类型，如管涵、暗涵、闸涵、涵洞、暗管、明渠等，以及其对应的尺寸。

4）材质：观测并记录管道与排口材质。

在基本信息调查中，对每一个排口进行编号并拍照记录，记录调查时间，排口信息调查样表见表5-27。

排口信息调查样表                                 表5-27

| 序号 | 排口编号 | 所属河道 | 详细位置 | 管径（mm） | 形状 | 材质 | 管底标高 | 是否淹没 | 调查时间 | 备注 |
|------|----------|----------|----------|-----------|------|------|----------|----------|----------|------|
| 1 | | | | | | | | | | |
| 2 | | | | | | | | | | |
| ... | | | | | | | | | | |

（2）排口附属设施调查：包括附属于排口或其截流设施的闸、堰、阀、泵、井及截流管道等。

**2. 排口动态信息调查**

排口的动态信息调查，应包括出水流量、水质、污水来源和溢流情况等，主要通过在线监测、人工检测相结合的方式获取。

（1）流量测算：可通过断面估算法、流速测量法或专用流量计等方式进行流量测算，分别在旱天和雨天进行，每次流量测算周期宜为24h。流量测算过程中，应保持排口内排水流动无阻碍。

（2）水质检测：水质检测应按国家有关规定，由获得资质的检测机构出具水质检测分析报告，检测指标包括pH值、COD、$NH_3$-N等，水质检测宜与流量测算同步进行。

（3）污水来源调查：根据前期调查阶段收集的排口资料及分析，结合现场踏勘，对排口中污水的来源进行确认。

（4）溢流频次调查：对设置截流设施的溢流排口，分析已有溢流频次记录；没有记录的应在旱天、雨天分别进行溢流调查，并详细记录不同降雨强度对应的溢流频次、溢流水量。

在实际工作中，为获取较为准确的排放数据，通常在排口初步调查的基础上实施在线监测，监测内容包括水量、液位、流速和水质等，可参照以下频率进行监测：

（1）旱天流量监测频率为1min，水质每隔2h测量一次，流量和水质均至少连续监测7d。

（2）雨天流量监测频率为1min，水质监测在降雨开始的60min内，5~10min采集一个样品，60min以后每30min采集一个样品，直至降雨停止出流结束。

（3）降雨量监测：雨量监测频率为1min，降雨监测原则上应做到全年详细记录，若无条件做到监测全年数据，至少要和排口安装监测仪器时间同步匹配。排口水量、水质监测样表分别见表5-28、表5-29。

排口流量液位和流速等监测数据样表                     表5-28

| 序号 | 排口编号 | 数据时间 | 管内液位（m） | 流量（L/s） | 流速（m/s） | 备注 |
|------|----------|----------|---------------|-------------|-------------|------|
| 1 | | | | | | |
| 2 | | | | | | |
| ... | | | | | | |

排口水质监测数据样表 表5-29

| 序号 | 排口编号 | 数据时间 | pH | COD（mg/L） | NH$_3$-N（mg/L） | 备注 |
|------|----------|----------|-----|-------------|-----------------|------|
| 1 | | | | | | |
| 2 | | | | | | |
| ... | | | | | | |

### 3．排口类型分析

根据《城市黑臭水体整治——排水口、管道及检查井治理技术指南（试行）》中排口分类的定义，主要分为三类排口：

（1）分流制排口：分流制污水排口（FW）、分流制雨水排口（FY）、分流制雨污混接雨水排口（FH）和分流制雨污混接截流溢流排口（FJ）。

（2）合流制排口：合流制直排排口（HZ）、合流制截流溢流排口（HJ）。

（3）其他排口：泵站排口（B）、沿河居民排口（JM）和设施应急排口（YJ）等。

在实际工作中，根据经验，基于排口的现场调研和监测分析结果，将排口划分为生活污水排口、非生活污水排口，常见类型和判断依据见图5-20。

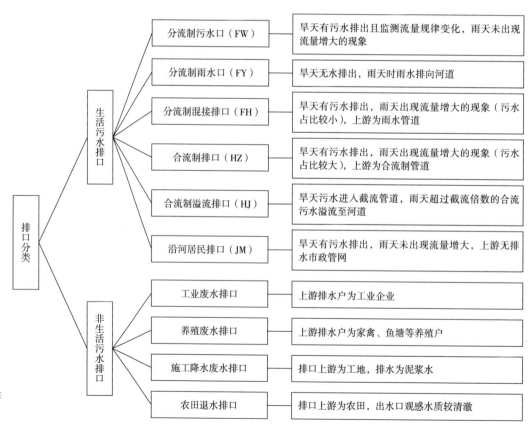

图5-20 排口分类和依据

对部分常见类型的排口分析判别示例过程如下。

（1）分流制污水口：以某P1排口为例说明判断过程。根据现场调查和流量监测，得到基本信息表（表5-30）。分析流量数据及排口水流的变化规律，白天为排水高峰，夜间为低谷，降雨期间排口流量并未增加（图5-21），且排口上游为雨污分流制的住宅小区，因此可判断该排口为分流制污水口。

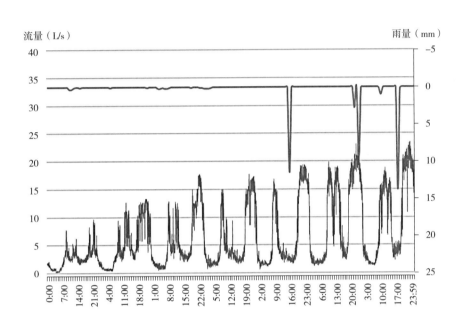

图5-21 P1排口流量与雨量对比图

**P1排口基本信息**　　　　表5-30

| 编号 | 排口管径（mm） | 监测流量均值（L/s） | 监测流量峰值（L/s） | 上游区域 | 上游管线情况 |
|---|---|---|---|---|---|
| P1 | 400 | 6.56 | 23.44 | 住宅小区 | 雨污管线分流 |

（2）分流制雨水口：以某P2排口为例说明判断过程。通过现场调查和流量监测，得到排口基本信息表（表5-31）。根据流量数据分析，监测前三天旱天排口无水流排出，降雨时管道流量突然增大并达到峰值（图5-22），排口上游为雨污分流制的住宅小区，因此可判断该排口为分流制雨水口。

**P2排口基本信息**　　　　表5-31

| 编号 | 排口管径（mm） | 监测流量均值（L/s） | 监测流量峰值（L/s） | 上游区域 | 上游管线情况 |
|---|---|---|---|---|---|
| P2 | 500 | 7.19 | 511.08 | 住宅小区 | 雨污管线分流 |

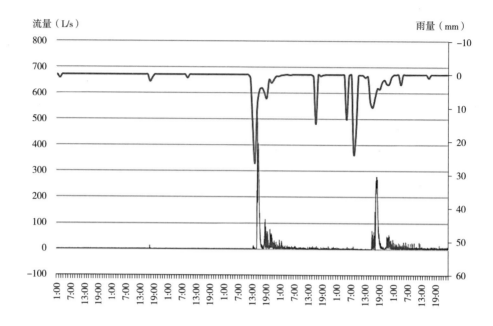

**图5-22** P2
排口流量与雨
量对比图

（3）分流制混接排口：以某P3排口为例说明判断过程。通过现场调查和流量监测，得到排口基本信息表（表5-32）。根据流量数据分析，旱天时排口有污水排出，但流量较小；发生降雨时排口流量增大并达到峰值（图5-23）。通过追踪排口上游小区的管线情况，为分流制管线，判断该排口为分流制混接排口。

P3排口基本信息

表5-32

| 编号 | 排口管径（mm） | 监测流量均值（L/s） | 监测流量峰值（L/s） | 上游区域追踪 | 上游管线情况 |
|---|---|---|---|---|---|
| P3 | 1000 | 10.3 | 88 | 住宅小区 | 雨污分流，混接进污水 |

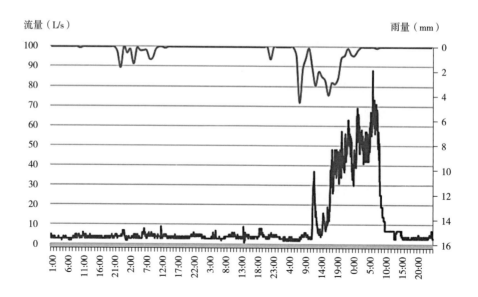

**图5-23** P3
排口流量与雨
量对比图

（4）合流制排口：以某P4排口为例说明判断过程。通过现场调查和流量监测，得到排口基本信息表（表5-33）。根据流量数据分析，该排口旱天时有污水排出，旱天流量持续且呈现规律变化；降雨时管道流量突然增大并达到峰值。排口上游为合流制的小学，判断该排口为合流制排口（图5-24）。

P4排口基本信息                                表5-33

| 编号 | 排口管径（mm） | 监测流量均值（L/s） | 监测流量峰值（L/s） | 上游区域追踪 | 上游管线情况 |
|---|---|---|---|---|---|
| P4 | 600 | 3.08 | 32 | 小学 | 雨污合流 |

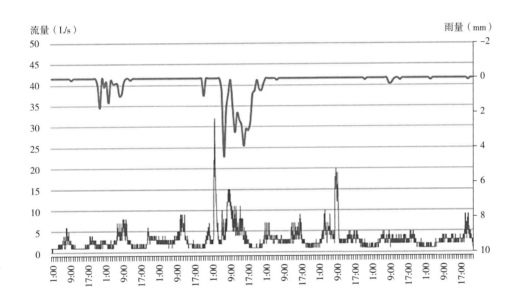

图5-24 P4排口流量与雨量对比图

（5）合流制溢流排口：以某P5排口为例说明判断过程。通过现场调查和流量监测，得到排口基本信息表（表5-34）。根据流量数据分析，该排口旱天无水排出，降雨量较小时亦无水排出，降雨量进一步增大，排口有污水溢流现象（图5-25）。排口上游为市政合流制管道，判断该排口为合流制溢流排口。

P5排口基本信息                                表5-34

| 编号 | 排口管径（mm） | 监测流量峰值（L/s） | 上游区域追踪 | 上游管线情况 |
|---|---|---|---|---|
| P5 | 1000 | 54.4 | 公园南路 | 合流制管道 |

对排口类型、数量进行汇总，采用图表形式进行说明，见图5-26、表5-35。

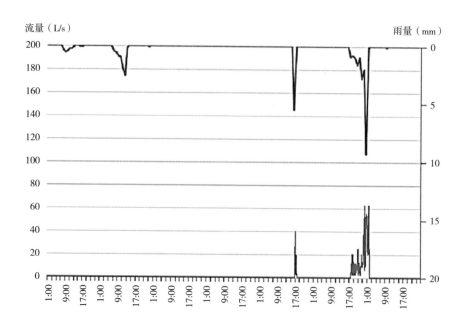

图5-25 P5
排口流量与雨
量对比图

图5-26 某
市排口类型分
布图（示例）

合流直排口

农业排口

排口类型统计表（示例）    表5-35

| 河道 | 分流制污水口（FW） | 分流制雨水口（FY） | 分流制混接排口（FH） | 合流制排口（HZ） | 合流制溢流排口（HJ） | 共计（个） |
|---|---|---|---|---|---|---|
| ××河 | | | | | | |
| ××河 | | | | | | |
| … | | | | | | |
| 合计 | | | | | | |

### 5.3.1.5 管理运维情况

污水处理厂、排水管网的养护往往存在管理割裂、各自为政等现象，这种碎片化管理模式常容易导致各级管理相互推诿、问题反馈慢、管理能力差、基础设施建设未能统筹考虑全盘因素等问题，致使设施难以协调运行。通过调查分析排水设施管理情况，明确排水设施管理现状及管理上存在的不足，为后续完善管理制度，有效整合水环境治理、污水处理厂运行、排水管网运行各方利益，建立排水设施统一规划、统一建设标准、统一管养的排水管理体系指明方向。具体调查内容包括排水设施的权属单位、行政管理单位、养护单位等，明确各单位工作职责，明确设施养护经费标准及来源。

如广州市印发了《广州市人民政府关于开展排水单元达标建设工作的通告》，落实了排水单元设施养护责任，要求明确排水设施的权属人、管理人、养护人、监管人，压实排水单元日常监管责任；规定各区人民政府是辖区内排水单元日常监管的责任主体，其可委托专门机构，如排水公司等专业单位，定期对各排水单元内部设施运行及排水情况进行检查。

## 5.3.2 再生水利用设施

### 5.3.2.1 再生水利用设施

**1. 再生水厂**

再生水厂的调查内容包括位置、设计规模、运行情况、进水水质、处理工艺、出水水质标准、出水用途等，目的是分析现状再生水厂存在的问题，为后续实施工程改造提供依据。调查方法一般包括资料查阅、部门座谈及现场调研等。

（1）设计规模及运行情况

再生水厂设计规模通过查阅再生水厂设计资料获取，而对于再生水厂运行情况评估，则需要收集再生水厂近3年的进水水量监测数据，评估再生水厂运转是否正常，为后续是否进行水厂扩建提供依据。

（2）进水水质

再生水厂设计进水水质理论上与污水处理厂出水水质一致。因此，通过分析再生水厂的进水水质监测数据，可以初步判断现状存在问题。若进水浓度高于设计进水浓度，则说明污水处理厂的污水处理效果不达标；若进水浓度低于设计进水浓度，则应考虑污水处理厂与再生水厂之间的连接管是否存在地下水渗漏的可能，可进一步开展排查工作。

（3）出水水质标准

再生水厂处理工艺决定了出水水质标准，通过分析再生水厂的出水水质监测数据，一是可以判断出水水质是否达到设计标准，二是可以反映再生水厂的处理效能，评估处理设施是否正常运转。

再生水厂调查样表见表5-36。

再生水厂调查样表                                          表5-36

| 序号 | 再生水厂名称 | 地址 | 设计规模（m³/d） | 进水水质 | 出水水质标准 | 备注 |
|------|------------|------|----------------|---------|------------|------|
| 1 | | | | | | |
| 2 | | | | | | |
| ... | | | | | | |

**2. 再生水泵站与管网**

再生水泵站的调查内容包括位置、设计流量、建设时间、运行情况等，目的是分析再生水厂、管网与泵站的规模是否互相匹配，为工程决策提供必要的参考。再生水泵站调查样表见表5-37。

再生水泵站调查样表                                        表5-37

| 序号 | 再生水泵站名称 | 地址 | 设计流量（m³/d） | 运行情况 | 备注 |
|------|-------------|------|----------------|---------|------|
| 1 | | | | | |
| 2 | | | | | |
| ... | | | | | |

再生水管网的调查内容包括管径、长度、运行情况等。再生水管网调查样表见表5-38。

再生水管网调查样表                                        表5-38

| 位置 | 管径（mm） | 长度（km） | 运行状态 |
|------|-----------|-----------|---------|
| ×××× | | | |
| | | | |
| 合计 | | | |

### 5.3.2.2 再生水利用情况

《城镇排水与污水处理条例》从规划、设施建设、运维、措施保障、纳入水资源统一配置等方面明确再生水利用要求，并明确工业生产、城市绿化、道路清扫、车辆冲洗、建筑施工及生态景观等应当优先使用再生水。《城市污水再生利用 分类》GB/T 18919—2002中，对再生水的利用途径进行了明确分类，主要分为5大类、20个具体的再生水利用范围，包括农林牧渔用水、城市杂用水、工业用水、环境用水、补充水源水等。

再生水利用情况调查的主要内容为再生水利用途径及规模，且应重点调查补水点位分布情况、补水规模等。再生水利用情况调查统计样表见表5-39。

**再生水利用情况调查统计样表**　　　表5-39

| 序号 | 再生水 | 再生水利用途径 | 利用规模（万m³/d） | 补水点位 | 备注 |
|---|---|---|---|---|---|
| 1 | ××再生水厂 | 农林牧渔用水 | | | |
| | | 城市杂用水 | | | |
| | | 工业用水 | | | |
| | | 环境用水 | | | 重点调查 |
| | | 补充水源水 | | | 重点调查 |
| ... | | | | | |

### 5.3.3　环卫设施

在水环境治理系统化方案编制中，城市环卫基础设施的调查对象主要为垃圾转运设施、垃圾处理设施两类。通过调查，分析现状垃圾产生量、垃圾转运设施转运能力、垃圾处理设施三者之间的关系，了解垃圾的去向及处理方式，评估范围内是否存在垃圾收集转运体系未覆盖区域。针对未覆盖区域，需分析未覆盖区域的数量、面积，并了解垃圾去向，重点关注未覆盖区域内水环境质量情况，并将其作为后续污染问题分析、工程方案实施的重要依据。

#### 5.3.3.1　垃圾转运设施

垃圾转运设施一般指设置在垃圾产生地和垃圾处理设施之间的垃圾中转站。根据《环境卫生设施设置标准》CJJ 27—2012的相关要求，当垃圾运输平均距离超过10km时，宜设置垃圾转运站；平均距离超过20km时，宜设置大、中型垃圾转运站；采用小型转运站转运的城镇区域，宜每2~3km²设置一座小型转运站。针对垃圾中转站，重点调查设施服务范围、设施处理能力等内容。

（1）设施服务范围：通过现场踏勘和资料收集，明确垃圾中转站的服务范围，绘制垃圾中转站的点位分布图、服务范围图等，分析是否实现建成区内全覆盖、是否存在垃圾中转站未覆盖的区域，评估设施服务面积是否符合《环境卫生设施设置标准》CJJ 27—2012的相关要求。

（2）设施处理能力：在梳理垃圾中转站服务范围的基础上，评估服务范围内的生活垃圾产生量与现状垃圾中转站的规模是否匹配、是否存在需求缺口。

采用图表形式对垃圾中转站的点位、服务范围等信息进行说明。垃圾中转站调查样表参见表5-40。

**垃圾中转站调查样表**　　　表5-40

| 序号 | 垃圾中转站名称 | 转运能力（t/d） | 服务范围 | 垃圾去向 |
|---|---|---|---|---|
| 1 | | | | |
| 2 | | | | |
| ... | | | | |

#### 5.3.3.2 垃圾处理设施

垃圾处理设施的处理工艺一般包括垃圾填埋、焚烧，可通过部门座谈、资料查阅等方式了解当地的垃圾处理工艺。但由于垃圾填埋和焚烧都存在环境污染的隐患，因此，在进行现场调研时，还需要重点关注垃圾处理设施的周边环境，如是否存在沟渠、河道以及湖泊等。

垃圾处理设施的调查内容包括分布情况、服务范围、处理工艺、设施规模、运行情况等。垃圾处理设施调查样表参见表5-41。

**垃圾处理设施调查样表** 表5-41

| 序号 | 垃圾处理设施 | 设计能力（t/d） | 实际处理能力（t/d） | 处置方式 | 服务范围 |
| --- | --- | --- | --- | --- | --- |
| 1 | | | | | |
| 2 | | | | | |
| ... | | | | | |

分析垃圾处理处置能力是否满足当地需求，结合垃圾转运设施台账、垃圾处理设施台账，分别核定生活垃圾产生量、生活垃圾处理量，进而核定生活垃圾处理能力是否超负荷运行，如超出，需明确超出部分的垃圾去向。

## 5.4 水环境治理工程调查

针对区域内已开展的水环境相关治理工程进行调查，工程类型主要包括：源头改造工程、截污工程、污水处理设施建设工程、调蓄净化工程、生态景观工程、引水调水工程、水系连通工程等。

调查内容包括实施年代、建设内容、解决问题、治理效果等。通过工程梳理，一是掌握前期水环境治理情况；二是对原有工程的建设效果进行合理评估，充分利用原有工程或对原有工程进行适当优化后继续发挥其作用，避免重复建设；三是掌握原有工程建设存在的问题，梳理分析其与现状存在问题的内在联系，为后期水环境治理工作提供一定的指引，取长补短，避免再次出现同样的问题。

### 5.4.1 工程类型及调查内容

#### 5.4.1.1 源头改造工程

源头改造工程主要包括三类：排水管道雨污分流改造、排水管道清淤修复、海绵城市建设改造，源头改造可能是其中一种或两种以上的组合。

**1. 排水管道雨污分流改造**

调查内容主要包括雨污分流改造点位、改造工程措施。评估工程改造是否改到位（如室外埋地排水管无漏改漏接，阳台废水、厨房废水均接入污水系统等）。

调查工作可通过以下几个方面开展：一是通过查阅设计施工图资料，明确改造范围，判断是否对所有的混错接点位进行了改造，对照市政管网判断改造解决的具体问题（如消除某个直排口，减少某个直排口直排污水量，减少某合流制片区溢流口溢流污染）；二是通过查阅管道竣工的测量资料，判断是否存在原有混错接点位未进行改造；三是通过现场调研或监测地块雨污水排口的水量水质，查看旱天地块雨水管道出口是否出水、出水水质情况，以及雨天地块污水管道出口水量是否明显增加、水质是否较旱天有明显变化等。

**2．排水管道清淤修复**

调查内容主要包括清淤范围、清淤工程量等。评估是否清淤修复到位以及解决的具体问题。

调查工作可通过以下几个方面开展：一是通过查阅设计施工图资料，判断是否对存在的明显淤堵破损的点位提出改造方案，包括管道、检查井、化粪池等排水附属设施；二是通过查阅改造后管道内窥资料，判断是否存在明显的淤堵破损点；三是通过现场调研，如掀开井盖观察管道水位是否过高，检查井沉泥槽是否淤积严重、化粪池是否板结过厚；四是结合地块污水管网出口监测数据，判断是否存在由于外水入渗产生的最小夜间流量。

**3．海绵城市建设改造**

调查内容主要包括改造地块、改造措施、海绵城市建设目标（如年径流总量控制率、径流污染控制率等）。评估海绵城市建设改造是否合理以及解决的具体问题，可结合地块排口监测数据和现场调研雨水污水排口水质情况进行判断分析。

### 5.4.1.2 截污工程

通过调取设计、测量资料和现场调研，掌握截污工程的服务范围、截流方式（全截流或合流制溢流截流）、截流井溢流口形式、管径管材坡度等内容。

评估内容包括设计是否合理，排水能力是否能够满足现状要求和后期治理过程中新增的污水接入要求；通过截流井溢流口的形式判断是否存在河水倒灌的风险；掌握截污管道源头接入方式是接入到户或只是沿河截流，尤其是城乡结合部或城中村区域，调查是否将大量的农田灌溉渠接入截污管道，占用截污管道排水空间，增加溢流污染；对于敷设于河道内部的截污管道，由于河水长期冲刷，管道和检查井破损渗漏风险较高，应重点注意；对于敷设于暗渠内部的截污管道，截污不完全或接管错误（接污水管错接成了接雨水管）的可能性较大，应重点注意。

### 5.4.1.3 污水处理设施建设工程

污水处理设施建设工程包括污水处理厂及分散式处理设施的新改扩建工程等。通过调取设计、检测资料和现场调研，掌握一体化设施的服务范围，收集污水方式（截流河道或通过截污管道收污水）、分散式处理设施运行工艺、出水标准、处理规模、污水来源组成（是否含有工业污水）、实际进出水水量水质情况；评估是否满足区域污水收集能力、出水水质是否稳定达标等内容。

某市分散式处理设施调查汇总表见表5-42。

**某分散式处理设施基本信息表**　　　　　　　　　表5-42

| 设计规模 | 1000m³/d | 实际规模 | 1000m³/d |
|---|---|---|---|
| 设计出水标准 | 一级A标准 | 实际出水水质评估 | TP、SS不达标 |
| 工艺 | A/O+MBR | 出水去向 | 就近排渠 |
| 服务范围 | 0.15km² | 服务人数 | 3400 |
| 收水方式 | 截流暗渠 | 污水来源组成 | 周边村民生活污水、渠道水 |

### 5.4.1.4 调蓄净化工程

调蓄净化工程主要包括快速净化设施、初雨或CSO调蓄池等。对于初雨调蓄池，需要调查服务范围、规模、收集雨量、排空周期、清淤频次、运行规则、初期雨水后续处理方式、实际收集的水量和运行效果；对于CSO调蓄池，需要调查服务范围、规模、截流倍数、排空周期、清淤频次、运行规则、污水后续处理方式、实际收集水量和运行效果。调蓄池工程评估内容包括是否存在淤泥清理不及时、调蓄规模是否达到设计规模等。

以某中部城市老城区CSO调蓄池工程调查为例，区域整体为合流制，服务范围为2.9km²，调蓄池设计调蓄容积约为17500m³，调蓄池控制水位、运行规则等信息见表5-43、图5-27。

**某老城区CSO调蓄池及泵站联动运行控制水位（单位：m）**　　表5-43

| 污水泵站 | 调蓄池 | | | | 排涝泵站 |
|---|---|---|---|---|---|
| 启泵水位 | 开闸进水水位 | 关闸最高水位 | 放空水位 | 报警水位 | 启泵水位 |
| 4.5 | 8.00 | 7.80 | <5.50 | 9.50 | 9.00 |

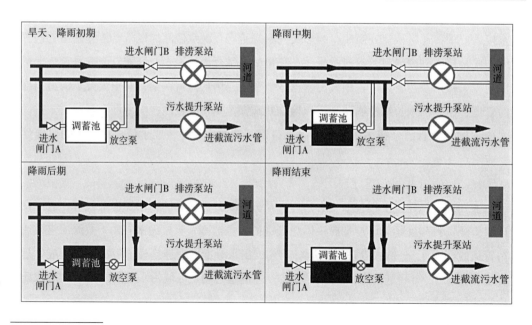

图5-27 调蓄池运行工况示意图[1]

---

[1] 周传庭. 合肥市老城区全地下雨水调蓄池工厂设计 [J]. 中国给水排水，2019，35（14）：63-66.

### 5.4.1.5 生态景观工程

生态景观工程主要是指河道两岸滨水空间绿地、湿地工程。其主要调查绿地面积、植物选择、蓄水净化效果等。内容包括湿地处理规模、运行工艺、动植物选择、出水标准、实际运行效果、抗冲击能力、运维频率等。

### 5.4.1.6 引水调水工程

引水调水工程主要是为了更好保证河道生态基流。系统化方案编制前，需要调查引水水源、引水水质、引水量、引水方式（间歇性或连续性、重力引水或压力引水），关注雨天或雨季引水方式。并判断工程实际投入使用时，引水的水质和水量能否得到保证。

### 5.4.1.7 水系连通工程

水系连通工程同样是为了保证河道生态基流，恢复河湖联系，增强水循环动力、水体流动性以及水体纳污能力。系统化方案编制前，需要调查水系连通脉络、流量、不同水量或水位情况下的上下游关系。

## 5.4.2 工程项目汇总

按以上工程项目类型统计水环境治理工程项目列表，统计内容包括项目类型、名称、主要内容、工程投资、开工及竣工时间、现状工程阶段（在建、完工）等。工程项目汇总样表见表5-44。

通过工程项目梳理，评估工程建设效果与存在问题，为后续水环境综合治理方案的科学性、合理性提供支撑。

工程项目汇总样表　　　　　　　　　表5-44

| 序号 | 项目类型 | 名称 | 主要内容 | 工程投资 | 开工时间 | 竣工时间 | 建设进度 |
|---|---|---|---|---|---|---|---|
| 1 | | | | | | | |
| 2 | | | | | | | |
| ... | | | | | | | |

# 第6章　问题分析与评价方法

## 6.1　水环境问题分析

### 6.1.1　水环境污染分析方法

#### 6.1.1.1　点源污染分析

对于水体而言，点源污染通常指城市生活污水、农村生活污水、工业废水等有固定排口集中排放的污染物，通常具有污染物浓度高、成分复杂、集中排放等特点。同时根据排水体制、污水来源、排口形式的不同，点源污染往往还具有季节性、周期性等典型特征，这也为点源污染的问题分析提供了方向。

分析点源污染时，一般从污水处理设施处理能力、管网空白区、管网混错接、污水无出路（截污管缺失、有污水管网但下游未正常接驳、污水管网堵塞）、管网渗漏等几个角度进行问题分析。

**1．污水处理设施处理能力问题**

需要分别分析旱天、雨天两种工况下，污水处理厂处理能力是否满足需求。

（1）旱天污水处理厂处理能力分析

分析旱天污水处理厂处理能力时，主要通过对比理论污水产生量、污水处理厂日均进水量、污水处理厂设计规模三项参数进行判断。理论污水产生量主要根据污水处理厂服务范围内的常住人口、建设用地、工业企业性质和规模等进行计算（纳入分散污水处理设施或自建污水处理设施处理后达标排放的污水量，以及近期内计划拆迁或搬迁生活区、工业企业的污水量应予以扣除）。污水处理厂日均进水量为旱天时污水处理厂实测日进水量的平均值。

当理论污水产生量、旱天污水处理厂日均进水量均小于污水处理厂设计规模时，污水处理厂规模可满足旱天处理需求；当理论污水产生量小于污水处理厂设计规模，但旱天污水处理厂日均进水量大于污水处理厂设计规模时，应进一步分析污水处理厂的进水浓度是否偏低，分析污水处理厂进水中是否存在地下水、河水、山泉水、施工降水等大量清水入流入渗情况；当理论污水产生量、旱天污水处理厂日均进水量均大于污水处理厂设计规模时，则污水处理厂能力不足。

（2）雨天污水处理厂处理能力分析

雨天污水产生量是在旱天污水产生量的基础上，综合考虑雨天截流的合流制污水量、分流制混接污水量及初期雨水量。将纳入污水处理厂处理的旱天水量、雨天水量与污水处理厂最大处理能力进行对比，分析雨天是否存在污水处理能力不足的情况。

污水处理厂能力分析示例见表6-1、图6-1。

污水处理厂能力分析样表　　　　　　　　　表6-1

| 序号 | 污水处理厂名称 | 设计规模<br>（万m³/d） | 日均进水量<br>（万m³/d） | 运行负荷率<br>（%） |
|---|---|---|---|---|
| 1 | | | | |
| 2 | | | | |
| … | | | | |

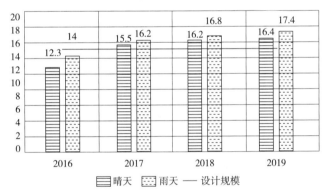

图6-1　污水处理厂处理能力分析

## 2. 管网空白区问题

管网空白区一般存在于未建设配套管网的老旧城区或农村地区。若居民区内无管网系统，旱天污水通过沟、渠等直接排入水体，则该片区为管网空白区（图6-2）。

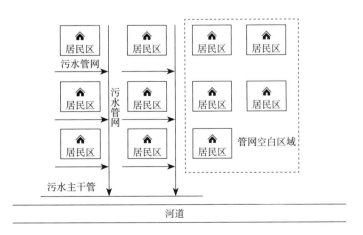

图6-2　管网空白区

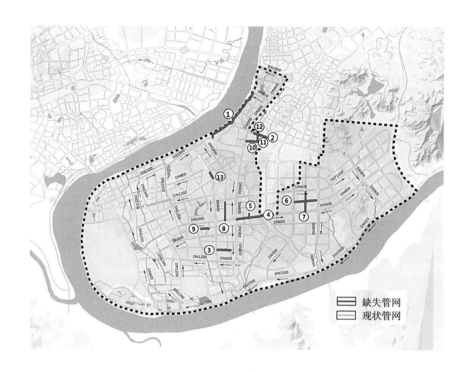

**图6-3** 污水
管网缺失情况

分析是否存在管网空白区时，主要通过对比现状排水管网和建设用地资料，并结合现场调查，分析是否存在污水收集管网缺失并造成污水无法收集处理的情况。以某市为例，通过管网普查、现状用地等资料分析及现场调查，发现2条道路缺少雨污水管网，11条道路缺少污水管网，导则周边区域约3.6 km²内的生活污水无法有效收集和处理（图6-3）。

分析管网空白区时，往往需要对空白区面积、空白区位置、涉及人口、污水产生量进行分析，分析样表见表6-2。

管网空白区分析样表

表6-2

| 序号 | 位置 | 面积（km²） | 人口（人） | 污水量（m³/d） |
|---|---|---|---|---|
| 1 | | | | |
| 2 | | | | |
| … | | | | |

### 3. 管网混错接问题

污水管网混错接问题通常包含两种情况：一是污水混接进入雨水管道，造成雨水排口旱天出流；二是雨水混接进入污水管道，占据污水管道的容量，导致雨天污水处理厂进水浓度降低或因处理能力不足而发生厂前溢流。针对管网混错接的调查分析方法主要有人工调查、仪器探查、水质检测、染色调查等。在调查分析管网混错接时，除了需要明确混错接点的位置外，还需要分析管网混错接类型，即是污水错接入雨水，还是雨水错接入污水（图6-4）。

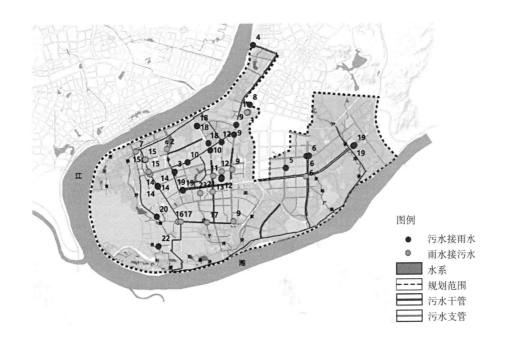

图6-4 污水
管网混错接
情况

图例

● 污水接雨水
● 雨水接污水
▨ 水系
┈ 规划范围
▤ 污水干管
▥ 污水支管

#### 4. 污水无出路问题

污水无出路通常是由下游截污管道缺失、污水管网未正常接驳或污水管网堵塞等造成。通过排水管网普查资料分析和现场调研，可以发现下游截污管道缺失、污水管网未正常接驳等问题；通过管网流量、液位分析，结合管网内窥诊断，可以发现污水管网未正常接驳、污水管网堵塞等问题。

#### 5. 管网渗漏问题

管道渗漏通常是由管道脱节、错位、破损，树根侵入或胶圈脱落等造成，直接表现为污水外泄或地下水入流入渗，造成的危害主要有污染地下水、掏空道路基础造成安全隐患、降低污水处理厂进水浓度、增加污水处理成本等。分析管网渗漏问题时，通常可采取水质水量监测、现场调查、管网内窥诊断（CCTV、QV）等方法发现和定位问题。例如对于地下水入流入渗较严重的管网，夜间最低流量通常较为稳定，同时水质浓度较低；对于管道脱节、错位、破损或树根侵入等原因导致的污水外泄，通过管网内窥诊断能够较容易发现；另外对于污水管网埋深较浅、污水外渗时间较长、车流量较大的道路，管网上方路面或检查井等也会发生不均匀沉降。

#### 6.1.1.2　面源污染分析

对于水体而言，面源污染通常分为城市面源污染、农业面源污染，具有分散性、累计性等特征，受刮风、降水等气象因素影响，其还具有随机性、模糊性等特点。一般情况下，面源污染物的浓度较低，但污染总负荷却较大，在分析水环境污染时往往不容忽视。

城市面源污染主要指由降雨径流冲刷城市下垫面产生的污染排放。对于分流制区域，城市面源污染通常随雨水冲刷直排入河，因此主要从降雨量、不同类型下垫面的径流产生系数、污染物累积规律等方面进行调查和分析。对于设置了截流井和溢流口等设施的区域，城市面源污染只有部分通过雨水溢流排入水体，因此还应获取降雨场次、降雨量、溢流频次、溢流量、溢流水质等数据，运用模型模拟的方法，在典型年降雨情景下对合流制排水系统面源污染溢流情况进行计算机模拟（详见"面源污染测算方法"章节）。

农业面源污染主要指由畜禽、水产养殖及农田生产所产生的污染排放，主要从养殖类型、养殖规模、农作物类型、农药化肥使用量、各类型污染物排放系数等方面进行调查和分析。

分析畜禽、水产等养殖产生的面源污染时，通常需要对养殖场（户）的位置、养殖类型、养殖规模、养殖方式等进行调查，同时应特别注意规模化养殖与散养，标准化养殖与一般养殖，有、无污染防治措施等方面。分析样表见表6-3。

**畜禽、水产养殖面源污染分析样表** 表6-3

| 参数名称 | | 参数取值 | 单位 |
|---|---|---|---|
| 养殖场（户）名称及位置 | | | |
| 养殖方式（规模化、个体） | | | |
| 养殖类型及规模 | 生猪 | | |
| | 肉鸡 | | |
| | 蛋鸡 | | |
| | 家鱼 | | |
| | … | | |
| 养殖方式 | 散养 | | |
| | 围栏养殖 | | |
| | 标准化养殖场 | | |
| | 围网养殖 | | |
| | 标准塘养殖 | | |
| | … | | |
| 污染防治措施 | 设施位置 | | |
| | 处理工艺 | | |
| | 处理能力 | | |
| | 排放标准 | | |

分析农田生产所导致的面源污染时，通常需要对农田位置、排水受纳水体、净化设施、农田面积、坡度、农作物类型、土壤类型、年均化肥施用量、年降水量、农田退水等主要信息进行调查。分析样表见表6-4。

**农田生产面源污染分析样表** 表6-4

| 参数名称 | 参数取值 | 单位 |
|---|---|---|
| 农田位置 | | |
| 排水受纳水体 | | |

续表

| 参数名称 | | 参数取值 | 单位 |
|---|---|---|---|
| 净化设施（如湿地） | 位置 | | |
| | 面积 | | |
| | 处理工艺 | | |
| | 处理能力 | | |
| | 排放标准 | | |
| 农田面积 | 水稻 | | |
| | 小麦 | | |
| | 玉米 | | |
| | 经济林 | | |
| | 蔬菜 | | |
| | … | | |
| | 其中，标准化农田面积 | | |
| 农田平均坡度 | | | |
| 土壤类型（壤土、砂土、黏土） | | | |
| 年均化肥施用量 | | | |
| 年降水量 | | | |

### 6.1.1.3　内源污染分析

对于水体而言，内源污染物主要包括河道淤积底泥所含有的污染物及水面漂浮、沿河堆放垃圾中的污染物。

分析河道底泥的内源污染时，通常需要对水体和底泥的感官情况、底泥淤积情况、污染检测情况等进行调查，同时在进行工业区河道内源污染的调查时，应根据企业类型、主要排放污染物等，对河道底泥成分、浓度开展重金属检测等针对性检测。分析样表见表6-5。

**水体内源污染分析样表**　　　　　　　　　　　　　　　表6-5

| 参数名称 | | 参数取值 | 单位 |
|---|---|---|---|
| 水体信息 | 名称 | | |
| | 长度 | | |
| | 宽度 | | |
| | 面积 | | |
| 感官情况 | 颜色 | | |
| | 嗅味 | | |

| 参数名称 | | 参数取值 | 单位 |
|---|---|---|---|
| 底泥淤积情况 | 起点 | | |
| | 终点 | | |
| | 长度 | | |
| | 宽度 | | |
| | 面积 | | |
| | 平均深度 | | |
| 污染物检测情况 | COD | | |
| | NH$_3$-N | | |
| | TP | | |
| | 重金属 | | |
| | 其他有毒有害物质 | | |

分析河道周边垃圾产生的内源污染时，通常需要对垃圾堆放基本信息、感官情况、来源及种类、污染物检测情况等进行调查。分析样表见表6-6。

沿河垃圾产生的内源污染分析样表　　　　　　表6-6

| 参数名称 | | 参数取值 | 单位 |
|---|---|---|---|
| 垃圾堆放信息 | 位置 | | |
| | 长度 | | |
| | 宽度 | | |
| | 高度 | | |
| | 体积 | | |
| 感官情况 | 颜色 | | |
| | 嗅味 | | |
| | 腐败情况 | | |
| | 液体渗漏情况 | | |
| 来源及类型 | 生活垃圾 | | |
| | 建筑垃圾 | | |
| | 厨余垃圾 | | |
| | 医疗垃圾 | | |
| | 其他危险废弃物 | | |
| | … | | |

续表

| 参数名称 | | 参数取值 | 单位 |
|---|---|---|---|
| 污染物检测情况 | COD | | |
| | NH$_3$-N | | |
| | TP | | |
| | 重金属 | | |
| | 其他有毒有害物质 | | |

### 6.1.2 污染负荷测算方法

#### 6.1.2.1 点源污染测算方法

点源污染计算过程中，首先应明确污染物排口的类型，其次调查水质、水量排放情况，最后是分析点源污染物排放量及排放规律。

点源污染的主要特点是污染物的排放量不受降雨影响，即使雨天流量、浓度等发生明显变化，但污染物的排放总量并不发生明显变化。因此可通过测算污染物一天或多天平均的产生量，推算每月及全年的点源污染产生量。通常点源污染来源于：分流制污水排口（FW）、分流制混接雨水排口（FH）、合流制直排排口（HZ）、污水处理厂尾水排口（WP）。

当排口有监测数据时，可根据水质检测数据和流量监测数据测算点源污染。对于水质检测数据，宜采用多组人工采样水质检测数据的平均值。对于流量监测数据，宜采用在线流量计连续监测数据的平均值，当不具备在线流量监测条件时，可采用多组人工流量监测数据的平均值，流量监测频率与水质检测频率宜保持一致（图6-5）。

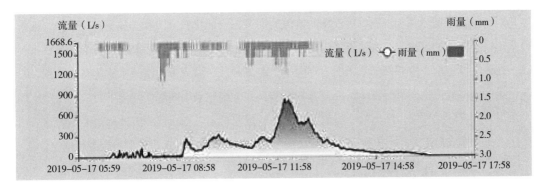

图6-5 某市排口流量在线监测

当缺少水量和水质监测数据时，可根据排口服务范围内的人口、用地、用水当量、污染物排放当量等资料测算点源污染物排放量。

以分流制污水排口（FW）为例，首先根据现状排水管网划定排口上游的汇水范围，其次可根据相关资料测算汇水范围内的人口数量（建筑面积），然后可通过相关规范和地方标准确定单位人口（建筑面积）的用水当量和污染物排放当量，最后进行污染物总排放量的测算，计算公式如式（6-1）所示。

$$Q = S \times R \times q \tag{6-1}$$

式中　$Q$ —— 点源污染物总排放量（t/a）；

　　　$S$ —— 排口汇水范围面积（km$^2$）；

　　　$R$ —— 单位面积人口数量（万人/km$^2$）；

　　　$q$ —— 人均日生活污染物排放量 [g/（人·d）]。

### 6.1.2.2　面源污染测算方法

**1. 雨水径流污染测算**

雨水径流污染是指由降雨径流冲刷城市下垫面产生的污染物。由于城市降雨径流往往通过雨水管网排放，因此径流污染的初期效应十分明显。据观测，在暴雨初期（降雨前20min），城市面源污染物的浓度甚至可以超过生活污水的浓度。

对于分流制区域，城市面源污染主要采用累积指数法进行预测，计算公式如式（6-2）所示。

$$Q = \sum n \times R \times A_i \times \varphi_i \tag{6-2}$$

式中　$Q$ —— 城市面源污染物产生量；

　　　$n$ —— 污染物累积指数，通常采用下垫面污染物排放场次降雨径流事件的污染物负荷（Event Mean Concentration，EMC），可通过对下垫面的水质监测数据获得，也可参照编制地区降雨径流污染研究的相关文献成果；

　　　$R$ —— 年降水量，通常采用典型年降雨数据或多年平均降雨量；

　　　$A_i$ —— 第$i$种下垫面类型的面积，主要分为建筑屋面、硬化路面、绿地、裸土、水面等类型，通常可根据影像资料进行现状下垫面解析，获取各类型下垫面面积；

　　　$\varphi_i$ —— 第$i$种下垫面类型径流系数，可参照相关研究结果或根据《室外排水设计标准》GB 50014—2021选取。

对于设置了截流井和溢流口等设施的区域，面源污染的排放方式和排放量有所不同，通常可采用模型模拟的方法，在典型年降雨情景下对合流制排水系统面源污染溢流情况进行模拟计算。在建立模型前，应获取降雨场次、降雨量、溢流频次、溢流量、溢流水质等基础数据，没有记录的需在降雨期间进行溢流情况调查和监测，并详细记录不同降雨强度下对应的溢流水质和水量。在实际工作中，降雨量、溢流频次、溢流量等可通过在线监测方式取得，溢流水质可采用人工采样或自动采样、化验等方式获取，并运用相关数据对计算机模型参数进行率定。

**2. 合流制溢流污染测算**

合流制溢流污染的主要特点是污染物的排放总量与降雨条件密切相关，通常来自分流制雨污混接截流排口（FJ）、合流制截流排口（HJ）的雨天溢流污染。目前，雨天溢流污染的测算主要通过模型分析，在典型年降雨条件下，模拟溢流口的年溢流量和年溢流污染物总量，同时通过实测降雨数据和实测溢流口流量、水质数据进行校核。

以某市合流制溢流排口（HJ）为例，通过计算机模型模拟了不同溢流频次下的年均溢流量和污染物排放总量（图6-6、表6-7），据此可为该排口建设调蓄设施和控制溢流污染量提供重要参数。

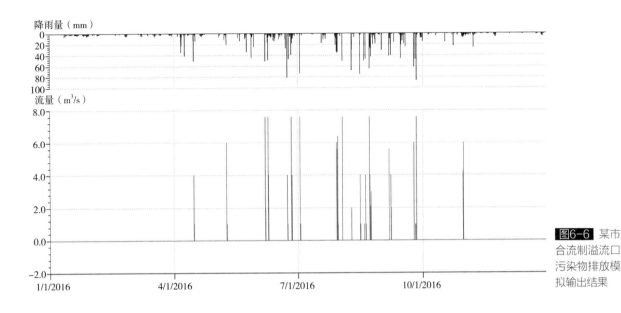

图6-6 某市合流制溢流口污染物排放模拟输出结果

某市合流制溢流口污染物排放模拟输出结果一览表　　　　　表6-7

| 序号 | 年均溢流次数 | 溢流频率 | 年均溢流量<br>（万m³/a） | 溢流污染物量<br>（COD，t/a） |
|---|---|---|---|---|
| 1 | 76.9 | 52.4% | 31 | 34.10 |
| 2 | 45.2 | 30.8% | 30.5 | 33.55 |
| … | | | | |
| 32 | 0.1 | 0.1% | 1.1 | 1.21 |

### 3．农业面源污染测算

农业面源污染，通常根据养殖业规模、农药化肥使用量等进行测算。

（1）畜禽养殖污染测算

畜禽养殖污染物产生量，主要根据畜禽养殖规模、污染物排放系数等进行测算。畜禽养殖规模通常根据污染源普查、经济普查或统计年鉴等资料获得，污染物排放系数可参照如下经验系数，即猪：COD 50g/（头·天），$NH_3$-N 10g/（头·天）（其他畜禽养殖量需换算成猪，换算关系如下：30只蛋鸡折合为1头猪，60只肉鸡折合为1头猪，3只羊折合为1头猪，5头猪折合为1头牛）；畜禽养殖废渣以资源化利用等方式进行处理的污染源，按污染物产生量的12%计算污染物流失量；符合《畜禽养殖业污染物排放标准》GB 18596—2011的规模化畜禽养殖场（猪大于100头，或蛋鸡大于3000只，或肉鸡大于6000只，或奶牛大于20头，或肉牛大于40头），其排水量、污染物浓度等可参照标准中相关规定。

以某项目为例，根据统计年鉴，项目区现状规模化养殖生猪35.5万头，规模化养殖肉鸡343万只。项目区畜禽养殖面源污染测算见表6-8。

畜禽养殖面源污染测算一览表　　　　　　表6-8

| 参数名称 | | 参数取值 | 参数单位 | 参数范围 |
|---|---|---|---|---|
| 养殖数量 | 生猪 | 35.5 | 万头 | |
| | 肉鸡 | 343 | 万只 | |
| 猪、鸡换算系数 | 生猪 | 1 | | |
| | 肉鸡 | 0.025 | | 1/（30~60） |
| 折合生猪量 | | 4.59 | 万头 | |
| 生猪污染排放负荷经验值 | COD | 50 | g/（头·天） | |
| | $NH_3-N$ | 10 | g/（头·天） | |
| 规模化养殖场污染物折减系数 | COD | 36% | | |
| | $NH_3-N$ | 36% | | |
| 规模化养殖场污染物排放量 | COD | 2896 | t/a | |
| | $NH_3-N$ | 579 | t/a | |

（2）水产养殖污染测算

水产养殖污染物产生量，主要根据养殖规模和污染物排放系数进行测算。养殖规模通常根据污染源普查、经济普查或统计年鉴等资料获得，污染物排放系数可参照《第一次全国污染源普查 水产养殖业污染源产排污系数手册》进行取值。

以某项目为例，根据统计年鉴，项目区现状养殖生产南美对虾6168t、家鱼20498t、海鲈鱼257400t。项目区水产养殖面源污染测算见表6-9。

水产养殖面源污染测算一览表　　　　　　表6-9

| 养殖品种 | 参数名称 | | 参数取值 | 参数单位 |
|---|---|---|---|---|
| 南美对虾 | 养殖数量 | | 637.2 | t/a |
| | 排污系数 | COD | 8 | g/kg |
| | | $NH_3-N$ | 0.3 | g/kg |
| | 排污量 | COD | 49 | t/a |
| | | $NH_3-N$ | 1.9 | t/a |
| 家鱼 | 养殖数量 | | 2118 | t/a |
| | 排污系数 | COD | 20 | g/kg |
| | | $NH_3-N$ | 2.8 | g/kg |
| | 排污量 | COD | 410 | t/a |
| | | $NH_3-N$ | 57 | t/a |

续表

| 养殖品种 | 参数名称 | | 参数取值 | 参数单位 |
|---|---|---|---|---|
| 海鲈鱼 | 养殖数量 | | 26592 | t/a |
| | 排污系数 | COD | 1.93 | g/kg |
| | | $NH_3$-N | 0.96 | g/kg |
| | 排污量 | COD | 497 | t/a |
| | | $NH_3$-N | 247 | t/a |
| 合计 | 排污量 | COD | 956 | t/a |
| | | $NH_3$-N | 306 | t/a |

（3）农田生产面源污染测算

农田生产的面源污染物产生量，主要根据农田面积、农田坡度、农作物类型、土壤类型、化肥施用量、年降水量等进行测算。其中，标准农田指的是平原、种植作物为小麦、土壤类型为壤土、化肥施用量为25～35kg/（亩·年）、降水量在400～800mm范围内的农田，标准农田的源强系数为COD 10kg/（亩·年），$NH_3$-N 2kg/（亩·年）。对于其他农田，对应的源强系数需要进行修正。

以某项目为例，根据统计年鉴，项目区现状水稻田45818亩，经济林18536亩，果蔬32100亩，农田生产面源污染测算见表6-10。

农田生产面源污染测算一览表　　　　　表6-10

| 参数名称 | | 参数取值 | 参数单位 | 参数范围 |
|---|---|---|---|---|
| 农田面积 | 水稻 | 45818 | 亩 | |
| | 经济林 | 18536 | 亩 | |
| | 蔬菜 | 32100 | 亩 | |
| 标准农田源强系数 | COD | 10 | kg/（亩·年） | |
| | $NH_3$-N | 2 | kg/（亩·年） | |
| 坡度修正系数 | | 1 | | 土地坡度25°以下，流失系数1.0~1.2；<br>土地坡度25°以上，流失系数1.2~1.5 |
| 农作物类型修正系数 | 水稻 | 1 | | 根据实验或经验数据 |
| | 经济林 | 1 | | |
| | 蔬菜 | 1 | | |
| 土壤修正系数 | | 1 | | 以壤土为1.0；<br>砂土修正系数为1.0~0.8；<br>黏土修正系数为0.8~0.6 |

| 参数名称 | 参数取值 | 参数单位 | 参数范围 |
|---|---|---|---|
| 化肥施用量修正系数 | 1.3 | | 化肥亩施用量在25kg以下，修正系数取0.8~1.0；<br>化肥亩施用量在25~35kg之间，修正系数取1.0~1.2；<br>化肥亩施用量在35kg以上，修正系数取1.2~1.5 |
| 降水量修正系数 | 1.4 | | 年降雨量在400mm以下的地区，取流失系数为0.6~1.0；<br>年降雨量在400~800mm之间的地区，取流失系数为1.0~1.2；<br>年降雨量在800mm以上的地区，取流失系数为1.2~1.5 |
| 农田径流污染物排放量 COD | 1755 | t/a | |
| 农田径流污染物排放量 NH₃-N | 351 | t/a | |

### 6.1.2.3 内源污染测算方法

对于水体而言，内源污染物主要包括河道淤积底泥和沿河堆放垃圾。内源污染物主要通过底泥表面积及污染物平均释放速率进行测算。污染物平均释放速率可通过实验研究测定或参照相关文献研究成果。

以某市项目为例，项目所在流域河道现状底泥淤积总长度为3.6km，淤积深度平均为0.5~0.8m，淤积体积约5.08万m³。根据本地研究文献获取河道底泥污染物释放速率，内源污染测算见表6-11。

**某市项目内源污染测算一览表**　　　　　　表6-11

| 河道 | 淤积长度（km） | 淤积深度（m） | 体积（万m³） | COD（t/a） | NH₃-N（t/a） | TP（t/a） |
|---|---|---|---|---|---|---|
| 河道A | 2.6 | 0.5 | 3.88 | 0.42 | 0.23 | 0.14 |
| 河道B | 1.0 | 0.8 | 1.2 | 0.08 | 0.04 | 0.03 |
| 小计 | 3.6 | — | 5.08 | 0.50 | 0.27 | 0.17 |

### 6.1.3 水环境容量分析方法

水环境容量，又称水体纳污能力。按照污染物降解机理，水环境容量可分为稀释容量和自净容量。稀释容量是指在给定水域的来水污染物浓度低于出水水质目标时，依靠稀释作用达到水质目标所能承纳的污染物量。自净容量是指由于沉降、生化、吸附等物理、化学和生物作用，给定水域达到水质目标所能自净的污染物量。

水环境容量计算通常分为5个步骤，分别是收集资料、水域概化、确定边界、建立水质模型和水环境容量测算。

### 1. 收集资料

水环境容量计算，通常需要收集河道的水文、水质、支流、排口等相关资料，便于进行水域概化和建立水质模型。

（1）水文资料：长度、宽度、深度、面积、体积、流速、流量等。

（2）水质资料：污染物因子、污染物浓度等。常见污染物因子有COD、$NH_3-N$、TP、TN等。

（3）支流资料：位置分布、汇入流量、污染物因子、污染物浓度等。

（4）排口资料：位置分布、排污量、污染物因子、污染物浓度等。

### 2. 水域概化

水域概化的目的是将河流、湖泊、水库等天然水域概化成计算水域，便于利用简单的数学模型来描述水质变化规律。通常需要对水域的形状、尺寸、流态、支流、排口等进行合理简化，以符合某类水质模型的适用条件。

例如，天然河道通常可概化成顺直河道，天然河道水流通常为非稳态水流，为便于计算可简化为稳态水流；河道的长度、宽度和水深符合某些条件时，可简化为宽浅型河道；排污量较大的排污口必须作为独立排污口；距离较近、排污量较小的多个排污口可简化成一个集中排污口，距离较远、排污量较小的多个排污口可简化成非点源。

### 3. 确定边界

水环境容量通常与流域的边界范围以及人类对水环境的功能需求有关。因此计算水环境容量时，首先需要确定计算边界，通常根据水环境功能区划或水质敏感点位置，确定水质控制断面位置和浓度控制标准。

例如，根据城市生产、生活、娱乐等需要，一条河道的上游河段、城区河段和下游河段的水环境功能需求通常是不一样的，因此，一条河道经常划分不同的水环境功能区。计算水环境容量时，则应该根据不同的水环境功能区，分别确定水环境容量计算的边界以及相应控制断面的水质控制标准。

### 4. 建立水质模型

污染物进入水体后，在水体发生平流输移、纵向离散和横向混合作用，同时与水体发生物理、化学和生物作用，使水体中污染物浓度逐渐降低。这一变化过程通常是复杂的，为简化并客观描述水体中污染物的降解规律，可采用一定的数学模型来描述。

根据不同的适用条件，水环境容量计算常见水质模型主要有零维模型、一维模型、二维模型。水环境容量计算通常采用一维水质模型；对有重要保护意义的水环境功能区、断面水质横向变化显著的区域或有条件的地区，可采用二维水质模型计算；对于可概化为污染物完全均匀混合的断面，可采用零维模型。

（1）零维模型

符合下列两个条件之一的水环境问题可概化为零维问题：一是河水流量与污水流量之比大于10~20；二是不需考虑污水进入水体的混合距离。

1）河流稀释混合模型：河流稀释混合模型公式如式（6-3）所示。

$$W_C = S \cdot \left( Q_p + \sum_{i=1}^{n} Q_{Ei} + Q_S \right) - Q_p \cdot C_p \tag{6-3}$$

式中　$W_C$——水域允许纳污量（g/L）；

　　　$S$——控制断面水质标准（mg/L）；

　　　$Q_p$——上游来水设计水量（m³/s）；

　　　$C_p$——上游来水设计水质浓度（mg/L）；

　　　$Q_{Ei}$——第 $i$ 个排污口污水设计排放流量（m³/s）；

　　　$Q_S$——控制断面以上，沿程河段内面源汇入的总流量（m³/s）；

　　　$n$——排污口个数。

2）湖泊、水库盒模型：当 $C$ 为湖泊功能区划要求浓度标准 $C_S$ 时，湖泊、水库盒模型公式如式（6-4）所示。

$$W_C = 31.54 \times (QC_S + KC_S V / 86400) \tag{6-4}$$

式中　$W_C$——水环境容量（t/a）；

　　　$Q$——平衡时流入与流出湖泊的流量（m³/s）；

　　　$C_S$——湖泊功能区划要求浓度标准（mg/L）；

　　　$K$——一级反应速率常数（1/d）；

　　　$V$——湖泊中水的体积（m³）。

（2）一维模型

同时满足下列三个条件的河流可概化为一维模型：①宽浅河段；②污染物在较短的时间内基本能混合均匀；③污染物浓度在断面横向方向变化不大，横向和垂向的污染物浓度梯度可以忽略。

其中，若河段长度大于式（6-5）和式（6-6）两个公式计算的结果时为宽浅河道，可以采用一维模型进行模拟。

$$L = \frac{(0.4B - 0.6a) Bu}{(0.058H + 0.0065B)u} \tag{6-5}$$

$$u = \sqrt{gHJ} \tag{6-6}$$

式中　$L$——混合过程段长度（m）；

　　　$B$——河流宽度（m）；

　　　$a$——排放口距岸边的距离（m）；

　　　$u$——河流断面平均流速（m/s）；

　　　$H$——平均水深（m）；

　　　$g$——重力加速度（m/s²）；

　　　$J$——河流坡度。

一维模型水环境容量的计算公式如式（6-7）和式（6-8）所示。

$$W_i = 31.54 \times (C \times e^{Kx/86.4u} - C_i) \times (Q_i + Q_j) \tag{6-7}$$

$$W = \sum_{i}^{n} W_i \tag{6-8}$$

式中    $W_i$——第$i$个排污口允许排放量（t/a）；

      $C_i$——河段第$i$个节点处的水质本底浓度（mg/L）；

      $C$——沿程浓度（mg/L）；

      $Q_i$——河道节点后流量（m³/s）；

      $Q_j$——第$j$节点处废水入河量（m³/s）；

      $u$——第$i$个河段的设计流速（m/s）；

      $x$——计算点到第$i$节点的距离（m）。

（3）二维模型

河流二维对流扩散水质模型通常假定污染物浓度在水深方向是均匀的，而在纵向、横向是变化的，如污水进入水体后，不能在短距离内达到全断面浓度混合均匀的河流，实际应用中，对于水面平均宽度超过200m的河流均应采用二维模型。

二维模型对适用条件要求比较严格，根据水文条件、污染源位置、污染源连续性等不同，相应模型和解析也不同。考虑混合区的水环境容量，二维模型计算公式如式（6-9）所示。

$$W = 86.4 \times \exp\left(\frac{z^2 u}{4E_y x_1}\right)\left[C_S \exp\left(\frac{x_1}{86.4u}\right) - C_0 \exp\left(-K\frac{x_2}{86.4u}\right)\right] hu\sqrt{\pi E_y \frac{x_1}{1000u}} \tag{6-9}$$

式中    86.4——单位换算系数；

      $W$——水环境容量（kg/d）；

      $C_S$——控制点水质标准（mg/L）；

      $C_0$——上断面来水污染物设计浓度（mg/L）；

      $K$——污染物综合降解系数（1/d）；

      $h$——设计流量下污染带起始断面平均水深（m）；

   $x_1$、$x_2$——分别为概化排污口至上、下游控制断面距离（km）；

      $u$——设计流量下污染带内的纵向平均流速（m/s）；

      $E_y$——横向扩散系数（m²/s）。

**5．水环境容量测算**

在资料收集完备、边界确定的情况下，通常可根据水域概化和参数情况，选择合适的水质模型进行水环境容量测算，并根据计算结果评估水域纳污能力，优化排污口布局。

### 6.1.4 综合评价

通过统计分析点源、面源、内源等污染物排放量，可以对旱天和雨天、不同季节间、不同月份间的污染物产生量进行对比，进而发现各类污染物在不同季节、月份之间的变化规律，为针对性地制定系统化治理方案奠定基础。

以某项目为例，根据污染负荷统计发现，现状主要污染物为点源污染，雨季（6～9月）面源污染物明显增加（表6-12、图6-7）。

某项目主要污染物计算一览表（t/a）　　　　　　　　表6-12

| 污染物类型 | COD | 比例 | NH₃-N | 比例 | TP | 比例 |
|---|---|---|---|---|---|---|
| 点源 | 3299 | 64% | 180 | 87% | 25.2 | 81% |
| 面源 | 1830 | 35% | 25 | 12% | 4.4 | 14% |
| 内源 | 48 | 1% | 2.6 | 1% | 1.6 | 5% |
| 合计 | 5178 | 100% | 207.6 | 100% | 31.3 | 100% |

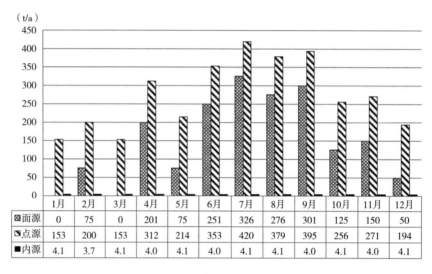

| | 1月 | 2月 | 3月 | 4月 | 5月 | 6月 | 7月 | 8月 | 9月 | 10月 | 11月 | 12月 |
|---|---|---|---|---|---|---|---|---|---|---|---|---|
| 面源 | 0 | 75 | 0 | 201 | 75 | 251 | 326 | 276 | 301 | 125 | 150 | 50 |
| 点源 | 153 | 200 | 153 | 312 | 214 | 353 | 420 | 379 | 395 | 256 | 271 | 194 |
| 内源 | 4.1 | 3.7 | 4.1 | 4.0 | 4.1 | 4.0 | 4.1 | 4.1 | 4.0 | 4.1 | 4.0 | 4.1 |

**图6-7** 某项目主要污染物（COD）逐月排放情况

通过对比污染负荷与水环境容量，可以进一步分析不同季节间、不同月份间的污染物负荷及水环境容量之间的关系，为针对性地制定污染物削减和水环境容量提升方案奠定基础。

以某项目为例，项目区COD、NH₃-N等主要入河污染物的排放量远大于水环境容量，主要污染源为点源污染（图6-8、图6-9），因此需要重点围绕点源污染物的削减制订方案。

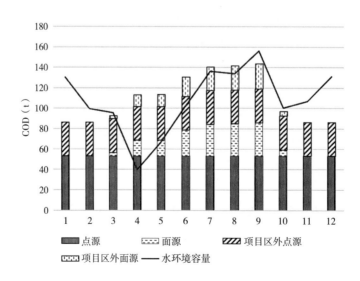

**图6-8** 项目区水环境容量与污染物（COD）排放量对比图

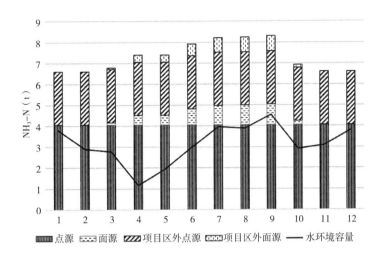

**图6-9** 项目区水环境容量与污染物（NH₃-N）排放量对比图

## 6.2　水生态系统评价

河道水生态系统评价是指基于生态完整性，对地貌形态、生物、水文、水质、人类活动干扰等多维度进行综合评价，更为客观与完整地认识河道水生态现状，并揭示水生态系统存在的主要问题。

### 6.2.1　评价指标体系

河道水生态系统评价应立足实际，指标选择既要反映河道的共性，又要体现河道间的差异，指标选择可参考以下原则。

（1）科学性：应能够较真实、客观地反映生态系统的基本特征与内涵。

（2）系统性：应能够全面、系统地衡量河道生态系统的完整性。

（3）层次性：生态系统受内外多种因素影响与制约，评价指标应能反映生态系统中的主次关系。

（4）差异性：所选择指标应尽可能从不同角度反映河道的生态特征，剔除多余重复性指标。

（5）可操作性：为便于评价，指标应能够客观、直接有效地反映河道生态状况。

河道水生态系统评价体系涉及范围较为广泛，且各条河道面临的问题也不尽相同，因此形成了一系列各具特色的评价方法。对河道生态进行健康评估时，多采用多指标评价方法。目前国内外常见指标评价体系参见表6-13。

**国内外常用河道生态健康评价指标体系**　　　　表6-13

| 国家 | 方法 | 河道生态健康评估指标体系 | | | | | | |
|---|---|---|---|---|---|---|---|---|
| | | 水质 | 生境 | 河岸 | 水生生物 | 物理形态 | 景观 | 水文 |
| 南非 | RHP | √ | √ | √ | √ | √ | | √ |

续表

| 国家 | 方法 | 河道生态健康评估指标体系 | | | | | | |
|---|---|---|---|---|---|---|---|---|
| | | 水质 | 生境 | 河岸 | 水生生物 | 物理形态 | 景观 | 水文 |
| 澳大利亚 | ISC | √ | √ | | √ | √ | | √ |
| 英国 | RHS | | √ | √ | | √ | √ | √ |
| 美国 | IBI | | √ | | √ | | | |
| | RCE | | √ | √ | √ | √ | | |
| 中国 | IBI | √ | √ | | √ | | | |

依据国内的河道特点，《河湖健康评估技术导则》SL/T 793—2020中共列出了5类要素、10个基础指标，并根据地域特点及河道开发程度提供了11个备选指标，其健康评估体系见表6-14。

河湖健康评估体系表  表6-14

| 准则层 | 指标层 | | 指标类型 |
|---|---|---|---|
| | 河流 | 湖泊 | |
| 水文水资源 | 水资源开发利用率 | 水资源开发利用率 | 必选指标 |
| | 生态水位（水量）满足程度 | 生态水位（水量）满足程度 | 必选指标 |
| | 流量过程变异程度 | 入湖库流量过程变异程度 | 备选指标 |
| 物理结构 | 河岸带稳定性 | 湖岸带稳定性 | 必选指标 |
| | 河岸带植被覆盖度 | 湖岸带植被覆盖度 | 必选指标 |
| | 河岸带人工干扰程度 | 湖岸带人工干扰程度 | 必选指标 |
| | 河流流通性 | 湖库流通性 | 备选指标 |
| | 河道面积萎缩率 | 湖库面积萎缩率 | 备选指标 |
| 水质水环境 | 水环境整洁程度 | 水环境整洁程度 | 必选指标 |
| | 河流水质状况 | 湖库水体富营养化状况 | 必选指标 |
| | 水功能区达标率 | 水功能区达标率 | 备选指标 |
| | 入河排污口布局合理程度 | 入湖库排污口布局合理程度 | 备选指标 |
| 生物 | 鱼类保有指数 | 鱼类保有指数 | 必选指标 |
| | 大型底栖动物生物完整性 | 大型底栖动物生物完整性 | 备选指标 |
| | 大型水生植物覆盖度 | 大型水生植物覆盖度 | 备选指标 |
| | 浮游植物密度 | 浮游植物密度 | 备选指标 |
| | 水体盐度稳定程度 | 水体盐度稳定程度 | 备选指标 |
| 社会服务功能 | 公众满意度 | 公众满意度 | 必选指标 |
| | 防洪达标率 | 防洪达标率 | 必选指标 |
| | 通航保证率 | 通航保证率 | 备选指标 |
| | 商业开发程度 | 商业开发程度 | 备选指标 |

在实际项目调查及评估中，如果开展上述21个相关指标的调查评价，涉及资料较多、历时较长、评价困难较大。因此，本书根据实际经验，选取了6个主要指标，有代表性地体现水生态系统现状，同时揭示现阶段水环境治理共同问题，评价指标详见表6-15。

### 水生态系统评价指标表 　　　　表6-15

| 序号 | 指标 |
|---|---|
| 1 | 生态流量满足程度 |
| 2 | 水质优劣程度 |
| 3 | 底泥污染状况 |
| 4 | 水功能区达标率 |
| 5 | 河岸带植被覆盖度 |
| 6 | 鱼类保有指数 |

### 6.2.2 指标概述

#### 1.生态流量满足程度

生态流量是指维持河道基本生态功能、保证水生态系统基本功能正常运转的流量和流量过程。本指标旨在调查明确河道生态流量满足情况，重点反映枯水期的河道流量及流量过程构建水生态系统的完整程度。生态流量计算多采用流量历时曲线分析法、Tennant法、湿周法。对于生态流量满足程度，可通过河道多年历史流量资料查找计算，缺少相关资料时也可进行河道现场调研，通过观察枯水期水位、流量状况和河床水生动植物生长情况等方法进行初步判断。

#### 2.水质优劣程度

通过与《地表水环境质量标准》GB 3838—2002中地表水水质标准进行对比（表6-16），可直观反映河道水质状况；重点关注DO、$NH_3-N$、$BOD_5$、COD、TP 5项指标。

### 《地表水环境质量标准》GB 3838—2002水质标准表（mg/L）　　表6-16

| 检测项目 | I类 | II类 | III类 | IV类 | V类 |
|---|---|---|---|---|---|
| DO | 7.5 | 6 | 5 | 3 | 2 |
| $NH_3-N$ | 0.15 | 0.5 | 1.0 | 1.5 | 2.0 |
| TP | 0.02 | 0.1 | 0.2 | 0.3 | 0.4 |
| COD | 15 | 15 | 20 | 30 | 40 |
| $BOD_5$ | 3 | 3 | 4 | 6 | 10 |

#### 3.底泥污染状况

底泥污染状况是指通过将河道底泥中每一项污染物浓度占比与《土壤环境质量 农用

地土壤污染风险管控标准（试行）》GB 15618—2018中相关指标对比，判断底泥污染状况（表6-17）。本指标应特别关注受污染底泥的厚度，以及底泥中的镉、汞、砷、铅、铬等重金属物质浓度。

**《土壤环境质量 农用地土壤污染风险管控标准（试行）》GB 15618—2018底泥污染物浓度标准表**　　　　表6-17

| 序号 | 污染物项目 | 风险管制值（mg/kg） | | | |
|---|---|---|---|---|---|
| | | pH≤5.5 | 5.5＜pH≤6.5 | 6.5＜pH≤7.5 | pH＞7.5 |
| 1 | 镉 | 1.5 | 2.0 | 3.0 | 4.0 |
| 2 | 汞 | 2.0 | 2.5 | 4.0 | 6.0 |
| 3 | 砷 | 200 | 150 | 120 | 100 |
| 4 | 铅 | 400 | 500 | 700 | 1000 |
| 5 | 铬 | 800 | 850 | 1000 | 1300 |

### 4. 水功能区达标率

水功能区是指为满足水资源合理开发、利用、节约和保护的需求，依据其主导功能划定范围并执行相应水环境治理标准的水域。采用水功能区划报告以及图纸确定不同河段所处的水功能区，并将各水功能区与《地表水环境质量标准》GB 3838—2002标准要求的水质指标对比，判断水功能区达标情况（表6-18）。

**水功能区划分对应水质指标表**　　　　表6-18

| 一级水功能区 | 二级水功能区 | 对应水质要求 |
|---|---|---|
| 保护区 | — | 符合Ⅰ类或Ⅱ类水质标准，由于自然原因不满足上述要求时应维持现状水质 |
| 保留区 | — | 符合Ⅲ类水质标准或维持现状水质 |
| 开发利用区 | 饮用水源区 | 符合Ⅱ类或Ⅲ类水质标准 |
| | 工业用水区 | 符合Ⅳ类水质标准 |
| | 农业用水区 | 符合Ⅴ类水质标准 |
| | 渔业用水区 | 符合Ⅱ类或Ⅲ类水质标准 |
| | 景观娱乐用水区 | 符合Ⅲ类或Ⅳ类水质标准 |
| | 过渡区 | 出流断面水质达到相邻水功能区的水质目标 |
| | 排污控制区 | 出流断面水质达到相邻水功能区的水质目标 |
| 缓冲区 | — | 根据实际需求确定或维持现状水质 |

### 5．河岸带植被覆盖度

对于河岸带植被覆盖度，主要通过现场调研、工程项目资料查阅确定河岸是否存在因硬质驳岸（混凝土、浆砌石等）建设导致植被无法生长的状况，同时对于自然岸线，应通过现场调研判断岸线植被生长情况，北部干旱半干旱地区生态岸线还应关注配套灌溉系统的完善情况。

### 6．鱼类保有指数

本指标为评价现状鱼类种数与历史鱼类种数的差异状况，主要在鱼类繁殖期进行监测。若鱼类种数单一，以鲇鱼为主，说明生物完善性较差，水质受到污染的可能性较高。

# 第7章　系统化方案编制方法

## 7.1　目标确定

水环境治理目标包括总体目标和分项目标。总体目标是宏观的，需要充分考虑编制区的总体发展定位、自然本底条件、经济发展水平、开发建设情况，结合政策导向和发展需求，系统分析水环境面临的主要问题；再对目标进行分解和量化，提出科学、合理、有效的指标要求，以分项目标为抓手，通过对量化指标的落实，达成水环境综合治理的总体目标。

### 7.1.1　总体目标

按照习近平总书记"节水优先、空间均衡、系统治理、两手发力"的治水方针，统筹上下游、左右岸、干支流治理要求，结合城市定位、发展目标等，可从"解决水环境污染，提升水环境质量""修复水生态系统，提升城市品质""优化管控体系，深化政策落实"等方面制定总体目标。

**1．解决水环境污染，提升水环境质量**

立足于现状水环境污染、水体黑臭等现状问题，解决生活污水污染、工业污染、农业污染等污染问题，建立完善的污水收集处理体系，形成设施全覆盖、功能完善的生活垃圾处理处置体系，全面消除城市黑臭水体，提升区域水环境质量。

**2．修复水生态系统，提升城市品质**

落实习近平生态文明思想，实现健康的"自然-社会"水循环关系，重构人水和谐关系，实现"清水绿岸、鱼翔浅底"，塑造安全和谐的生态水系，提升城市品质，为城市高质量发展谋篇布局。

**3．优化管控体系，深化政策落实**

完善水环境治理相关长效管控体系，明确分项目标的建设要求，以目标管控为抓手，加强政策的深化落实，提高城市针对水环境治理的整体管控水平，保障水环境的"长制久清"。

### 7.1.2　分项目标

#### 7.1.2.1　分项目标体系

根据编制区域的特征及重点问题，制定区域分项目标体系。由于系统化方案实施期限一般为1～5年，在充分调研分析现状的基础上，需要结合国家、省、市的政策文件、规划要求，设定合理的目标数值，明确分阶段、分时序推进措施，切忌不切实际地制定目标。

根据编制经验，推荐从水环境、水生态、水资源三个层面进行分项目标制定。本书初步提出了3类9项指标供参考，可根据方案编制具体区域的特点及需求进行调整。具体分项目标参考体系见表7-1。

分项目标参考体系

表7-1

| 类别 | 序号 | 指标名称 |
|---|---|---|
| 水环境 | 1 | 地表水环境质量要求 |
| | 2 | 建成区黑臭水体消除比例 |
| | 3 | 城市生活污水集中收集率 |
| | 4 | 污水处理厂排放标准 |
| | 5 | 合流制溢流频次 |
| 水生态 | 6 | 生态岸线率 |
| | 7 | 水面率 |
| 水资源 | 8 | 污水再生利用率 |
| | 9 | 雨水资源利用率 |

#### 7.1.2.2　目标值确定方法

**1．水环境**

（1）地表水环境质量要求

城市地表水环境质量是水环境治理效果最直观的体现。对于位于水功能区划内的水体，水环境质量要求按照区划标准确定；对于不在水功能区划内的水体，水环境质量要求参考国家、省、市对于水环境质量的总体标准及实际需求确定，且治理后水质不得劣于治理前。

指标值确定方法：第一，分析规划区现状地表水水质情况；第二，分析政策文件、上位及相关规划中对于地表水水质的要求，特别是水功能区划的相关要求；第三，综合以上因素确定编制范围内各水体水环境治理标准。

1）国家、省级文件要求：国务院2015年4月印发了《水污染防治行动计划》，提出了2020年及2030年的水质指标要求；如若国家有最新要求，应及时进行调整。省级文件在落实国家要求时会对目标要求进行分解，通常，省级指标要求高于或执行国家要求。

2）上位及相关规划要求：上位及相关规划一般包括城市总体规划、地表水环境功能区划、海绵城市专项规划、河道水系专项规划等。应对编制范围内的水环境功能区划要求进行分析。

3）特殊情况分析：若相关文件、各规划之间对于水质标准出现了不一致的情况，且各区已编制"一河一策"方案，方案落地性较强，指标数值低于相关规划要求，结合现状水质情况，可近期执行低值，远期执行高值。

（2）建成区黑臭水体消除比例

根据《水污染防治行动计划》要求，到2020年，地级及以上城市建成区黑臭水体均控制在10%以内；到2030年，城市建成区黑臭水体总体得到消除。《中共中央 国务院关于全面加强生态环境保护 坚决打好污染防治攻坚战的意见》进一步明确，到2020年，地级及以上城市建成区黑臭水体消除比例达90%以上。鼓励京津冀、长三角、珠三角区域城市建成区尽早全面消除黑臭水体。

指标值确定方法：第一，明确编制范围内黑臭水体分布、规模；第二，分析各黑臭水体治理工作内容、治理工作进展、存在问题；第三，明确方案编制期内黑臭水体的消除比例，需满足国家、省、市的相关政策要求。

（3）城市生活污水集中收集率

《中共中央 国务院关于全面加强生态环境保护 坚决打好污染防治攻坚战的意见》要求，实施城镇污水处理"提质增效"三年行动，加快补齐城镇污水收集和处理设施短板，尽快实现污水管网的"全覆盖、全收集、全处理"。《城镇污水处理提质增效三年行动方案（2019~2021年）》中确定，经过3年努力，地级及以上城市建成区基本无生活污水直排口，基本消除城中村、老旧城区和城乡结合部生活污水收集处理设施空白区，基本消除黑臭水体，城市生活污水集中效能显著提高。国家发展和改革委、住房和城乡建设部共同印发的《"十四五"城镇污水处理及资源化利用发展规划》中提出，2025年全国城市生活污水集中收集率力争达到70%以上的目标要求。

$$城市生活污水集中收集率 = \frac{污水处理厂进厂水量 \times 污水处理厂生活污染物浓度}{人均日生活污染物排放量 \times 城区用水总人口}$$

指标值确定方法：第一，分析编制范围内现状污水处理厂的处理水量、水质、用水人口等数据，计算现状生活污水集中收集率；第二，分析国家、省、市的相关政策要求；第三，结合现状生活污水处理系统，考虑城市未来人口、用地规模，合理确定生活污水集中收集率目标。

1）污水处理厂进厂水量：是指城市污水处理厂年度累计处理水量。对其进行核算时，需要注意数据统计是否准确、全面。需要考虑：一是服务于城区的一体化污水处理设施/乡镇污水处理设施数据是否录入；二是生活污水处理厂处理的工业水是否剔除；三是污水处理厂处理接收的周边乡镇、县城污水是否核减。

2）污水处理厂生活污染物浓度：是指城市各污水处理厂$BOD_5$进水浓度的加权平均数。当该数据高于居民排放的生活污染物浓度时，则按后者计算。

3）人均日生活污染物排放量：对研究区域的居民生活污水排放量、排放水质、排放规律进行相关研究后确定；当缺乏本地研究时，可按$BOD_5$为45g/（人·天）计算。

4）城区用水总人口：考虑城区人口、城区暂住人口数据。城区暂住人口是指离开常住户口所在地市区或乡镇，到本地居住半年以上的人口。

5）上位政策要求：一般是指该市城镇污水处理提质增效三年行动方案中，关于生活污水集中收集率的目标要求。

（4）污水处理厂排放标准

指标值确定方法：第一，分析现状污水处理厂执行的排放标准；第二，分析政策文件、上位及相关规划、标准规范中的相关要求；第三，在污水处理厂现状排放标准的基础上，分析提标的可行性，分近远期严格执行国家及省市标准的较高值。

（5）合流制溢流频次

合流制地区的合流制溢流次数占典型年降雨次数的比例，即合流制溢流频次。

指标值确定方法：第一，分析现状合流制区域产生的污水量；第二，政策文件、上位及相关规划、标准规范中的相关要求；第三，利用模型分析片区典型年降雨下合流制溢流频次，须保证旱季污水全部截流。

## 2．水生态

（1）生态岸线率

伴随城市开发建设，建筑密度逐步增大，同时也出现了河道三面光、岸线硬化等问题。生态岸线作为河道的生态屏障，也是水环境治理中优先恢复保护的生态本底，不仅可以减少面源污染入河，还可以加强河道的自净能力，故将生态岸线率纳入指标控制体系。

生态岸线率是指为保护城市生态环境而保留的自然岸线或经过生态修复后具备自然特征的岸线长度占水体岸线总长度的比值。

河道生态岸线率=（生态岸线长度+自然岸线长度）/岸线总长度

指标值确定方法：第一，分析生态岸线比例现状值；第二，分析政策文件、上位及相关规划中的相关要求；第三，根据现场岸线新建、改建、扩建的可行性，合理确定近期、远期生态岸线比例指标。

1）生态岸线类型：生态岸线包括自然岸线、人工生态岸线两种类型。

自然岸线：完全保留自然原生态，没有过多人工干预，是经过长期或多年水流冲刷而成的自然岸线。其水下有适应生长的沉水、浮水、挺水植物，岸坡有乔灌木等生长。驳岸形式如图7-1所示。

**图7-1** 自然岸线实景图

人工生态岸线：指具有自然河流特点的可渗透性人工驳岸，可以充分保证岸体与河流水体之间的水分交换和调节，同时也具有一定的挡土和抗洪功能的柔性驳岸。驳岸形式如图7-2所示。

2）岸线总长度：计算方法分为两种。第一种，岸线总长度一般指所有岸线长度的总和；第二种，存在以下情况时可对岸线总长度进行调整，如河道岸线均为住宅（图7-3），无改造可能的岸线可不计入，岸线为港口等确无可能做成生态岸线的区段可不计入。以上两种方法均可，建议采用第一种方法。

图7-2 人工生态岸线实景图

图7-3 河道两岸为住宅的岸线

3）上位及相关规划要求：上位及相关规划一般包括海绵城市专项规划、河湖水系专项规划等。考虑规划期限、编制时间及指标值情况，建议优先参考编制时间较近的指标值。

4）岸线改造可行性分析：分析岸线生态恢复的可行性，例如，现状河道岸线无改造空间；港口、闸站等有特殊要求的河段等，核算方案编制区近期可达值。

综合以上因素分析得到的生态岸线率应不低于现状值，且不高于编制区近期生态岸线率可达值。

（2）水面率

在以往的城市建设过程中，为了满足城市用地需求，许多河道水系被裁弯取直、回填，造成河道行洪能力下降，水安全问题频发。故为了优先保护水面不被侵占，将水面率纳入指标控制体系。

水面率是指区域范围内的河流、湖泊、湿地、坑塘等自然或人工水体占该地区总面积的比例。

指标值确定方法：第一，分析水面率现状值；第二，分析政策文件、上位及相关规划、标准规范中的相关要求；第三，根据相关控制性详细规划分析规划水系占比，结合现状及规划要求制定适合编制区域的近期、远期水面率指标。

**3．水资源**

（1）污水再生利用率

污水再生利用率是指污水再生利用量与污水处理总量的比值。

指标值确定方法：第一，分析现状再生水规模；第二，分析政策文件、上位及相关规划、标准规范中的相关要求；第三，考虑城市需求，核算污水再生利用率可达值，合理制定污水再生利用率目标。

（2）雨水资源利用率

雨水资源利用率是指雨水收集净化并用于道路浇洒、园林绿地灌溉、市政杂用、工农业生产、冷却、景观、河道补水等的雨水总量（按年计算），与多年年均降雨量（折算成毫米数）的比值。

雨水资源利用率=（雨水年利用总量÷汇集该部分雨水的区域面积）/多年年均降雨量

指标值确定方法：第一，分析政策文件、上位及相关规划、标准规范中的相关要求；第二，考虑城市水资源需求，结合工程方案，合理制定雨水资源利用率目标。

## 7.2 技术路线

系统化方案编制应坚持流域统筹的思想，在准确识别现状情况与问题的基础上，根据城市总体定位、自然本底条件、经济发展状况、开发建设情况等，综合确定达成各项指标的方案。总体技术路线如下（图7-4）：

首先，通过资料梳理、现场踏勘、走访座谈、监测评估、模型分析等方式，针对流域内的水环境污染、水生态劣化、水资源短缺等问题进行详细分析，并对问题成因进行深入评估。

其次，针对现状问题，结合社会经济发展需求，明确整体目标，并将整体目标分解落实为具体的指标体系，根据本地基础情况和未来发展诉求，确定指标体系的量化数值。例如，对于城市生活污水集中收集率，应根据编制区基准年份的底数以及现状问题解决的迫切度、难易度等，确定近期和远期的达标水平。近期应坚持问题导向，优先解决水环境治理过程中的主要矛盾；远期应坚持目标导向，根据相关国家政策和城市定位，制定具备前瞻性的远期目标。

最后，针对每一项具体的指标要求，制定系统化治理方案。工程措施主要包括控源截污、内源治理、生态修复、活水保质；非工程保障措施主要包括组织保障、管理保障、运维保障、监测保障、资金保障等。

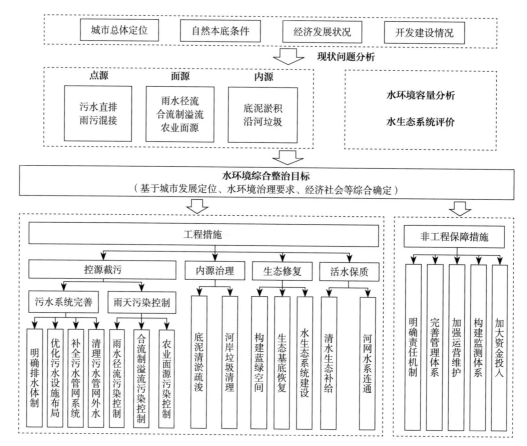

**图7-4** 水环境系统化治理技术路线图

## 7.3 控源截污

### 7.3.1 技术路线

控源截污应立足于流域角度，整体统筹谋划，在厘清排水系统、摸清污染源的基础上，彻底消除旱天点源污染，控制合流制溢流污染、径流面源污染等雨天污染，构建全覆盖、全收集、全处理的控源截污工程体系。控源截污技术路线可参考以下开展（图7-5）：

首先，完善污水收集处理系统。根据区域特点，明确排水体制，考虑旱天、雨天两种工况，合理确定污水处理厂规模，优化污水处理设施布局。

其次，补全污水管网系统。以排口为治理单位，优先突出源头控制，通过管网补空白、混接改造、分流改造、截污、调蓄等措施，实现污水"应收尽收"；核算现有污水泵站、污水主干管的能力，通过管道更新、修复、清淤等措施，有效提高污水转输能力；按照污水处理提质增效的思路，挤排污水系统内的施工降水、低浓度工业废水、山泉水、地下水、雨水等外水，提升现有设施效能。

最后，完善雨天污染控制体系。推广海绵城市建设理念，优先采用源头的、分散的绿色设施削减雨水径流污染；因地制宜采用"控源-截污-调蓄-净化-处理"的综合措施，控制合流制溢流污染；对于农业面源污染，一方面从源头进行管控，优化农业结构，另一方面采取生态沟渠、生态塘、湿地等措施削减污染。

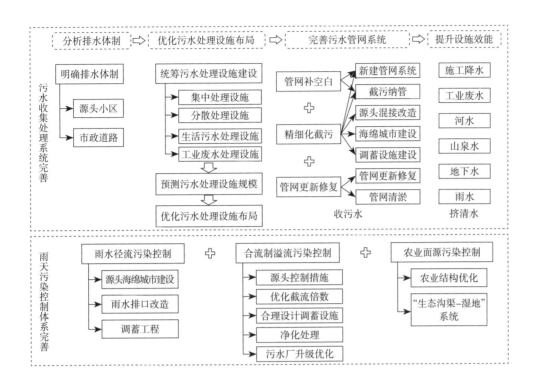

图7-5 控源截污技术路线图

### 7.3.2 污水收集处理系统完善

#### 7.3.2.1 明确排水体制

根据当地自然本底（地理位置、地形及气候）、水环境要求、受纳水体条件和原有排水设施等情况，经综合分析比较后确定城市排水体制。同一城市可采用不同的排水体制。除降雨量少的干旱地区外，新建城区和旧城改造区的排水系统应采用分流制，不具备改造条件的合流制地区可采用截流式合流制。

对于合流制改造，也并非简单、盲目地一刀切式"合改分"，应视具体情况具体分析，如对源头小区、市政道路的现状排水体制、实际改造条件等进行分析。通过对改造的必要性、可行性、经济性，以及实施的难度、时间、社会影响等进行综合分析比选，在系统化方案中明确近期改造区域、合流制保留区域、分流制混错接修复区域范围。

以南方某市为例，在对源头小区、市政道路现状排水体制及改造条件进行综合梳理后，明确各类区域范围及面积（图7-6）。

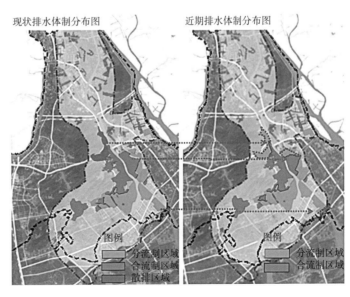

现状排水体制分布图    近期排水体制分布图

图例
分流制区域
合流制区域
散排区域

图例
分流制区域
合流制区域

图7-6 南方某市排水体制改造示意图

### 7.3.2.2 优化污水处理设施布局

首先，根据现状排水管网的布局和服务范围，统筹污水处理厂和分散处理设施、生活污水处理设施和工业废水处理设施之间的关系；其次，根据人口、用地等情况，考虑旱天、雨天两种工况，确定污水处理设施规模；最后，考虑自然、环境、经济和管理等因素，优化污水处理设施布局。

#### 1. 统筹污水处理设施建设

统筹污水处理厂和分散处理设施的建设。建成区污水尽可能通过集中污水处理厂进行处理，做好污水集中处理设施的用地保障；对于人口少、相对分散或市政管网未覆盖的区域，可因地制宜地建设分散式污水处理设施，并明确好各分散设施的排放标准、处理工艺及污水排放去向。

统筹生活污水处理设施和工业废水处理设施的建设。经济开发区、高新技术产业开发区、出口加工区等工业聚集区应当按照规定建设污水集中处理设施。为保证城镇下水道设施不受破坏，保护工业园区或者城镇污水处理厂的正常运行，工业废水排入城镇或工业园区下水道必须满足《污水排入城镇下水道水质标准》GB/T 31962—2015中的相关要求。

以某市某流域为例，流域内的生活污水收集处理采用了"城旁接管、就近联建、独建补全"三种方式（图7-7）。优先将生活污水纳入城区污水管网至污水处理厂统一处理；针对不易纳管，但污水量大、易于统一收集的区域，建设集中式污水处理设施；针对人口相对分散、污水难以统一收集的区域，采用分散式污水处理设施。

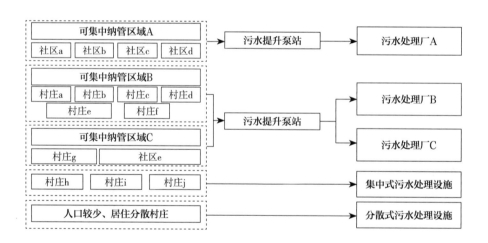

图7-7 某市某流域污水收集方案

#### 2. 科学预测污水处理设施规模

生活污水收集处理能力应与服务片区人口、经济社会发展、水环境质量要求等相匹配，并考虑旱天、雨天两种工况。

城镇旱流污水包括污水处理厂服务范围内的生活污水、工业废水，在地下水位较高的地区，应根据测定资料考虑入渗地下水量。污水量预测可根据用水量进行推算，目前的常用方法包括城市单位人口综合用水量法、综合生活用水量及工业用水量法、单位用地性质用水量指标法、单位建设用地综合用水量指标法、年增长率法、数学模型模拟法等。以下介绍几种常用计算方法：

（1）城市单位人口综合用水量法：采用人均综合用水量标准计算用水量后折算污水量，通过调查城市供水量及供水人口，得出用水指标，再根据人口预测数量，预测污水量。该方法较为简单，但对于人口流动性较大、人口规模及人口构成不确定性较大的区域存在一定的局限性。

$$污水量=[（人口×单位人口综合用水量）/总变化系数]×污水排放系数×$$
$$（1+地下水渗入系数）$$

（2）综合生活用水量及工业用水量法：将人均生活用水量与工业用水量综合计算后折算污水量。该方法中，工业污水量预测受工业类别和产值影响，在规划预测时，需依据城市经济环境发展政策识别分析。

$$污水量=（综合生活用水量+工业企业用水量）×污水排放系数+地下水渗入量$$

（3）单位用地性质用水量指标法：依据土地分类预测用水量后折算污水量。该方法根据不同用地性质对应不同用水量，对各类指标进行细分，最后得出总污水量，但忽略了人口因素的影响。

$$污水量=\sum[（某性质用地面积×对应性质用地用水量）/总变化系数]×$$
$$污水排放系数×（1+地下水渗入系数）$$

（4）单位建设用地综合用水量指标法：采用单位建设用地综合指标预测用水量后折算污水量。该方法未对用地性质进行细化。

$$污水量=[（建设用地面积×单位建设用地用水量）/总变化系数]×$$
$$污水排放系数×（1+地下水渗入系数）$$

上述各计算方法都有所侧重，方案编制过程中，可根据区域情况进行选择，采用一种或多种计算方法综合预测污水量。各项指标取值均应满足《城市给水工程规划规范》GB 50282—2016、《城市排水工程规划规范》GB 50318—2017、《室外排水设计标准》GB 50014—2021中相关参数的取值要求。

对于分流制区域，污水处理规模可适当考虑初期雨水的处理需求。对于近期混流较严重难以改造完全的区域，适当考虑混流水量。一方面，污水处理厂规模可以最大限度地满足现状混合污水处理需求；另一方面，随着城市未来发展及收集系统的逐步完善，逐渐将混合污水处理能力转变为城市污水的处理量。对于存在较大范围的合流制区域，雨天污水量包括旱天污水产生量、合流制区域截流雨水量，污水系统处理能力应与系统截流能力相匹配。

以某流域污水规模预测为例。该流域为分流制，根据当地统计局数据，现状常住人口为93.53万人，根据历年人口增长率，推算规划期内常住人口约95.57万人。考虑到城市发展不平衡导致居民流动性较大，对人口流动系数$n$进行赋值，该流域是城市金融、服务、商贸办公的中心区和旅游景点集中区，$n$取值1.1，预测规划期内流域人口约105.13万人，日变化系数$K$取1.2，给水漏损率取0.12，污水排放系数取0.85，地下水入渗率取0.11。根据综合预测，旱流污水量为31.34万m³/d。考虑初期雨水需求，流域汇水面积为113km²，雨量综合系数为0.55，计算初期雨水量约1.87万m³。流域污水处理规模最终确定为35万m³/d，既能满足流域污水处理的需求，并保有一定应对雨季水量增加、污水处理厂检修等所带来的冲击负荷的能力（表7-2）。

流域污水处理规模预测（万m³/d）　　　　　　表7-2

| 预测方法 | 城市单位人口综合用水量法预测 | 综合生活用水量及工业用水量法预测 | 单位用地性质用水量指标法预测 | 单位建设用地综合用水量指标法预测 | 初期雨水量 | 流域污水处理规模 |
|---|---|---|---|---|---|---|
| 预测污水量 | 29.22 | 26.21 | 36.65 | 33.27 | 1.87 | 35 |

### 3．优化污水处理设施布局

应根据区域规模、用地规划，结合地形、风向、受纳水体位置、水环境容量、再生利用需求、污泥处置出路以及经济因素等确定城市污水处理设施布局。城市污水处理设施可按集中、分散、集中与分散相结合的方式布置，可参考以下原则。

（1）统筹布局：全流域统筹布局，实现污水处理厂的小区块相对独立，同时整个流域上下游污水处理厂又可相互补充协同。

（2）充分利用现有设施：按照污水处理系统提质增效的原则，核定现状污水处理厂能力潜力，合理确定污水处理厂建设规模；尽可能利用现状排水主干管网、排水泵站和污水处理设施，充分发挥现有设施处理能力。

（3）切实可行：污水处理设施的规模与选址应切实可行，与上位规划、相关详细规划等保持一致，避免出现因与规划不符，或因拆迁等因素无法实施的情况。

（4）节能减排：污水处理设施布局应有利于节能降耗，特别应充分考虑再生水利用需求。

以北方某市污水处理厂布局优化方案为例，现状污水处理厂规模为25.6万m³/d（上游污水处理厂0.6万m³/d，下游污水处理厂25万m³/d），根据规模预测，近期污水处理设施规模需满足33万m³/d，对污水处理厂布局方案进行比选。

方案一：末端集中布局，下游污水处理厂扩建至35万m³/d；上游保留再生水净化厂0.6万m³/d，形成以下游污水处理厂为主的污水设施布局（图7-8）。

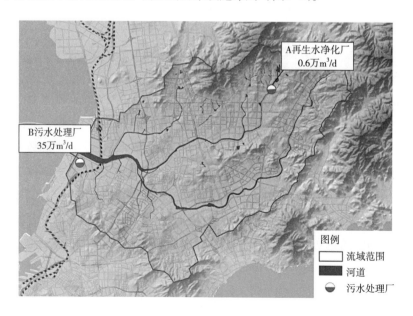

图7-8 方案一：污水处理设施末端集中布局

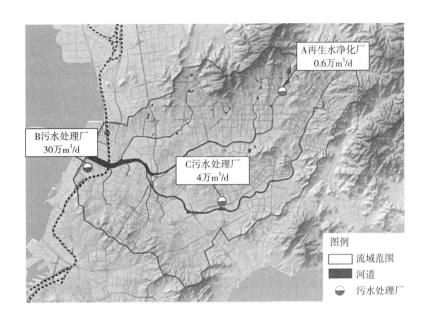

图7-9 方案二：污水处理设施集中与分散相结合布局

方案二：集中与分散相结合，下游污水处理厂扩建至30万m³/d，中游新建水质净化厂，规模为4万m³/d，上游保留再生水净化厂0.6万m³/d（图7-9）。

从用地条件、现状排水管网、再生水利用、日常管理、污染控制等方面考虑，进行方案比选（表7-3），最终确定了方案二，形成了布局"上-中-下"、规模"小-中-大"相结合的三级布局方案。

污水布局方案比选　　　　　　　　　　　表7-3

| 因素 | 方案一 | 方案二 |
|------|--------|--------|
| 用地条件 | 沿海用地紧缺，下游污水处理设施用地随着建设规模的增加而不足 | 分散式布局可充分开发流域用地 |
| 现状排水管网 | 污水主干管满足污水转运需求，无需扩建 | 污水主干管满足污水转运需求，无需扩建 |
| 再生水利用 | 下游再生水提升至河道上游回补河道，需新建再生水配套设施 | 再生水多级配置，上游、中游再生水就近补充河道，节约投资 |
| 日常管理 | 集中建设，便于管理 | 分散建设 |
| 污染控制 | 河道两岸污水干线压力大，溢流风险大 | 减缓干管压力，降低溢流风险 |

### 7.3.2.3 补全污水管网系统

**1. 消除管网空白区**

分析各管网空白区的开发建设、拆迁、人口分布、管网等情况，采取因地制宜、管理方便的多元化手段，补齐基础设施建设短板，消除管网空白区（图7-10）。

（1）针对规划拆迁但近期保留的区域：近期采用临时性收集设施或分散式处理设施，后续随着区域开发，同步规划建设排水设施。

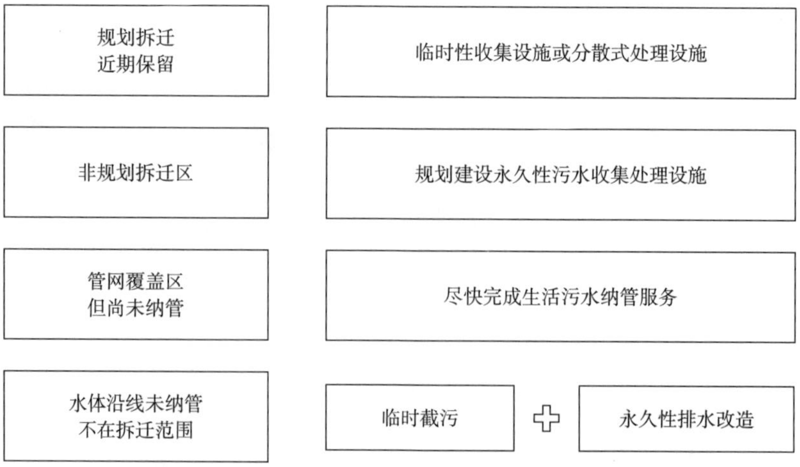

图7-10 管网空白区分类改造措施

（2）针对非规划拆迁的区域：需要规划建设永久性污水收集处理设施。

（3）针对管网覆盖但尚未纳管的区域：尽快完成生活污水纳管服务，建设"最后一公里管线"，将生活污水接入市政管网，送至生活污水处理厂集中处理。

（4）针对水体沿线未纳管不在拆迁范围的区域：近期采用临时截污手段，同时尽快实施周边排水系统改造，完善排水设施建设。

以某流域为例，根据现场调研，将空白区分为纳管建设区、分散处理区、近期拆迁区等类型，明确了各类型空白区的治理方案（表7-4）。对沿河截污管已覆盖的区域，将居民房屋的厨房污水、卫生间污水及洗浴污水分别通过入户管接入道路新设污水井，经污水支管、污水干管排入污水处理厂，雨水通过道路两侧沟渠排入河道，面积共431.29hm²；河道上游区域，未在截污管范围内，根据人口分布设置分散式处理设施，就近处理居民生活污水，处理达标后排入周边水体，面积共93.08hm²；近期拆迁区域，随后续区域开发同步建设市政排水设施，面积共60.45hm²；并在方案中明确了各设施的布局、用地等。

某市管网空白区治理方案　　　　　　　　　　　表7-4

| 类型 | 空白区名称 | 面积（hm²） | 人口（人） | 治理措施 |
|---|---|---|---|---|
| 纳管建设区 | ××社区 | 12.63 | 2300 | 新建DN150入户管，社区内新建污水管网25.16km，接入沿河污水总管 |
| | ××村 | 6.29 | 132 | 新建DN150入户管，新建管网4.78km，接入周边市政污水管道 |
| | … | … | … | … |
| | 小计 | 431.29 | 66854 | 新建污水管网245.64km |
| 分散处理区 | ××社区 | 13.73 | 1419 | 新建一体化处理设施，规模185m³/d，出水标准一级A，出水排入附近沟渠 |
| | … | … | … | … |
| | 小计 | 93.08 | 8763 | 新建一体化处理设施11台，规模1285m³/d |

续表

| 类型 | 空白区名称 | 面积（hm²） | 人口（人） | 治理措施 |
|---|---|---|---|---|
| 近期拆迁区 | ××村 | 31.45 | — | 随区域开发同步建设排水管网 |
| | ... | ... | ... | ... |
| | 小计 | 60.45 | — | — |

### 2. 开展精细化截污

在补齐管网系统的基础上，开展精细化截污，彻底消除污水直排口。精细化截污是指以排口为核心，进行分类梳理，根据不同排口的类型和污染物特征，"因口施策"，制定截污策略，优先突出源头控制（图7-11）。

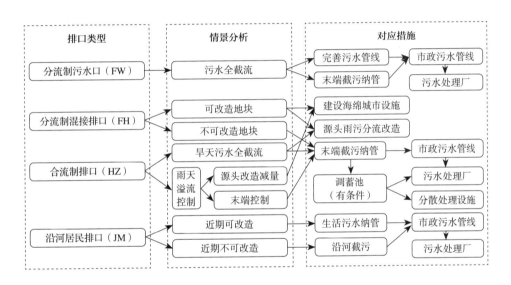

图7-11 不同类型排口精细化截污示意图

（1）针对分流制污水口：采用完善污水管线、末端截污纳管等形式，封堵污水直排口，实现污水全截流。对于工业废水和生活污水分开收集和处理的片区，应根据直排污水的性质，将生活污水接入生活污水处理厂处理，工业废水接入工业废水处理厂处理或通过自建污水处理设施处理达标后排放。

（2）针对分流制混接排口：通过溯源明确雨污混接位置，优先实现源头小区、市政道路的彻底分流；对于暂时无法确定混错接点位置，或近期无法开展混错接改造的，近期可采用末端截流方式，并在进入截流管前设置限流设施。

1）对于源头小区混错接改造，近期具备改造条件的，需实现三个"分流"：一是建筑立管雨废分流；二是小区内部具备完善的雨污水分流系统；三是小区雨、污水总管与外部市政雨、污水系统无错接。近期无法进行混接改造的，实施局部截污，保证旱天无污水进入下游雨水管，远期开展彻底分流改造。同时，小区改造过程中要充分发挥海绵城市建设理念，实现"雨水走地上，污水走地下"。

2）对于市政管网混错接改造，消除雨污混错接点；同时对于沿街商铺、大排档等，因地制宜设置污水"受纳口",提供排水路径,将沿街商铺错接私接入雨水管的污水、"大排档"排入道路雨水收集口的污水等全部接入污水排放系统。

(3)针对合流制排口:对于具备分流改造条件的区域,进行片区分流改造;源头小区和市政系统均可实现雨污分流的区域,应同步开展小区、市政系统的分流改造工作。对于不具备分流改造条件的区域,可通过"强化截污+分散调蓄"的形式,实现旱天污水全部截流,控制雨天溢流频次;还可结合海绵城市源头改造,减少进入合流系统的水量。

(4)针对沿河居民排口:结合管网补空白工程,优先考虑通过入户管网建设将污水全部接入市政污水系统。若近期无法实施入户改造,则考虑建设沿河截污管道,将直排污水接入截污管,最终接入市政污水系统;远期入户污水管网改造完成后,废弃沿河截污管。

以某市为例,经过排查,区域范围内共22个污水排口,其中,分流制混接排口18个,合流制直排口4个,旱天水量为1489m³/d。方案中实行"一口一策",明确各排口治理方案(表7-5)。

**某市排口治理方案** 表7-5

| 排入河道 | 排口编号 | 排口类型 | 污水来源 | 污水量(m³/d) | 对应措施 |
|---|---|---|---|---|---|
| A河 | XMX-001 | 分流制混接排口 | ××大道混接污水 | 10 | 市政混接改造 |
| | XMX-001 | 分流制混接排口 | ××小学片区混接污水 | 10 | 源头小区混接改造 |
| B河 | HCH-001 | 分流制混接排口 | ××二期A2区混接生活污水 | 5 | 源头小区混接改造 |
| | GKH-001 | 合流制排口 | ××河北侧片区生活污水 | 10 | 片区雨污分流改造 |
| C河 | WJH-002 | 分流制混接排口 | ××区自然资源局食堂废水接入雨水管 | 6 | 源头混接改造 |
| ... | ... | ... | ... | ... | ... |

### 3. 提升污水转输能力

核算现有污水泵站、污水主干管的能力,通过管道更新、修复、清淤等措施,修复污水渗漏点,提高污水主干管的转输能力。

例如,某市由排水公司负责对现有污水主干管,包括主要河道沿线二级截污管、一级截污管以及主要道路合流制管道等进行全面清淤养护,要求淤砂须低于管径的五分之一,以保持管道长期畅通。

再如,某市某污水处理厂进厂污水主干线建设时间较长,管线上方土地划归部队使用,检修维护不便,管网淤堵破损严重难以维护。为解决污水主干管不能充分发挥设计过水能力的问题,新建DN1500~DN2000污水主干管,配套建设污水提升泵站,规模为15万m³/d,以保证片区污水输送至污水处理厂(图7-12)。

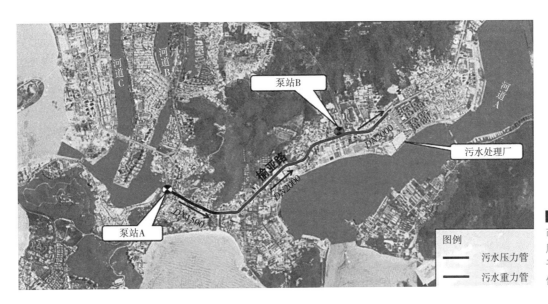

图7-12 某市某污水处理厂配套新建主干管网及泵站位置图

#### 7.3.2.4　清理污水管道外水

清理污水管道内的施工降水、低浓度工业废水、河水、山泉水、地下水、雨水等，实现清污分流，全面提升现有设施效能。

**1. 建设施工降水设施**

强化施工降水管理，避免施工降水进入污水系统。已实现彻底雨污分流且雨水排口处无截流设施的区域，施工降水处理达标后排入雨水管道；合流制或雨水排口处有截流设施的区域，可考虑建设施工降水专用管道。管道布置应结合城市开发建设重点区域、道路和水系情况设置，管道规模结合地下水位、未来建设计划等合理确定，并预留足够接口以保证周边工地施工降水可顺利接入。对施工降水或基坑排水进行必要的预处理，达标后进入河湖进行补水。

我国武汉、福州等地已开展"小蓝管"系统建设，将施工降水排入下游河道作为生态补水（图7-13）。

图7-13 武汉"小蓝管"施工降水管道建设

### 2. 控制低浓度工业废水

工业企业应依法取得排污许可和排水许可，行政主管部门通过执法严查违法排污的工业企业。针对初级处理（冷却、澄清、沉淀）后可直接排放至地表水的低浓度工业废水，建议工业企业处理达标后排入地表水体。

以某市为例，完善工业园区排水系统，实行严格的雨污分流制，污水应接尽接；针对特殊行业的工业废水，经环评评估初级处理后可直接排水水体的，不纳入污水管道（图7-14）。

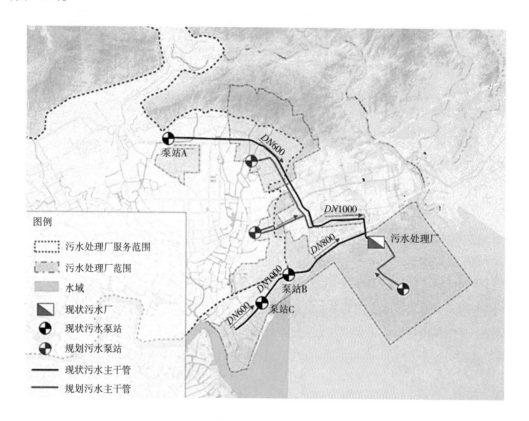

图7-14 某市工业污水处理厂规划新建设施示意图

### 3. 防止河水倒灌

一方面，尽可能降低河道水位，维持排口、管道液位与水位的合理关系；另一方面，治理入河排口，增加防倒灌措施。对于水量丰富、地势平缓、日常水位高于或接近排口、水位关系控制复杂的情况，建议采用水平翻转、下开式或底轴翻转堰门，并配备必要的智能化控制设施；对于水量较少、地势陡峭、日常水位低于排口、水位关系控制简单的情况，可采用截流堰等形式。

现有河道内的截流管道应迁改上岸，如近期迁改存在困难，需要加强对河道内截流管道的修缮，避免清水污水互渗。

### 4. 减少山泉水、地下水等其他清水渗漏

对排水管道及检查井的各种结构性缺陷进行修复，排水管道的检测与修复工作可同步开展，以减少清淤、封堵等措施反复，提高效率、减少投资；新建管道和检查井应严控材料质量和施工，减少渗漏。

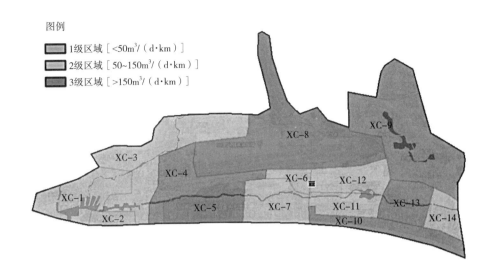

图例
- 1级区域［<50m³/（d·km）］
- 2级区域［50~150m³/（d·km）］
- 3级区域［>150m³/（d·km）］

XC-8 XC-9 XC-3 XC-4 XC-6 XC-12 XC-1 XC-5 XC-7 XC-11 XC-13 XC-2 XC-10 XC-14

**图7-15** 某市山泉水、地下水入渗分析

构建山水通道，对山区暗涵进行改造或修建山水截流系统，污水截流进入污水系统，山泉水单独入河，为下游河道提供良好补给水源。

某市针对沿河或及河下污水管、箱涵等开展水质、水量监测，通过物料平衡计算，分析地下水、山泉水入渗问题。按照相关标准，每公里管网可允许入渗量为75m³/d，对超出指标的区域进行整治；部分区域大于150m³/d，对其进行重点整治（图7-15）。

**5．源头小区改造**

一是尽可能避免源头小区混错接。源头小区与市政道路应同步开展分流改造，对于源头小区仅能实现外围围截，但市政系统为分流的区域，在小区外围截流点进入市政污水系统的位置，根据小区污水量设置限流措施。二是合理减少小区化粪池数量。对于化粪池规模过大、清掏困难或存在安全隐患的情况，如果周边市政管线设计和实际流速满足防淤要求，可考虑废除化粪池；如果不能满足防淤要求，应对化粪池进行改建，并加强运维；对于现状运行良好的化粪池，可保留并加强运维。取消化粪池时，建议优先取消靠近污水干管或污水处理厂的化粪池。

以某市源头小区改造为例，共排查出56处雨污混错接地块，梳理具体混错接类型，根据实际情况分别制定对应的改造方案、排水出处。改造措施主要有雨水立管改造、封堵错接管段、改接雨水管道、新建雨水管道等（表7-6）。

**某市源头地块改造方案**　　　　　　　　　　　　表7-6

| 序号 | 地块名称 | 改造方案 | 排水出处 |
|---|---|---|---|
| 1 | 地块A | 雨水立管改造 | 排水至市政雨水管道 |
| 2 | 地块C | 新建污水系统 | 分别排水至市政污水、雨水管道 |
| 3 | 地块D | 新建雨污水管网系统 | 分别排水至市政污水、雨水管道 |
| … | … | … | … |

#### 6．排水管网及暗渠改造

对于分流制市政雨水管道接入市政污水管道的情况，封堵所接入的雨水管，将雨水管改接入雨水排水系统；对于截污管及高位溢流管等市政雨污水系统连通点，已失去功能的应进行封堵废除，仍在运行的应进行限流整改。

排水暗涵内污水截流按"污水进管、清水入河"的要求进行整治，避免大量清水混入污水处理系统。

以某市溪水治理为例，该溪沿线以合流制为主，末端截污后，大量河水进入截污干管。对该溪暗涵收水范围内的管网进行分流改造，取消末端截污，将该溪暗涵作为河水、雨水的通道，从而保证汛期防洪安全，并为下游河道提供良好补给水源（图7-16）。

图例
- 现状合流管
- 现状污水管
- 现状雨水管
- 新建污水管
- 新建雨水管

图7-16 某市×溪片区暗渠整治方案图

### 7.3.3 雨天污染控制

#### 7.3.3.1 雨水径流污染控制

坚持源头绿色优先、分散优先的原则，综合考虑建设条件、实施难度、基础设施管理水平等，采取源头绿色设施建设、初期雨水弃流、末端集中处置等措施。

#### 1．源头海绵城市建设

新建项目需要落实海绵城市理念，通过绿色屋顶、透水铺装、生物滞留设施等低影响开发设施，落实年径流总量控制率、径流污染控制率等指标。源头改造项目以问题为导向，根据改造难易程度、百姓意愿、经济性等进行合理选择（图7-17）。推荐采用"1+N"模式，

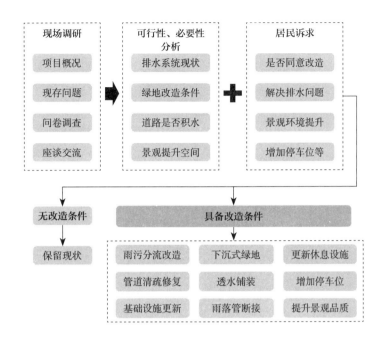

图7-17 海绵城市源头改造技术路线图

即在海绵城市改造的同时，对居民关心的景观优化、停车位增加、建筑外立面刷新、休闲配套设施增设等进行同步改造，形成人居环境的整体提升。

针对源头改造困难的地块，可将原有的雨水口改造为截污式环保雨水口，改造形式可根据情况选用过滤网或沉泥槽式等，主要布设在洗车、大排档等区域，用以截留较大的固体物质。

以某市某分区为例，共包括140个地块，遵照源头改造项目选取原则，分析项目改造可实施性，近期改造项目共54项，包括建筑与小区、公园与绿地、道路与广场等，明确各改造项目的年径流污染去除率（以TSS计）（图7-18）。其中，小区改造多采用"1+N"模式，一方面更换透水砖、进行阳台雨废水分流改造、检修更换破损雨污水管道、设置雨水花园等设施，另一方面在小区增设生态停车位、亮化设施和公共健身休闲设施等。

### 2. 雨水排口改造

为了达到更好的径流污染控制效果，可采取增设碎石床雨水净化系统、旋流沉砂装置、末端净化湿地等措施。

某市某分区考虑部分地块近期无法实施海绵化源头改造，在管径大于800mm的雨水排口建设旋流沉砂装置共14座（图7-19），排口总

图例
流域范围
<55
56~60
61~65
>66
不可改造地块

图7-18 某分区源头改造项目年径流污染去除率（以TSS计）分布

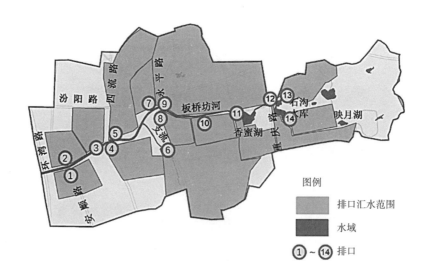

**图7-19** 某
分区雨水排口
末端处理设施
位置示意图

汇水面积393hm²。

**3.雨水调蓄工程**

部分区域绿地率低、建筑密度高，仅通过海绵城市源头改造，难以完全实现面源污染控制目标，可利用现状坑塘及新建调蓄设施，调节降雨径流污染。

以某流域为例，流域上游有一水库，汇水面积为3.83km²，分为东、西2个汇水分区，现状以老小区为主，难以开展源头改造。为解决水库初期的雨水面源污染问题，在东西两侧方涵进入水库前，设置初期雨水调蓄净化处理设施2座（图7-20），设计径流深度取4mm，调蓄池设计总容积为6300m³。初期雨水进入调蓄池后，经过格栅、沉砂等初级处理后，再通过雨水净化设备，最后排入水库湿地系统进行深度处理，补充水库水源。

**图7-20** 初
期雨水调蓄净
化处理设施设
置示意图

### 7.3.3.2 合流制溢流污染控制

合流制溢流污染控制不仅关系到城市水环境质量的改善，而且关系到城市基础设施地规划与建设、流域治理以及城市可持续发展等重大战略问题。做好合流制溢流污染控制，是消除城市黑臭水体和改善水环境质量的重点工作。合流制排水系统运行分为旱天、雨天两种情景，在实现旱天污水全截流的基础上，需要进一步控制雨天溢流污染。合流制溢流污染主要包括3个部分：超过管道截流能力在溢流井处的溢流，截流到污水处理厂但超过处理能力的厂前溢流，以及污水处理厂的超越排放（仅经过初级处理）（图7-21）。

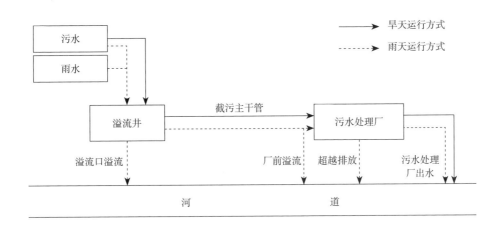

图7-21 合流制溢流污染分析

控制合流制溢流污染的重点应为控制溢流频次和溢流污水量。其控制措施可根据具体情况，采取"源头控制–截–蓄–净–污水处理厂匹配"的综合措施，结合海绵城市建设进行源头控制，减少进入排水系统的水量、峰值；选择合适的截流倍数，提升截流能力；因地制宜地设计调蓄设施；对合流排口进行改造；提升污水处理厂雨天处理能力，明确雨天排放标准。

**1．源头控制措施**

结合海绵城市建设，采取绿色屋顶、透水铺装、雨水花园、渗渠等分散式、源头式措施来减少径流和净化雨水，达到削峰、减流、净化的目的。源头项目改造具体思路可参见"7.3.3.1 雨水径流污染控制"章节。

**2．优化截流倍数**

根据《室外排水设计标准》GB 50014—2021，为有效降低初期雨水污染，截流倍数$n_0$宜采用2～5。适当提高截流倍数可以将更多的雨天合流污水截流，减少溢流口的溢流量，但当截流能力超过下游污水处理厂的处理能力时，大量截流污水会从污水处理厂前直接溢流进入受纳水体，既污染环境也造成投资效益的下降。

截流倍数取值应以水质为核心，结合监测数据，分析旱天、雨天的水质、水量数据，考虑城市类型、降雨量、受纳水体环境容量、上游收集管网完善程度、下游处理设施处理能力等因素，进行客观、详细的技术经济论证后予以确定，同一排水系统中可采用不同的截流倍数。有条件下可采用模型手段，进行合流制排水系统溢流污染的模拟分析，选择合适的截流倍数（图7-22）。

郑岩杭等在研究西南某县截流倍数时，通过研究区域模型分析不同截流倍数条件下溢流水量、溢流污染物的变化情况（表7-7），当$n_0$从1增大到3时，溢流量及污染物减小幅度较

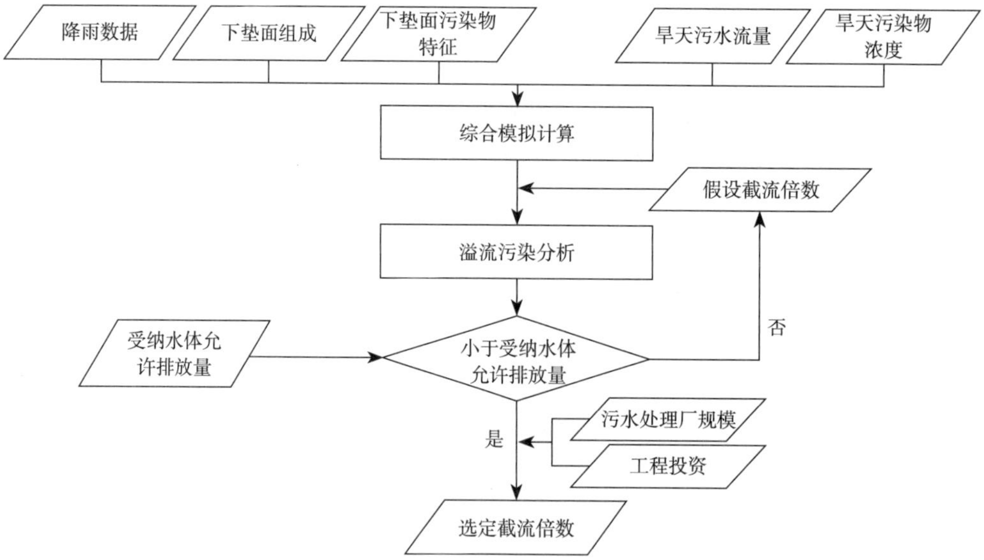

图7-22 模型模拟辅助选择截流倍数

大；而当$n_0 \geq 3$时，溢流减小幅度降低。根据本地情况，对工程年建设成本及运行费用进行测算（表7-8），最终统筹工程经济效益与环境效益，选择截流倍数$n_0=3$[①]。

**不同截流倍数时年溢流量及污染物总量**　　　　　表7-7

| 截流倍数$n_0$ | 年溢流量量（m³） | 年溢流量变化率（%） | TSS（kg/a） | COD（kg/a） | TN（kg/a） | TP（kg/a） |
|---|---|---|---|---|---|---|
| 1 | 388503 | | 186394 | 157232 | 8808 | 1354 |
| 2 | 322461 | 17.00 | 167543 | 137794 | 8003 | 1238 |
| 3 | 276021 | 28.95 | 152530 | 123814 | 7511 | 1117 |
| 4 | 249642 | 35.74 | 142531 | 118981 | 7383 | 1046 |
| 5 | 237492 | 38.87 | 136550 | 112617 | 7176 | 997 |

**不同截流倍数时工程年建设成本及运行费用**　　　　　表7-8

| 截流倍数$n_0$ | 截流干管建设费用（万元） | 提升泵站建设费用（万元） | 初沉池建设费用（万元） | 年运行费用（万元） |
|---|---|---|---|---|
| 1 | 57.78 | 32.10 | 10.08 | 2.86 |
| 2 | 60.77 | 34.15 | 10.55 | 3.08 |
| 3 | 63.87 | 36.08 | 10.98 | 3.30 |
| 4 | 67.33 | 37.33 | 11.23 | 3.42 |
| 5 | 68.44 | 38.44 | 11.39 | 3.54 |

① 郑岩杭，李翠梅，黄瑜琪. 合流污水系统最优截流倍数研究［J］. 水利水电技术，2020，51（10）：173-179.

### 3．合理设计调蓄设施

合理设计调蓄设施，对合流污水进行储存，待雨后输送到污水处理厂进行处理，或者采用分散处理设施就地处理后排放。调蓄设施规模应根据系统截流能力、污染物排放要求、场地空间条件等进行确定，尽可能减少工程投资和后期运维费用；调蓄设施规模应与污水处理厂、分散处理设施的规模相匹配；根据连续降雨或典型年降雨分析确定调蓄池运行要求。调蓄池规模常用模型模拟、公式计算等方法进行分析确定（表7-9）。

**国内外调蓄池容积设计常用方法** 表7-9

| 设计方法 | 国家/城市 | 方法说明 |
|---|---|---|
| 模型模拟 | 美国 | 通过建立管网模型，根据相关设计标准或目标（如溢流频率或污染负荷削减目标值）确定调蓄池容积 |
| 计算公式 | 德国 | 根据"合流制排水系统排入水体的负荷不大于分流制系统"的控制目标，结合排水系统相关参数确定调蓄池容积 |
| 模型模拟 | 日本 | 根据"合流制排水系统排放的污染负荷量不大于分流制系统"的污染物削减目标，进行模型模拟，研究调蓄池规模 |
| 降雨统计计算 | 上海 | 依据降雨量、降雨时长、土地利用类型、系统剩余污水截流能力、调蓄和溢流时段的污染物平均值等计算不同调蓄量对应的年溢流流量/溢流污染物削减率，再根据溢流污染物削减率设定目标求解调蓄池容积 |
| 模型模拟 | 合肥 | 3倍截流倍数条件下，调蓄池采用4mm径流深度的容积，在平水年可削减45%的溢流水量，减少61%的溢流次数 |
| 降雨统计计算 | 昆明 | 根据CSO控制目标（年削减排污量50%以上）推求出年均载流量，对昆明市近10年降雨资料进行统计分析（按照场次降雨量由低到高叠加），得出对应调蓄降雨量为7mm |

### 4．净化处理

为了达到更好的污染控制效果，可结合场地空间条件，在溢流口处设置旋流沉砂装置、快速过滤池等。另外，合流管道在旱季会沉积大量污染物，雨天时污染物随着溢流污水进入受纳水体，导致水环境污染，故应当强化管道日常清淤等工作，避免污染物随着雨水"零存整取"。

### 5．污水处理厂雨天运行优化

污水处理厂设计规模适当考虑雨天工况，与截污能力、调蓄设施规模等互相匹配，防止大量截流污水未经处理或处理不达标直接排放。污水处理厂可通过调整雨水处理流程、增设雨天处理工艺或增加就地处理设施等方式应对雨天的水量、水质变化。

明确雨天排放标准。目前，国内昆明市已发布《城镇污水处理厂主要水污染物排放限值》DB5301/T 43—2020，提出"分区分级"的执行要求，针对合流制雨季超量合流污水，制定单独的排放标准，审批单独的排口。一方面能够增加雨季合流污水的处理能力，降低溢流排放量；另一方面单独设置的排口便于监督和管理，规避了偷排和不达标排放的风险。

方案编制过程中，合流制溢流污染控制往往根据本地情况，采取多种措施的组合形式

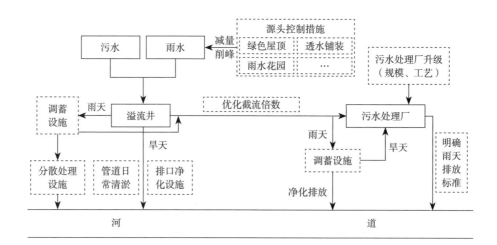

图7-23 合流制溢流污染综合控制措施

图7-24 某片区合流制溢流污染控制措施

规划污水处理厂　污水干管　污水处理厂服务范围
现状泵站　污水流向　规划区边界
改造截污井及新建CSO调蓄池

（图7-23）。以水环境质量为目标，明确控制目标（如溢流频次、溢流体积削减率、溢流污染物浓度及总量控制等），通过监测、模型等科学合理的评估计算方法，根据区域实际情况选择合适的控制措施，并明确措施的规模、布局，保障雨天水质可稳定达标。

以某市为例，该市合流制区域位于老城区，用地布局杂乱紧凑，现状排水系统复杂，道路狭窄，近期分流改造难度大。因此，近期通过降低源头径流量、增大截流倍数等手段减少溢流污染，远期进行分流改造。分析该市近10年降雨资料，统计同一降雨强度所对应的累计出现频率和累计雨量比例，作为合流制系统截流、调蓄设施规模与控制效果研究的依据。

该区合流制溢流控制方案见图7-24。现状截流井15座，将截流倍数提高至3；各截污井后设调蓄池，平均规模为0.25万m³，降雨后24h内将调蓄的污水错峰排至污水干管；下游污水处理厂考虑晴天、雨天工况，晴天污水量约为4.28万m³/d，雨天污水量约5.80万m³/d，确定污水处理厂规模为6万m³/d。远期分流改造时，调蓄池予以保留，改造为初雨调蓄池或雨水资源化利用调蓄池。采用模型模拟评估合流制溢流控制效果，年均溢流频率可控制在20%以下，相当于控制了合流制区域26mm降雨产生的合流制溢流污水，溢流污染物削减率约为50%。

### 7.3.3.3 农业面源污染控制

针对农业面源污染控制，一是源头控制，如推广低毒、低残留农药使用，或调整种植业结构与布局，建立科学种植制度和生态农业体系，减少化肥、农药和类激素等化学物质的使用量；二是遵循"维护需求低、处理效果好、景观价值高"的原则，综合考虑实际情况，通过"生态沟渠-湿地"系统削减污染物。

以某市为例，某区域基本未进行开发或土地出让，现状场地以农田为主，考虑近期该区不会进行大面积开发，一方面改变土地种植结构，打造生态循环农业模式；另一方面，构建"生态沟渠-三级处理塘"削减农业面源污染，设计生态沟渠7.5km，沟渠宽度0.8~1.5m，三级处理塘面积4.5hm$^2$，生态湿地尽量选在有水塘的区域或者生态沟渠的入河口处（图7-25、图7-26）。

**图7-25** 生态沟渠-三级处理塘系统平面布置图

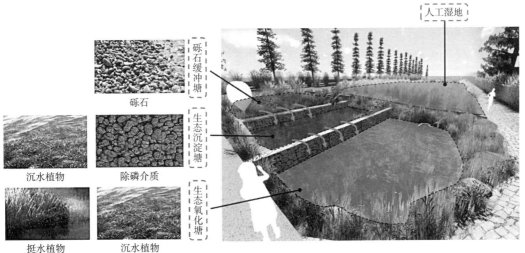

**图7-26** 生态沟渠-三级处理塘系统

## 7.4 内源治理

### 7.4.1 技术路线

根据河湖内源污染来源，合理确定治理工程，实现河湖内源污染削减。内源治理技术路线可参考以下开展（图7-27）：

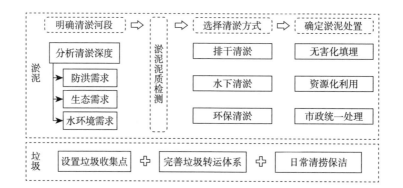

图7-27 内源治理技术路线图

根据防洪需求、水环境需求等综合判定清淤河段，分析清淤深度，进行底泥检测分析，选择合适的清淤方式，明确淤泥处理处置方式。调研沿岸垃圾堆放情况，分析垃圾收集设施是否健全、正常使用等，规范城市垃圾收集转运工作流程，建立完善的河湖水系养护体系。

### 7.4.2 底泥清淤

#### 1. 清淤原则

河湖内源污染的主要来源通常为底泥，而底泥中的动植物是河湖生态系统的重要组成部分，清淤会对河湖生态系统造成一定影响。针对底泥清淤深度，需要进行多方面评估，包括河湖水文特性、水质情况、水力特征、底泥分布状况、基面标高、地质情况、污染物分布特性、释放系数、微生物和动植物分布等。确定河道清淤深度时，一般遵循下面3个原则。

（1）满足防洪需求：清淤后河底高程应满足河道防洪设计，综合考虑施工精度、工程成本和清淤频次，建议淤积平均深度达到0.5m以上时进行清淤。

（2）保护河道生态：对河底进行勘测时，应确定底泥污染层和原土层，清淤时防止超挖，避免扰动原土层，破坏河道生态。

（3）有效削减污染：削减内源污染是河道清淤的主要目的，因此，在满足不伤原土的基础上，应避免漏挖，尽可能消除河道淤泥污染。

以北方某流域为例，通过现场调研，分析现状河底高程、设计河底高程，明确清淤河段及清淤深度，确定河段清淤长度为23km，清淤深度为0.3~1.5m，清淤工程量为39.2万m³（表7-10）。

某流域河段清淤统计表　　　　　　　　　表7-10

| 河道 | 清淤河段 | 清淤长度（km） | 平均清淤深度（m） | 清淤量（m³） |
|---|---|---|---|---|
| A河 | ××路-××路 | 5.5 | 0.6 | 231000 |
| B河 | ××路-××路 | 2.3 | 0.5 | 12312 |
| | ××路-××路 | 0.85 | 0.8 | 17000 |
| …… | …… | …… | …… | …… |
| | 合计 | 23 | | 391973 |

## 2. 底泥检测

河道底泥含水量高，含有大量污染物，清淤后若处理不当，极易造成二次污染，尤其是含有铅、镉、镍、汞、砷等污染物的底泥，不仅污染环境还会影响人体健康。因此，清淤前需对底泥进行检测。

河道底泥检测项目主要包括铜、汞、铅、镉、镍、锌、铬、砷等重金属或无机非金属毒性物质，TN，TP，pH，含水率，有机质等。具体检测项目和方法参照《土壤环境质量 农用地土壤污染风险管控标准（试行）》GB 15618—2018、《土壤环境质量 建设用地土壤污染风险管控标准（试行）》GB 36600—2018中的相关要求。

## 3. 清淤方式

目前常用的清淤方式包括排干清淤、水下清淤和环保清淤等。

（1）排干清淤：在河道施工段构筑临时围堰，水排干后进行干挖或者水力冲挖。其优点是易于控制清淤深度，清淤彻底，施工状况直观；缺点是临时围堰增加施工成本，施工过程易受天气影响，易对河道边坡和生态系统造成影响。排干清淤适合两岸具有一定空间且便于断流施工的河道。

（2）水下清淤：无需进行围堰排水，其优点是不断流，机械化程度高，管道运输淤泥避免施工过程中产生的污染；缺点是设备多，工序复杂，能耗大，对作业环境要求较为严苛。

（3）环保清淤：主要是指针对清淤精度和防治二次污染要求较高的带水作业，一方面以改善水质作为清淤的主要目标；另一方面尽可能避免在清淤过程中对水体环境产生的影响。其优点是对底泥扰动小，清淤浓度高，避免污染淤泥的扩散和逃淤现象，缺点是成本较高且对水位有一定要求。

常用清淤方式优缺点对比见表7-11。

清淤方式优缺点一览表　　　　　　　　表7-11

| 清淤方式 | 优点 | 缺点 | 适用条件 |
|---|---|---|---|
| 排干清淤 | 易于控制清淤深度，清淤彻底，方便施工，污泥浓度高，运输成本低 | 临时围堰增加施工成本，施工易受天气影响，对河道边坡和生态系统有一定影响 | 河湖周边有一定空间，便于断流 |
| 水下清淤 | 不断流，机械化程度高，施工过程中污染少 | 设备多，工序复杂，能耗大、对作业环境要求较严苛 | 水面大，无法断流的河湖水系 |
| 环保清淤 | 清淤方式环保，施工过程中不产生污染 | 设备操作较为复杂，污泥含水量大，费用较高 | 对环保要求高；施工区周边有污泥干化条件，可处理含水量较高的污泥 |

编制方案时，对各清淤河段的河道断面、水量、水深（通航条件）、清淤量、淤泥类型等施工条件进行分析，选择合理的清淤方式。以某南方河段清淤工程为例，清淤范围为入海口段，采用带水清淤作业方式，主要采用绞吸船清淤，并通过管道输送淤泥至堆置场地，局部施工困难路段采用水上挖掘机及水力冲挖将淤泥盘运至绞吸船施工范围（图7-28）。

**图7-28** 某河道清淤工程示意图

#### 4．淤泥处置方式

（1）底泥预处理

清理出来的河道底泥含水率在75%~90%之间，一般先将底泥就近脱水。底泥脱水场址的选择应符合城市土地利用总体规划、当地城镇建设总体规划以及环境保护等相关规定，考虑就近原则，步骤如下：

1）初步估算污染底泥工程量和所需脱水场地容积；

2）通过向当地城市规划部门咨询或在当地小比例地形图或卫星图上进行查找，收集可能的脱水场地信息资料；

3）实地调查可能的脱水场地，并征求规划、建设、环保等相关部门意见，初步确定候选脱水场地；

4）对候选脱水场地进行必要的勘测和地质调查，进行选址方案比选，最终确定脱水场地场址。

（2）底泥处理处置

底泥处理过程中，需要从环境保护、经济效益两个方面综合考虑，按照"减量化、稳定化、无害化、资源化"的原则进行处理处置，重金属淤泥需要进行无害化处理，未受污染的底泥主要有以下处置方式：

1）脱水干化，无害化处理后填埋，堆场覆盖后，种草绿化，恢复生态；

2）资源化利用，包括用于农业堆肥、建筑回填、生产建筑材料等；

3）归并入污水处理厂的污泥处理范围，由市政部门统一考虑处置。

以某市为例，将清淤河段西侧现状空置的工地设置为一个底泥脱水点（图7-29），就近对周边河道清淤的底泥进行脱水干化处理，脱水淤泥运至指定点弃运。

### 7.4.3　岸线垃圾清理

针对河湖水系沿岸的违规垃圾堆放点，要结合河道两侧城中村情况、城市垃圾收集转运

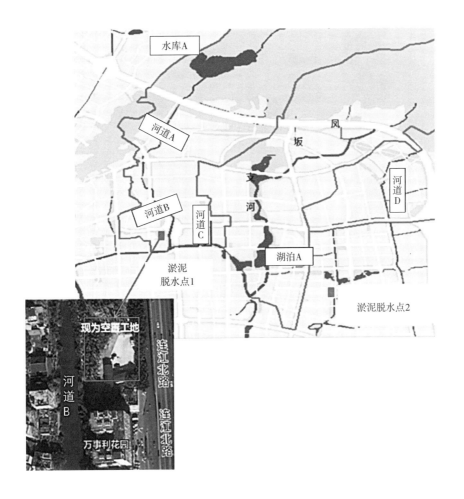

图7-29 某市底泥脱水点选址方案

相关规划，加强基础设施建设及公用设施管理，合理布置垃圾收集和转运设施，以保证垃圾有合理的出路，避免垃圾入河。

**1. 垃圾收集点设置**

河湖水系沿线垃圾收集点设置间隔应符合城市现有垃圾收集点服务半径要求，一般不大于300m。重点对城中村、城乡结合部等区域配套垃圾收集设施并及时清理沿河垃圾，防止垃圾在雨天漫流、污染河道。垃圾箱容积和分类应符合城市现有垃圾分类的要求，倡导垃圾分类投放。

**2. 清运体系及转运记录**

依托城市现有生活垃圾清运体系，及时转运垃圾至垃圾中转站。河长办或河道管理部门定期检查河湖保洁清捞工作记录及垃圾转运情况。

**3. 日常清捞保洁**

及时清理沿岸零星垃圾及水面漂浮物。水生植物、岸带植物和落叶等属于季节性的水体内源污染，且水面长期被浮水植物覆盖会影响生态系统演化更替和行洪，需在植物干枯腐烂前清理。制定收割清理打捞计划，清理出的垃圾和植物残骸送至市政垃圾处理中心统一处理。

如某市对城中村区域设置沿河垃圾收集点11个（图7-30），定期对岸线垃圾进行清理，

**图7-30** 某市城中村垃圾收集转运处理体系

对河道漂浮物进行打捞，确保河道两岸及河床内清洁、无垃圾；依托城市垃圾收集转运处理体系，对岸线垃圾及河道漂浮物及时进行转运处理。

## 7.5 生态修复

### 7.5.1 技术路线

按照"水岸统筹、水陆联动、蓝绿交融"的原则，构建河湖生态系统的结构和功能。生态修复技术路线可参考以下开展（图7-31）：

首先，结合上位规划、防洪排涝等要求，划定和保护蓝绿线，明确河湖保护空间，合理统筹河道及周边绿地建设，分段建设滨水空间，充分发挥水系价值；其次，通过河道断面、基底、驳岸地建设，恢复生态基底；最后，构建水生植物、动物群落，结合湿地、曝气等措施净化水质，打造人水相亲、和谐生态的环境。

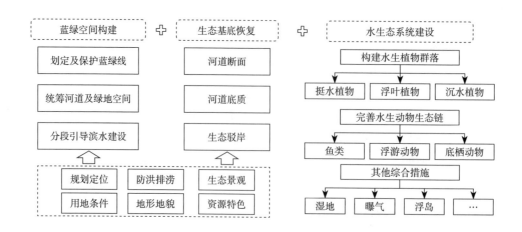

**图7-31** 生态修复技术路线图

### 7.5.2　蓝绿空间构建

#### 7.5.2.1　划定及保护蓝绿线

**1. 划定及保护蓝绿线**

城市规划建设中，应对河、湖、库、渠、人工湿地、滞洪区等城市河流水系实现地域界线的保护与控制，划定蓝绿线，明确界定核心保护范围。

蓝绿线划定应与上位总体规划充分衔接，统筹考虑防洪排涝安全、水系保护与开发、水源地管理、周边用地与景观效果等因素，实现水系在空间上的强制性管制和保护，水域面积只增不减。在城市绿线划定方面，可将城市绿线分为现状绿线、规划绿线和生态控制线，现状绿线与规划绿线划定时应明确绿地类型、位置、规模与范围，生态控制线在上述要求的基础上增加用地类型标注。同时，绿线划定应与城市蓝线划定相结合，以形成蓝绿交织的网络格局，提升城市生态性能。

以某市方案编制为例，依据城市总体规划、蓝线规划、防涝规划，对编制区域内的河道落实蓝线宽度及水面率指标（表7-12），识别侵占蓝绿线范围的村庄散户，制定保护修复方案。

试点区河道蓝线宽度一览表　　　　　表7-12

| 序号 | 河道名称 | 规划宽度（m） | 单侧退让（m） | 蓝线宽度（m） |
|------|---------|-------------|-------------|-------------|
| 1 | A河 | 31~47 | 10 | 51~67 |
| 2 | B河（防洪渠） | 50 | 10 | 70 |

从生态学角度看，弯曲的河流具有更高的生态效益，可减少水土流失、扩大生境面积、增加生境多样性等。因此，应严格控制缩窄、填埋、改道、裁弯取直等对天然河道形态改变较大的工程措施，尽量不破坏河道的蜿蜒性；确需实施的，应进行技术论证，防止因工程改变河道形态所造成的负面影响。如新加坡加冷河修复，经改造，原2.7km的垂直渠道被改建成3km的蜿蜒河道（图7-32）。

7-32 新加坡加冷河修复示意图

**图7-33** 合理统筹河道及周边绿地

（图中标注：原防洪堤、防洪线、原人行道、洪水位、水生植物、亲水步道、植草沟、堤岸线/车道、原河岸公园）

**2．统筹蓝绿空间建设**

结合滨水、地形等条件，合理统筹河道及周边绿地（图7-33），有效构筑滨水缓冲绿带，以水为载体联系周边沟渠、湿地和低洼绿地，优化蓝绿交融格局，发挥水系统综合生态效益，如广东省"万里碧道"建设、常德市穿紫河生态建设等。

### 7.5.2.2 找准河道建设定位

在满足城市防洪排涝需求的基础上，结合规划定位、水系功能、地形地貌、周边用地等条件，因地制宜找准河道定位，"一河一景"分段引导滨水建设。如上海市印发了《上海市河道规划设计导则》，根据河道所处区位、两侧腹地功能、河道资源特色、历史资源等划分为5种类型河段：

（1）公共活动型河道（段）：多分布在核心区和中心区，周边功能丰富、复合，以亲水广场、平台为主，局部绿化，同时局部布置商业、文化、艺术等功能区。

（2）生活服务型河道（段）：多分布在居住区，周边以居住功能为主，空间布局多狭小，以铺装为主，兼具日常活动、交通等多重功能。

（3）生态保育型河道（段）：多分布在城市边缘、郊野地区，以生态功能为主，空间多开阔，以自然形态为主。

（4）历史风貌型河道（段）：两侧主要布局有特色的保护保留建筑，空间基本维持原有的历史风貌特点。

（5）生产功能型河道（段）：针对工业、货运码头等生产功能为主的河段，近期注重安全、环保、生态、市政等要求，远期为规划编制和功能调整预留空间。

以某流域系统化治理方案编制为例，其上游以农村、农田为主，设置农业主题景观休闲娱乐场所；中游穿工业用地，开展工业主题观光园与湿地生态恢复；下游以城市居住区为主，打造以河道游憩、滨水骑行等活动为主的活力河道景观（图7-34）。

图7-34 某流域河段功能分区及定位

### 7.5.3 生态基底恢复

#### 7.5.3.1 合理选择河道断面

河道断面形式的选择应充分考虑河道的等级、功能、水位变化、流量等，满足防洪要求、过流能力、河底及护岸安全性、河道生境多样性等要求。河道断面常见形式包括矩形断面、梯形断面、复式断面、天然河道断面4种。

河道断面的设置应充分考虑河道防洪排涝、生态景观、休闲游憩等多种功能，与区域竖向规划相衔接，尽可能保持天然河道断面，在保持天然河道断面有困难时，可按复式断面、梯形断面、矩形断面的顺序选择。

以某市河道改造为例，为了提高水动力，减少河道淤积，适当改造河道断面，将河道内部的淤泥堆积到岸边，打造自然树岛，在两岸坡地种植水生植物进行滨水生态构建，而后缓坡入水，构建亲水平台，丰富滨河生态景观（图7-35）。

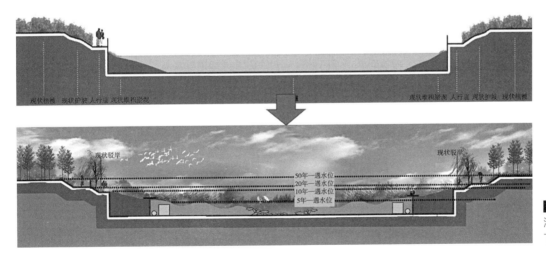

图7-35 某河道基底改造下游断面图

#### 7.5.3.2 建设生态驳岸

护岸形式分为生态护岸和刚性护岸。生态护岸包括植物护岸、木桩护岸、干砌石护岸、石笼护岸、土工合成材料护岸等。刚性护岸包括浆砌石护岸、混凝土护岸等。护岸形式的选择应根据河湖功能、周边环境、水文、地质、景观生态、管理等进行技术方案比较后确定，宜优先采用生态护岸。

**1. 现有护岸生态改造**

对原有护岸进行保护和利用，在充分调查分析、比选论证的基础上明确改造方案，改造方案应注重生态化，并且经济合理。

**2. 新建生态护岸**

结合绿化种植，营造自然生态景观，主要包括以下几种形式。

（1）自然植物护岸：保持河道自然状态，配合种植喜水特性植物，并可根据水流流速，加铺土工格栅网；适用于坡度缓或腹地大、土体较稳定、水流流速不大于1.5m/s的河段。

（2）绿化混凝土护岸：护坡坡面整平后，现浇或铺砌预制的绿化混凝土块或生态砌块，并利用孔隙进行绿化种植；适用于坡面土体易流失、水流流速较大（1.5~2.5m/s）的河段。

（3）土工生态袋护岸：在整平的护坡坡面上铺砌土工生态袋，采用生态标准扣将袋子互相连接自锁；适用于坡面土体易流失、水流流速较大（1.5~2.0m/s）的河段；且土工生态袋不宜用于0.5m水深以下。

（4）干砌块石护岸：干砌块石护岸一般与其他生态护坡结合使用，常水位以下采用干砌石坡，以上采用其他形式的生态护坡；适用于坡面土体易流失、水流流速较大（1.5~2.0m/s）的河段。

（5）干砌石护岸：以卵石、乱石、块石等材料干砌成直立护岸，保留干砌块体的缝隙、孔洞，为生物提供繁殖和生长环境；适用于两岸用地受限的河段，护岸高度在3m以下。

以某滨海丘陵城市河道治理为例，上游位于新建区，预留空间大，护岸为自然植物护岸形式；中游位于老城区，用地紧张，保留现有硬质护岸；下游虽也位于老城区，但行洪空间充裕，在防洪演算后，根据各段水流流速，分别采用自然植物护岸、绿化混凝土护岸；入海口处考虑防潮防洪的双重需求，保留砌石护岸，结合景观设计，在防洪水位以上采用自然植物护岸。方案中明确各河段岸线类型、长度及断面形式（表7-13、图7-36）。

**某滨海丘陵地区河道岸线形式一览表**　　　　　　表7-13

| 河道 | 河段 | 长度（km） | 护岸形式 |
|---|---|---|---|
| ××河 | 上游 | 7.5 | 自然植物护岸 |
| | 中游 | 6.7 | 硬质护岸 |
| | 下游 | 1.2 | 自然植物护岸+绿化混凝土护岸 |
| | 入海口段 | 1.9 | 砌石护岸+自然植物护岸 |
| 合计 | | 17.3 | |

图7-36 某滨海丘陵地区河道护岸建设
（a）上游自然植物护岸；
（b）中游硬质护岸；
（c）下游自然植物护岸；
（d）入海口砌石护岸+自然植物护岸

### 7.5.4　水生态系统建设

#### 7.5.4.1　构建水生植物群落

通常，水生植物配置从河道沿岸向水体深处依次为挺水植物、浮叶植物和沉水植物。挺水植物是滨水景观营造的重要组成，也是人工湿地常用的植物，具备一定的水体净化功能；浮叶植物主要用于调节水面景观效果，对水体净化效果有限；沉水植物对于水体净化有积极作用，还能够维持水体的清水稳态。常见的挺水植物、浮叶植物、沉水植物见表7-14。

植物选取应以本地物种优先，考虑生物多样性、水质净化能力、景观功能、管理维护等因素，尽可能构建自然的、存活期长的、多样性的、稳定的植物群落，可参考以下原则。

（1）根据水体断面要求，结合水生动植物的生长习性，构建连续而富有变化的适生环境。

（2）水生植物群落宜优先选择土著物种，慎用外来物种，优先选择芦苇、再力花、轮叶黑藻、眼子菜等耐污、净化力强和养护管理简易的品种。

（3）挺水植物宜设置在水深小于0.2m的滨岸带浅水处；浮叶植物宜设置在水深0.5~1.2m的低流速、小风浪水域；沉水植物不宜种植在透明度低于0.5m的流动水体内。

常见水生植物 表7-14

| 类型 | 常见植物 |
| --- | --- |
| 浮叶植物 | 玉莲、睡莲、芡实、莕菜等 |
| 挺水植物 | 芦苇、菖蒲、慈姑、荷花、千屈菜、香蒲、蒲草、荸荠、水芹、茭白荀等 |
| 沉水植物 | 竹叶眼子菜、狐尾藻、黑藻、苦草、金鱼藻、菹草、车轮藻、狸藻等 |

#### 7.5.4.2 完善水生动物生态链

完善水生动物生态链，强化生物多样性，形成生产者、消费者、分解者完整的生态循环系统，建立良性循环的生态系统（图7-37）。水生动物投放按照《水生生物增殖放流管理规定》及各地《水生动物增殖放流技术规范》中的相关要求，可参考以下原则。

（1）选用滤食性和碎屑食性为主的鱼类和底栖动物，适当配置肉食性鱼类；严禁投放巴西龟、观赏鱼等外来物种。

（2）在种植沉水植物的水体，尽量避免投放草食性鱼类。

（3）考虑水生动物的繁殖能力和水体中已有水生动物的数量，投放的水生物数量不宜过多。

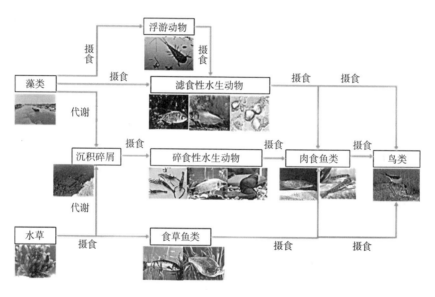

图7-37 水下生物链示意图

#### 7.5.4.3 综合生态修复技术

综合生态修复技术可提升水体的自净能力，包括曝气技术、生态浮岛技术、生态湿地技术、生态滤池技术等。

**1. 曝气技术**

利用现状河道空间，采用经济可行的河道曝气技术，可对进入河道的污染负荷进行削减，并为水生生态系统的恢复创造条件。根据河道水质改善需求（如改善水质、恢复生态等）、河道条件（如水深、流速、断面形状、周边环境等）、河段功能要求（如景观功能、航运功能等）的不同，一般可采用固定式充氧站和移动充氧平台两种形式。

### 2．生态浮岛技术

生态浮岛主要应用于流速较慢的水体区域，利用轻质的现代材料作为植物生长的载体，种植耐水湿的植物。在河湖水系周边用地受限的情况下，在有限的水面空间中以浮岛形式引入陆域环境，一方面，增加水体的景观性；另一方面，通过植物根系的吸收净化，减少水体中的氮磷、重金属等污染物含量。在水体中划定搭建浮岛区域，主要考虑以下因素。

（1）便于植物种植以及收割管理。

（2）不影响水体的功能需求，如水面保洁、通航、行船、观赏性等。

（3）保证浮岛种植区域有足够的日光照射时间。

### 3．生态湿地技术

生态湿地是一个综合的生态系统，应用生态系统中物种共生、物质循环再生原理，充分发挥资源的生产潜力。湿地植物在控制水质污染、降解有害物质上也起到重要作用。人工湿地可以分为表流人工湿地和潜流人工湿地，潜流人工湿地又可以分为垂直流人工湿地和水平流人工湿地。

以某市为例，方案编制中结合景观设计，打造河道中游生态湿地公园，明确湿地面积及总体布置：设置引水枢纽（2座）、引水管线（2条）、泵站（30000m³/d×2座）、前置库（1000m²×2座）、人工湿地（7hm²×2座）、表流湿地（5hm²）。上游来水先进入前置库沉淀，再通过提升泵站进入人工湿地，经过人工湿地净化后排入表流湿地，进一步净化排入河道内，全面提升水质。净化湿地平面图见图7-38。

**图7-38** 某河道净化湿地平面布置图

## 7.6 活水保质

### 7.6.1 技术路线

采用河道生态补水、水系连通等方式，补充河道水源，强化水体流动，提高水体自净能力。活水保质技术路线可参考以下开展（图7-39）：

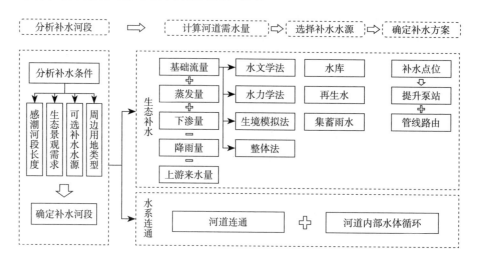

图7-39 活水保质技术路线图

根据河道的生态景观需求、补水水源、周边用地等，分析河道补水条件，计算河道生态补水量，在保障水量及水质的前提下，合理选择补水水源，优先选择再生水；还可采用河道内部水体循环或水系连通的形式提高河道水体动力。

### 7.6.2 生态补水

城市河道大多属于季节性、雨源型河流。枯水期河道生态基流缺乏，水量较小，导致河道水环境容量不足，水动力条件不佳。利用再生水、水库水、雨水等为补水水源开展河道生态补水，有利于保障河道生态基流，改善河道水质，维持正常的生态和景观功能。

**1. 分析补水河段**

关于补水河段的分析，可以从河道生态基流、景观需求、补水水源、周边用地条件等角度进行考虑。

（1）考虑是否为感潮河段，感潮段存在海水入侵，淡水补充需求不大，故感潮段可不考虑补水。

（2）考虑景观生态需求，部分工业区或纯交通区河段以及过短的河段等可不考虑生态补水。

（3）考虑补水水源，是否有水库、污水处理厂再生水等合适的补水水源。

（4）考虑周边用地，是否有足够空间可进行补水管网、泵站等配套设施建设。

以北方某流域为例，流域内河道为季节性河流，水源补给主要为地下水渗入、降水。对各河道的周边用地条件、可补水水源进行调研（表7-15），除D河较短、E河开元路以北景观生态需求较低外，其余河道均进行生态补水。

**北方某河道补水条件**  表7-15

| 河流 | | 河长（km） | 现状周边用地 | 可补水水源 |
|---|---|---|---|---|
| A河 | 上游 | 17 | 小区、绿地 | 上游水库，上游净水厂再生水 |
| | 中下游 | | 商业、小区、绿地 | 下游污水处理厂再生水 |
| B河 | 上游 | 20.1 | 村庄 | 上游水库 |
| | 中下游 | | 居住用地、工业企业 | 中游净水厂再生水，下游污水处理厂再生水 |
| C河 | | 2.8 | 居住小区、沿街商铺、学校、街头公园 | 下游污水处理厂再生水 |
| D河 | | 1.3 | 住宅小区、小商铺、厂房 | 下游污水处理厂再生水 |
| E河 | | 2.6 | 开元路以北：小企业、汽修及装修市场开元路以南：小区 | 下游污水处理厂再生水 |

### 2．计算河道需水量

河道需水量主要包括满足生态功能和保证景观环境水质的非消耗型需水量，以及水文循环过程产生的蒸发量、渗水量等消耗型需水量。河道需水量计算公式见式（7-1）。

$$Q = \max\{Q_b, Q_e\} + Q_v + Q_p \quad (7-1)$$

式中 $Q$——河道生态补水量（m³/d）；

$Q_b$——河道基本生态需水量（m³/d）；

$Q_e$——景观环境需水量（m³/d）；

$Q_v$——河道蒸发量（m³/d）；

$Q_p$——河道渗透水量（m³/d）。

（1）河道生态基流量

河流生态基流是指维持河流基本形态和基本生态功能、保证水生态系统基本功能正常运转、水生生物群落自身生长和维持栖息地环境所需的水资源总量。河道生态基流量的计算方法（表7-16）较多，常分为水文学法、水力学法、生境模拟法和整体法等。

**生态基流主要计算方法分类**  表7-16

| 方法分类 | 方法描述 | 主要计算方法 |
|---|---|---|
| 水文学法 | 根据河流历史流量等水文资料估算生态需水的方法 | Tennant法、流量历时曲线、保证率法、最枯月流量法等 |
| 水力学法 | 应用水力学测定数据，分析河流生态流量 | 湿周法、R2Cross法等 |
| 生境模拟法 | 通过评价水生生物对水力学条件的要求确定生态需水量 | IFIM法、物理栖息地模拟法等 |
| 整体法 | 从河流生态系统整体全面分析河流生态需水量 | 整体分析法、要素法（BBM）等 |

以下简单介绍几种常用的计算方法。

1）Tennant法：又叫蒙大拿法，通过对河流的流量、水生生物、景观娱乐需求等进行研究，将河道生态系统分为8个等级，各等级对应着一个年平均流量的百分比，作为此状态下的生态环境需水量（表7-17）。该方法适用于流量较大且水文资料系列较长的河流，且不同的河道内环境和生态功能有差异，同一河流的不同河段也有区别，因此必须根据实际情况选取合理的环境和生态目标来确定流量百分比。该方法计算简单，但未考虑水深、流速、断面等水文参数，未区分标准年、枯水年和丰水年之间的差异，忽略了水生生物对环境的需求，对于流量较小的河流，具有一定的局限性。

Tennant法计算保证河湖生态基流河流流量推荐范围值表　　表7-17

| 流量状态描述 | 推荐基流标准值（河湖多年平均流量百分比）（%） | |
| --- | --- | --- |
| | 4月~9月 | 10月~次年3月 |
| 最大 | 200 | 200 |
| 最佳范围 | 60~100 | 60~100 |
| 极好 | 60 | 40 |
| 非常好 | 50 | 30 |
| 良好 | 40 | 20 |
| 中 | 30 | 10 |
| 差 | 10 | 10 |
| 极差 | 0~10 | 0~10 |

2）流量历时曲线法：统计连续20年以上的水文观测资料，建立每个月的流量与时间关系曲线，以90%或95%保证率下的相应流量作为生态基流。该方法适用于水文资料系列达到20年以上的河流，具有简单快速的优点，灵活性更强，可按照水生生物的实际需求确定流量大小。但目前对于不同时期水生生物需水量方面的研究较少，因此具体的频率设定可参考案例不多。

3）保证率法：一般采用90%保证率下的最枯月平均流量作为生态基流。保证率法比较适合水量较小、开发利用程度较高的河流，要求有较长序列（一般不低于20年）的水文观测资料。保证率法计算出来的生态基流在某种意义上维持了河流水质标准，更适合于生态环境需水要求。但保证率法是基于流量基础之上的一种计算方法，对水生生态学方面的因素考虑较少。

4）最枯月流量法：常采用最近10年最枯月平均流量作为生态基流。最枯月流量法需要的水文观测资料系列较短，其适用范围和局限性与保证率法基本一致，在计算河流纳污能力方面有独特的优势。

5）湿周法：利用河流的湿周作为水生生物栖息地质量指标，一般根据"湿周–流量"

关系图上的拐点（图7-40）确定生态基流，当拐点不明显时，以某个湿周率（通常取50%）对应的流量作为生态基流。湿周受河道形状的影响较大，适用于宽浅矩形渠道和抛物线形河道等河床形状稳定的河流。

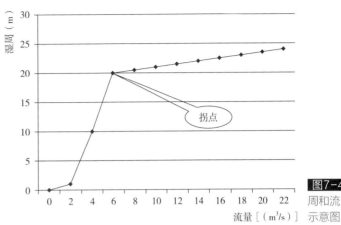

图7-40 湿周和流量关系示意图

生态基流的计算复杂且方法众多，计算方法的资料要求和适用范围见表7-18。方案编制过程中，应根据降雨、水体本身条件和补水要求等多方面进行科学分析，确定合理的计算方法。针对我国南北差异，南方项目对生态基流计算要求不高且有长系列水文资料的情况下，推荐采用Tennant法；北方项目水体基流季节性变化较大，针对缺水严重地区可采用流量历时曲线、保证率法和最枯月流量法相结合；有其他计算要求可参考《河湖生态环境需水计算规范》SL/T 712—2021。

计算方法的资料要求和适用范围 表7-18

| 计算方法 | 资料要求 | 使用范围 |
| --- | --- | --- |
| Tennant法 | 长系列水文资料 | 水量较大的长年性河流 |
| 流量历时曲线 | 长系列水文资料（≥20年） | 所有河流 |
| 保证率法 | 水面面积和需水量资料 | 主要是湖泊 |
| 最枯月流量法 | 短系列枯月平均流量（近10年） | 所有河流 |
| 湿周法 | 湿周、流量资料 | 河床形状稳定的宽浅矩形和抛物线形河道 |

（2）景观环境需水量

可借鉴景观工程补水需水量计算，以生态水容积$V$与停留时间$T$的比值计算景观环境需水量。需要注意的是，应合理选取停留时间，避免停留时间过长引起的负面环境影响。

（3）蒸发需水量

蒸发需水量可根据蒸发量、降雨量进行计算，参见式（7-2）、式（7-3）。

$$Q_v = A(E-P)/1000 \ (E>P) \tag{7-2}$$

$$Q_v = 0 \ (E<P) \tag{7-3}$$

式中 $Q_v$——水体的蒸发量（$m^3$）；

$A$——水面面积（$m^2$）；

$E$——水面蒸发深度（mm）；

$P$——降水量（mm）。

（4）渗透量

水体日渗漏量可参见式（7-4）计算。

$$Q_p = S_m \cdot A_s / 1000 \qquad\qquad (7\text{-}4)$$

式中　$Q_p$——水体的日渗透漏失量（$m^3/d$）；

　　　　$S_m$——单位面积日渗透量［$L/(m^2 \cdot d)$］；

　　　　$A_s$——有效渗透面积，指水体常水位水面面积及常水位以下侧面渗水面积之和（$m^2$）。

河道补水量的确定，除上述计算要素外，还需考虑降雨汇水量及上游来水量的影响；同时，在生态补水中一定要坚持河道低水位运行，以营造更好的河湖生态环境。

方案编制过程中，针对补水河段，计算河道需水量，根据计算结果分析各水体是否存在生态流量不足（包括季节性缺水或断流）问题，并按月、按日分解计算河道补水量。

以南方某补水河段为例计算生态需水量。该河段位于南方滨海城市，为城区主要河道，河道长度4.4km，汇水面积4.56km²。考虑不同月份蒸发与降雨量差异，得出补水河段每月生态需水量（表7-19）。

南方某城市补水河段水量平衡计算表　　　　表7-19

| 月份 | 1 | 2 | 3 | 4 | 5 | 6 | 7 | 8 | 9 | 10 | 11 | 12 |
|---|---|---|---|---|---|---|---|---|---|---|---|---|
| 来水量（万m³） | 21 | 68 | 102 | 141 | 238 | 350 | 267 | 302 | 192 | 169 | 133 | 110 |
| 降雨量（万m³） | 6 | 11 | 16 | 20 | 32 | 46 | 36 | 40 | 27 | 6 | 5 | 4 |
| 下渗量（万m³） | 49 | 49 | 49 | 49 | 49 | 49 | 49 | 49 | 49 | 49 | 49 | 49 |
| 蒸发量（万m³） | 1 | 1 | 1 | 2 | 2 | 2 | 3 | 3 | 3 | 3 | 2 | 2 |
| 生态基流量（万m³） | 482 | 435 | 482 | 467 | 482 | 467 | 482 | 482 | 467 | 482 | 467 | 482 |
| 缺水量（万m³） | -506 | -406 | -415 | -356 | -263 | -121 | -231 | -191 | -299 | -358 | -379 | -418 |

### 3. 选择补水水源

常用的河道生态补水水源包括水库水、再生水、集蓄雨水。选择以水库水为补水水源时，应对水库规模、水库功能定位、水库库容等进行分析，无供水功能的水库可作为河道生态补水的选择，具有供水功能的水库可适当考虑其汛期下泄流量对生态蓄水的补充作用。选择以再生水为补水水源时，应充分考虑再生水厂布局与补水河段的生态需求，根据补水河段的水体功能、水体流动性、环境及质量标准等因素确定再生水的水质水量需求，再生水水质应满足《城市污水再生利用　景观环境用水水质》GB/T 18921—2019中的相关要求。选择以集蓄雨水为补水水源时，为保障水质，宜对集蓄雨水进行净化。

选择补水水源时，可参照以下原则考虑。

（1）对可采用再生水补水的河段，优先采用再生水，再生水无法满足生态需水量或再生水设施造价过高的情况下，可考虑无供水功能的水库。

（2）近期可优先保障干流生态环境需水量，远期提升支流水质，保证各支流生态环境需

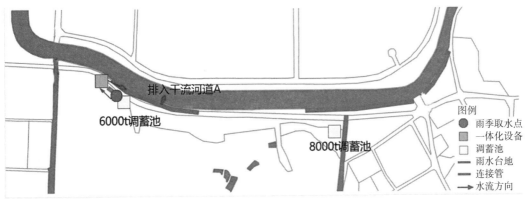

图7-41 某河道生态补水水源选择

水量，间接保证干流生态环境需水量。

以某市为例，远期以污水处理厂再生水为补水水源，近期旱季以循环处理河水为水源，雨季以调蓄池出水为水源，调蓄池出水经一体化设备处理后送至雨水台地，经雨水处理后就近排河补水，并构建河道自然循环补水系统（图7-41）。

4．确定补水方案

选择补水水源后，以可行性、经济性等原则，合理设置补水点，明确再生水泵站、再生水管网等配套设施的位置、规模。

以北方某河道生态补水为例，河道上游段以上游净化厂再生水为补水水源，出水直接补充至河道上游；中下游以下游入海口处的污水处理厂再生水为补水水源，沿途共设置4处补水点，总补水量为18万m³/d，配套建设再生水管网11.60km，管径为200～1200mm；建设补水泵站2座，1座位于下游污水处理厂内，规模20万m³/d，1座位于中游交汇口处，规模5万m³/d（图7-42）。

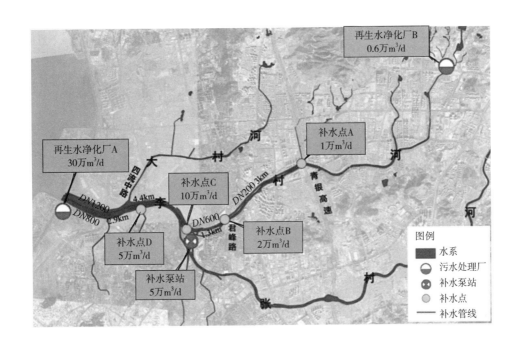

图7-42 北方某河道再生水生态补水布局方案

### 7.6.3 水系连通

对于近期没有条件利用再生水、水库等进行补水的河段，可考虑采用河道内部水体循环或水系连通的形式，增强河道水动力条件，远期考虑与再生水补水体系进行有效衔接。

以某南方平原河网城市为例，通过挖通和拓宽现状淤堵河道，加强水系之间的连通，全面清除河道中废弃的施工围堰，增强河道水体动力与排水防涝能力，防止河道淤积，构建健康连续的城市河道系统（图7-43）。

某南方城市为提升区域中心湖及周边河道水动力条件，在中心湖与周边河道的交汇处共设置了5处水循环泵抽取湖水（图7-44），通过水循环泵输送至河道起始段，河道起始段水位升高后，借助河、湖水位差，使河道水体又回流至湖内，让水活动起来，形成河道水循环系统。

**图7-43** 某南方平原河网城市水系连通工程

**图7-44** 某南方城市区域中心湖水循环系统

## 7.7 非工程保障措施

水环境综合治理非工程保障措施主要包括组织保障、管理保障、运维保障、监测保障、资金保障等方面。本章主要从保障目的、保障措施等方面进行介绍，为方案编制提供参考。

### 7.7.1 组织保障

组织保障方面，主要包括加强组织领导和加强监督考核等方面的保障工作，例如成立领导小组、强化工作考核等，最终实现"有人管、管得好"。

#### 7.7.1.1 成立领导小组

对于城市水环境治理，尤其是城市黑臭水体治理，成立水环境治理（黑臭水体治理）工作领导小组（以下简称"领导小组"）具有重要的意义和作用，它能够弥补政府各部门间缺少专门统筹协调组织的局限，强化各部门间的统筹协调和分工协作，确保水环境治理工作的系统性、整体性和协同性，同时也体现了城市人民政府对水环境治理工作的高度重视和整治决心。

领导小组通常由领导成员、组成部门、办事机构组成。领导成员常由地方人民政府的党政主要领导担任组长，由相关职能部门的正、副职领导担任小组成员。组成部门常包括发改、财政、规划、住建、水务、生态环境、城市管理、宣传等相关职能部门。办事机构一般称为"领导小组办公室"，常设立在住建、水务或生态环境等对口部门，负责主持日常工作开展，并落实领导小组重大工作决策。

领导小组的工作核心应是跨部门、跨区域协调，因此其主要职责体现在总体设计、统筹协调、督促落实等方面。一是研究确定水环境治理相关的规划、建设、运维及资金保障的总体实施方案，明确各部门职责、任务分工、绩效考核等主要内容。二是统筹强化部门协作，明确领导小组联席工作会议、信息报送、巡查通报等相关制度。三是协调解决全局性、长远性、跨部门、跨区域的重大问题，统一部署水环境治理相关的重大事项，推动和监督有关部门间的工作联动及重大措施的组织落实。

方案编制中，当地方已经成立领导小组时，应从领导小组组成单位是否合理、领导小组成员是否持续更新、领导小组是否定期开展工作统筹等方面进行分析，并提出合理化建议；当领导小组尚未成立时，应从领导小组成立目的、成员组成、职责等方面提出建议。

#### 7.7.1.2 强化工作考核

河长制的主要任务是构建责任明确、协调有序、监管严格、保护有力的河湖管理保护机制，水环境治理的考核工作通常可结合河长制相关考核机制开展，制定考核方案，定期开展监督考核。

一是要突出各级河长职责。应对各级河长巡查、调研等相关工作进行量化考核。

二是要突出各部门职责。坚持部门参与，分工考核。按照河长制的工作部门职责分工，分别对各部门河长制工作进行量化考核，相关考核结果与部门领导干部综合考核、下年度部门预算安排等相挂钩。

三是要坚持问题导向。根据河长制工作方案、"一河一策"等相关实施方案确定的年度目标任务，立足各河湖实际，合理设定考核项目并进行动态调整，例如重点工作任务完成情况、项目实施进展和效果、制度建立和落实情况、资金规范使用情况、通报问题整改情况、群众满意程度等。

四是要突出结果运用。河长制考核结果应纳入综合考核体系，作为各级党政领导干部综合考核评价的依据。

方案编制中，当地方已经出台考核机制时，应从考核工作是否落实、考核方案是否根据年度目标进行动态更新、考核结果运用是否对强化领导责任和部门履职尽责起到实质推动作用等方面进行分析，并提出合理化建议；当考核机制尚未建立时，应从考核目的、考核对象、考核方案、考核结果运用等方面提出建议。

### 7.7.2　管理保障

管理保障方面，应主要从加强源头管控、加强排水许可管理、加强排水执法管理、加强入河排污口监管、加强管网质量监管、建立黑红名单等方面进行保障，最终实现排水设施、排水行为的规范和有效管理。

#### 7.7.2.1　加强源头管控

城市开发建设中重点加强源头管控，从源头上控制污染产生，减轻排入水体的污染负荷，主要措施包括加强海绵城市建设、加强垃圾收集管理、推进垃圾分类等。

加强海绵城市建设方面，应不断优化完善海绵城市相关的规划、建设、运营管理制度，推进海绵城市理念的全面落实。一是完善顶层设计，编制海绵城市建设专项规划、详细规划和建设计划。二是完善机制体制，制定海绵城市规划建设运维管理办法，将海绵城市纳入"一书两证"和竣工验收管理。三是加大建设力度，与城市更新、老旧小区改造、新区建设等有机结合，融入海绵城市建设理念，增加绿化和透水面积，推进雨污分流等。

加强垃圾收集管理方面，应以增强垃圾综合治理实效为导向，出台促进生活垃圾分类减量办法，形成以法治为基础，政府推动、全民参与、因地制宜、循序渐进、市场化运作、协调推进的垃圾分类制度。通过加强社会宣传、明确分类标准、规范收集设施设置、稳步拓展强制范围、逐步推行定时定点投放、推行各项激励机制等源头管控措施，以及严格垃圾分类收运、增强垃圾分类处理能力等措施，建立分类投放、分类收集、分类运输、分类处理的垃圾处理系统，提升生活垃圾"减量化、资源化、无害化"水平，建立完善的垃圾全程分类体系。

方案编制时，应主要从是否出台加强海绵城市建设、加强垃圾收集管理、推进垃圾分类等具体措施，以及相应措施是否有效落实等方面进行分析，并提出合理化建议。

#### 7.7.2.2　加强排水许可管理

为加强污水排入城镇排水管网管理，保障城镇排水与污水处理设施安全运行，应加强排水许可管理工作。从事工业、建筑、餐饮、医疗等活动的企业事业单位、个体工商户（以下统称"排水户"）向城镇排水设施排放污水的，应当向城镇排水主管部门申请领取污水排入排水管网许可证（以下简称"许可证"），并按照许可证的要求排放污水。城镇排水主管部门应当按照国家有关标准，重点对影响城镇排水与污水处理设施安全运行的事项进行审查，并加强对排口设置、预处理设施建设、水质和水量检测设施建设的指导和监督；对不符合规划要求或者国家有关规定的，应当要求排水户采取措施，限期整改。

方案编制时，应主要从是否出台排水许可管理措施，以及相应措施是否有效落实等方面进行分析，并提出合理化建议。

以某市为例，为加强城市排水管理工作，一是完善城市排水条例，将"排水户分类管理""排水管理进小区"等创新举措和改革经验予以法制化，使立法与改革相衔接，例如在排水户分类管理方面，该城市排水条例根据排水户的具体情况分别实施审批和备案管理。二是厘清了市、区两级审批和事中事后监管职责，建立了权责一致、审批与监管相统一的监管机制，同时建立了排水许可和备案管理名录（表7-20），简化了排水许可办理程序，提高了排水许可申请效率。

某市排水许可和备案管理名录（试行） 表7-20

| 管理分类生产经营活动类别 | | 定义 | 核发许可证 | 备案 | 备注 |
|---|---|---|---|---|---|
| 1 | 工业类 | 从事工业生产及加工等生产活动 | 排放生产加工过程产生的废水的各类工业企业 | 生产过程不产生废水或尽管产生但外运处理，只排放生活污水 | |
| 2 | 工程建设类 | 从事各类工程建设活动 | 排放施工场地内降雨径流、临时设施内生活污水、施工作业废水、抽排地下水 | — | |
| 3 | 餐饮类 | 从事各类型经营性餐饮服务活动 | 月用水量超过1000t（或经营面积大于200m²）的餐饮类企业 | 经营面积小于或等于200m²的餐饮类排水户且月用水量小于或等于1000t的餐饮类排水户 | |
| 4 | 医疗卫生类 | 从事医疗、医疗美容、卫生防疫、医疗保健、健康体检、检验（化验）等活动 | 排放医疗污水的综合医院、专科医院、中医医院、妇儿医院、检验（化验）中心、卫生防疫站、疗养保健院、疾病预防控制中心、医学美容整形医院等 | （1）独立的诊所、社康医院、口腔诊所、宠物医院（店）等小型医疗机构；（2）只排放生活污水的医疗机构 | |
| 5 | 科研类 | 从事科学实验、试验、检测等活动 | 排放化学、生物实验（试验、检测）废水的高校、科研机构及企事业单位 | — | |
| 6 | 汽车服务类 | 从事机动车维护修理、加油及洗车等经营性活动 | 提供维修服务的汽修厂（店） | （1）不提供维修服务的洗车场、洗车店；（2）加油站 | |

续表

| 管理分类生产经营活动类别 | | 定义 | 核发许可证 | 备案 | 备注 |
|---|---|---|---|---|---|
| 7 | 垃圾收集处理类 | 从事垃圾收集、分类、处理、回收等活动 | 生活垃圾（含餐厨废弃物）处理场、垃圾填埋、焚烧场、粪渣处置场、污泥处置场；涉及危险废物治理（含医疗废物）以及放射性废水处理等 | — | |
| 8 | 洗涤类 | 从事洗涤餐具衣物、桑拿、洗浴等经营性活动 | 月用水量大于1000t的餐具清洗、衣物、针织物（枕套、床单、被罩）清洗厂 | 桑拿、洗浴、足浴、按摩保健养生服务、理发及美容服务等场所 | |
| 9 | 住宿服务类 | 提供商业住宿等经营性活动 | 月用水量大于1000t或提供餐饮服务的宾馆、酒店、民宿、旅馆等 | 月用水量小于等于1000t且不提供餐饮服务的宾馆服务（酒店、宾馆、民宿、旅馆等） | |
| 10 | 畜禽养殖类 | 从事各类畜禽养殖经营性活动 | 奶牛、乳鸽、生猪等畜禽养殖 | — | |
| 11 | 综合商业服务类 | 提供各类商业服务如零售、餐饮、康体、娱乐等经营活动综合场所的经营活动 | 大型商业综合体、商业中心、商服楼内排水户通过共用接驳口集中排放生产经营污水 | — | 产权人或经营管理人统一办理排水许可证的，其内排水户无需分别办理 |
| 12 | 农贸市场服务类 | 从事农副产品、水产品交易活动或提供交易场所的经营活动 | 经营面积大于200m²或提供宰杀服务的农贸市场或生鲜超市 | 经营面积小于或等于200m²且不提供宰杀服务的农贸市场及小型生鲜超市 | |

### 7.7.2.3 加强排水执法管理

为进一步提高城市排水管理水平，应在源头管控和排水许可管理的基础上，通过建立常态化的排水管理和执法机制，进一步加强排水管网管理，尤其是对市政排水管网私搭乱接、"小散乱"排污等问题的管理。

从管理对象角度，主要针对的对象包括工业企业通过雨水管网偷排工业污水、沿街经营性单位和个体工商户污水私搭乱接、"小散乱"排污户污水直排等违法违规行为。

从管理措施角度，一是要强化多部门联动，生态环境、水务、城市管理、综合执法等部门要建立市政管网私搭乱接的联合溯源执法机制，成立执法队伍，完善联动机制，明确工作流程和职责分工。二是要加强日常执法，出台相应的惩治处罚措施，明确相关责任人、责令整改期限和逾期不改的处罚办法，按照严厉打击、关停取缔、规范提升的原则对污水直排、未经批准擅自纳管、工业企业偷排等行为开展联合执法和立查立改；杜绝工业企业通过雨水管网偷排工业污水；规范沿街经营性单位和个体工商户污水私搭乱接行为，加强对"小散乱"排污户的监管。三是要提高执法效率，做好执法记录，综合运用水样采集保存、水质水量监测、视频影像记录等多种手段，做好执法记录，加大处罚力度，形成有效震慑。四是要强化社会参与，加大对排水违法行为的公开曝光力度，主动接受社会监督，在政府网站公开本地区"散乱污"企业排查整治明细表，每月公开整治进展情况。五是要做好信息登记和宣传工作，做好工业企业、沿街商铺等名称、地址、经营项目、排水量、主要污染物、处理设施、排口位置等信息登记，规范排水排污宣传工作，提高全社会持证排水、持证排污意识。

方案编制时，应主要从是否建立常态化的排水管理和执法机制，以及相应的管理和执法机制是否长期有效落实等方面进行分析，并提出合理化建议。

### 7.7.2.4　加强入河排污口监管

加强入河排污口监督和管理，既是加强水环境治理的要求，也是强化排水管网管理和溯源执法的工作基础，具有重要意义。

一是要开展水体沿岸排污口排查，摸清底数，明确责任主体，逐一登记建档和树立标识牌。二是要建立排污口定期监测机制，建立企业、工业园区排污情况和治污设施的日常监督监管机制，各排污口责任单位要按照法律法规和监测标准要求规范开展自行监测；相关监管单位要建立与辖区相匹配的监测能力，并按规定开展监督性监测工作。

方案编制时，应主要从是否建立入河排污口监管机制，以及相关监管机制是否长期有效运行等方面进行分析，并提出合理化建议。

### 7.7.2.5　加强管网质量监管

加强排水管网质量，尤其是管材质量、施工质量的有效监管，既是排水管理的基础性工作，同时也对提高城市排水管理水平、降低排水管理成本具有重要作用和意义。

一是要强化排水管材质量控制，有条件的情况下，提高混凝土预制管、球墨铸铁管材、玻璃钢加砂管等管材的使用比例，并注意承插口橡胶圈的质量监管。二是要强化工程质量监管机制，排水管网施工要有严格的工程质量控制措施，包括材质检验、施工过程监理、闭水（气）试验、隐蔽工程验收、移交等制度，且有严格施行的工作记录；尤其应注意管道基础、管道接口、沟槽回填、管道严密性检查等关键环节的质量控制。三是要强化管网养护质量控制，建立科学合理的管网日常养护制度，保障人员和资金合理投入；定期开展管网问题诊断和检测，及时发现水质水量异常情况和管网缺陷；科学制定养护计划和方案，及时开展问题修复，定期进行管网清淤，提高管网养护的针对性和有效性。

方案编制时，应主要从管材质量、施工质量、运维质量的监管机制是否健全，监管工作是否落到实处，以及监管档案资料是否完善等方面进行分析，并提出合理化建议。

### 7.7.2.6　建立黑红名单

为进一步加强排水设施建设质量管理，应加强采购、施工、运维相关单位的信用管理，不断建立和完善工程质量、材料质量等黑红名单制度。

一是将从事城市水环境治理的规划设计、施工、监理、运维单位及其法定代表人、项目负责人、技术负责人纳入信用管理，建立黑红名单，定期向社会公布。

二是严格控制建筑材料质量管理，对生产和提供不合格以及假冒伪劣建筑材料的，将其列入黑名单，禁止其产品在本地区建设工程中使用，定期在本地区甚至全国范围内进行通报或进行不良行为公示，同时报送工商、质监、公安等部门。

方案编制时，应主要从相关单位管理是否纳入信用管理体系，以及在信用管理中是否进行有效管理和定期公示等方面进行分析，并提出合理建议。

### 7.7.3 运维保障

实现水环境治理工作效果的长期维持，运维至关重要，只有规范化运营污水处理厂站、管网、河湖，才能够实现前期工程效益的最大限度发挥。

#### 7.7.3.1 "厂-网-河（湖）"一体化管理

厂-网-河（湖）是不可分割的有机统一体，对其运维要突出其系统性，通过联合调度、综合决策，同步实现水环境治理、污水提质增效和排水防涝等多目标。

厂-网-河（湖）一体化管理的优势在于：一是可以实现排水管网（渠）管理、污水处理、再生水利用、河道维护全过程的一体化，消除管理真空，建立责、权、利统一的考核体系，明晰政企责任。二是借助监测及检测统计分析运行规律，全面掌握厂-网-河（湖）的运行情况，不断调试优化运行工况，提高系统运行效率。三是对不同场景的排水情况进行预测，有效实现异常事件预警，辅助运营单位采取相应的应急措施。四是根据需要统一调度系统运行工况，为维护检修提供良好的作业条件。五是可以集中多头支配的资金，统筹调配，提高资金使用效率。因此优先采用厂-网-河（湖）一体化运营管理模式，对于不具备条件的，明确各单位运行管理职责、内容和要求。厂-网-河（湖）工作建议开展如下。

首先，要成立厂-网-河（湖）一体化推进工作领导小组。由市政府主要领导担任组长，发改、财政、规划、住建、水务、生态环境等相关部门主要领导为成员，调动全市力量，推进一体化运营改革工作，尽快明确统一的运营主体并完成移交。

其次，要完善厂-网-河（湖）运维标准和计价体系。在厂-网-河（湖）运营成本基础上，可按照固定的营利标准核定管养费用，也可将付费与管道健康运行状况（无淤堵破损、无高水位等）、河道水质、污水处理厂进出厂水质挂钩，定期进行绩效考核，按效付费。

第三，要建立监管考核体系。建立职责分明的监管考核分工机制，出台相关的考核办法和细则：一是明确各区、各部门在一体化运营中的职责，如生活排污、企业排污等。二是明确一体化运营单位的职责，如污水处理厂正常运营、管道定期清淤、河道垃圾定期打捞等。对照职责制定相关的绩效考核办法，并加强考核结果的运用，对各区和相关市直部门的考核结果可纳入全市综合绩效考核中，对运营单位的考核结果可作为运营费支付依据、下次同类项目运营投标加（减）分项等。

第四，要建立排水一体化调度信息管理系统。将厂-网-河（湖）的运行信息纳入统一平台进行管理，掌握日常运行规律，第一时间发现异常运行情况，实现预警功能并一定程度地提供异常事件解决方案，提高运营管理效率。

某中部城市成立专门推进小组,负责组织实施厂-网-河(湖)一体化工作方案,通过PPP模式公开招标,成功引进某水务公司作为运营单位,负责全市污水处理厂、排水管网的运维工作,并明确未来新增污水设施建设的运营模式(随道路新建的管网建成后移交项目公司养护管理,污水处理厂及单独管网项目由项目公司提出年度实施计划经相关部门审核通过后由项目公司实施)。考核由日常考核、季度考核组成,考核结果与运营费挂钩,由住建部门负责日常考核,由生态环境、住建和财政部门开展每季度考核。

#### 7.7.3.2 加强污水处理厂运营养护

一是从运营单位本身利益出发,需要保障污水处理厂正常运行,并通过加强管理减少运营成本。城镇污水处理厂要按照《城镇污水处理厂运行、维护及安全技术规程》CJJ 60—2011中的相关要求,建立健全污水处理设施运行与维护管理制度,对能源和材料的消耗准确计量,做好各项生产指标的统计,进行成本核算,进而不断优化工艺参数,降低运行成本。

二是从行业主管部门角度出发,要对污水处理厂的运行状况进行监控,按要求安装进出口流量和水质在线监测仪表,定期进行水质检测。保证出水水质能够稳定达标排放,进水水质能够达到设计要求;并根据长期的进水水质水量数据调整工艺参数,进一步降低运营成本。在雨污分流不彻底的地区,可以通过对进水水量水质的监测,掌握水量水质规律,进而能够在雨天时调整运行方式,如节约停留时间或简化处理工艺,提高处理规模,减少厂前溢流污染。也可以通过调整进水泵站运行方式,保证泵站前池水位低于进水管道管顶或更低,降低整个管道水位,为管道留出蓄水空间。通过调整泵站运行方式,降低管道水位的同时也能提高管道流速,减少污水在管道内降解,提高污水处理厂污染物去除效率,减少污泥在管道内淤积,降低合流制区域中合流制溢流发生时管道冲出的沉积底泥污染。

#### 7.7.3.3 加强管网系统养护管理

管网系统按照基础设施类别划分包括:雨污水管网、倒虹管、检查井、雨水口、盖板沟、化粪池、拍门、泵站及配套设备等。

**1.加强排水管道定期巡视**

巡视内容包括污水冒溢、晴天雨水口积水、井盖和雨水箅缺失、管道塌陷、违章占压、违章排放、私自接管以及影响管道排水的工程施工等情况。

(1)检查井:巡视内容包括外部检查10项和内部检查11项,见表7-21。

检查井检查要求示例          表7-21

| 外部检查 | 要求 | 内部检查 | 要求 |
|---|---|---|---|
| 井盖埋没 | | 链条或锁具 | |
| 井盖丢失 | | 爬梯松动锈蚀 | |
| 井盖破损 | | 井壁泥垢 | |
| 井框破损 | | 井壁裂缝 | |
| 盖框间隙 | 小于8mm | 井壁渗漏 | |

续表

| 外部检查 | 要求 | 内部检查 | 要求 |
|---|---|---|---|
| 盖框高差 | 盖不得高于框5mm，不得低于框10mm | 抹面脱落 | |
| 盖框凸出或凹陷 | 框不得高于路面15mm，不得低于路面15mm | 管口孔洞 | |
| 跳动和声响 | 车辆经过时不应出现跳动和声响 | 流槽破损 | |
| 井盖标识错误 | 标识必须与管道属性一致，分别标注"雨水""污水""合流"等标识 | 井底积泥 | 有沉泥槽的检查井允许积泥深度在管底以下50mm，无沉泥槽的检查井允许积泥深度为主管径的1/5 |
| 周边路面破损 | | 浮渣 | |

（2）雨水口：巡视内容包括外部检查和内部检查各9项，见表7-22。

雨水口检查要求示例　　　　　表7-22

| 外部检查 | 要求 | 内部检查 | 要求 |
|---|---|---|---|
| 雨水箅丢失 | | 铰或链条 | 完好 |
| 雨水箅破损 | | 裂缝或渗漏 | 禁止 |
| 雨水口框破损 | | 抹面脱落 | |
| 盖框间隙 | 小于8mm | 积泥或杂物 | |
| 盖框高差 | 盖不得高于框5mm，不得低于框10mm | 水流受阻 | |
| 孔眼堵塞 | 框不得高于路面15mm，不得低于路面15mm | 私接连管 | 禁止 |
| 雨水口框凸出 | 车辆经过时不应出现跳动和声响 | 井体倾斜 | |
| 异臭 | 不能有异臭 | 连管异常 | |
| 其他 | | 蚊蝇 | |

（3）倒虹管：过河倒虹管河床覆土不应小于0.5m，在河床受冲刷的地方，应每年检查一次覆土状况。对通航河道上设置的倒虹管保护标志应进行定期检查，保持其结构完好和字迹清晰。

（4）压力管：定期开盖检查压力井盖板，针对盖板锈蚀、密封垫老化、井体裂缝、管内积泥等情况，要及时维修保养。

（5）盖板沟：保持盖板不撬动、无缺损、不断裂、不漏筋、接缝紧密；无覆土的盖板沟相邻盖板之间的高差不应大于15mm；盖板沟的积泥深度不应超过设计水深的1/5；保持墙体无倾斜、无裂缝、无空洞、无渗漏。

（6）化粪池：定期清掏，保证粪污管道、粪管连接井、化粪池的畅通和完好，保证化粪池正常发挥作用，无过厚板结、浮渣和满溢现象。定期检查维护，保证化粪池无破损、无坍塌。

（7）泵站：泵站巡检包括运行中巡检和停止时巡检。运行中巡检包括水泵机组应转向正确，运转平稳，无异常振动和噪声；轴封机构不应过热，渗漏不得滴水成线；格栅前后水位差小于200mm等。停止时巡检包括轴封机构不得漏水，止回阀或出水拍门关闭时响声正常，柔性止回阀闭合有效等。

**2．定期对排水管道进行检查**

排水管道检查包括功能性状况检查和结构性状况检查。功能性缺陷包括沉积、结垢、障碍物、残墙坝根、树根、浮渣、沉积。结构性缺陷包括破裂、变形、腐蚀、错口、起伏、脱节、接口材料脱落、支管暗接、异物穿入、渗漏。

以功能性状况为主要目的的普查周期为1~2年一次；以结构性状况为主要目的的普查周期宜5~10年一次。流沙易发地区的管道、管龄30年以上的管道、施工质量差的管道和重要管道的普查周期可相应缩短。

7.7.3.4 加强河道日常运维

河道日常运维包括日常保洁、设施维护、生态修复、防汛应急、宣传工作等，各类工作要点如下。

**1．日常保洁**

（1）河面保洁：保持河道畅通，河道水面不被侵占，河底无淤积，河面干净整洁，无垃圾、枯枝落叶、水草、绿萍（种植物除外）等漂浮物。

（2）河岸保洁：对河岸、周边绿地、园路、景观桥、栈道、亲水平台等设施进行保洁，做到无杂物堆放、无乱扔垃圾、无积水积泥。

**2．设施维护**

（1）涉水设施维护：包括对沿线一体化泵站、闸门等设施的维护。需要定期或视情况对排渍泵站、防洪闸的启闭设施进行检查，尤其是汛期加强检查频次，避免造成上游壅水或洪涝灾害；定期对溢流口防倒灌闸或拍门进行检查和修复，避免雨天河道水位上升河水倒灌进入管道。

（2）基础设施维护：包括对河岸堤坝、挡墙、园路、景观桥、栈道、亲水平台、宣传牌、警示牌、标识牌、环卫设施等其他附属设施的维护。尤其是大雨、台风过后，需要进行全面检查，确保设施安全、完好。

**3．生态修复**

（1）水生动植物养护：对净化水生态的植物定期收割、清理、补植，达到吸收并去除污染物效果，对河道两岸原生态植物进行定期修剪、清理；对投放的水生动物视情况进行补充和更换。

（2）生态修复区域维护：对生态浮岛、人工湿地等复杂的生态修复区域还应根据各自的要求定期对相关装置进行维护，比如保证生态浮岛的固定装置完好，定期对湿地的格栅、各类工艺池进行清洗、滤料更换等。

### 4．防汛应急

制定应急处置预案，形成配套的应急处置机制，有效应对防汛应急事件。

### 5．宣传工作

设置水环境保护宣传栏、标语牌、河长牌、河道整治责任单位牌、排口标识牌、安全警示牌等。

#### 7.7.4 监测保障

##### 7.7.4.1 监测内容

根据水环境监测需求综合分析，对河道水系、管网节点、排口进行全过程监测，监测内容主要包括：

#### 1．河道水系监测

河道水系监测分为三部分：一是通过水质监测结果直接判别水质的好坏；二是通过水位监测分析倒灌风险并实现倒灌事件预警；三是通过视频监控实时掌握污染事件的发生情况。

（1）水质监测

水环境治理最终成效体现在水质改善上，因此通过对河道水系的水质检测表征河道水质。水质取样标准按照《地表水环境质量标准》GB 3838—2002中的相关要求，监测断面选择可参考以下内容进行选取。

1）取水口、国省监测断面、亲水平台区域等对水质有明确要求的点位。

2）可能存在污染严重的河段如排污口上下游、流经建成区上下游、流经工业区上下游、暗渠上下游、集中农村区域上下游、过河管上下游等。

3）支渠汇入河道上下游、河道入江或入海口。

4）其他区域可采取均匀布点的方式。

（2）水位监测

当河道水位高于排口管底标高时，存在河道水倒灌的风险，河道水进入排水系统占据管道空间，降低污水处理厂处理效率。不仅污水排口和合流制溢流口存在倒灌风险，混接雨水排口同样存在倒灌风险。因此，在河道混接排口、污水排口、合流制溢流口附近采取水位监测，掌握水位和排口管底的高差关系，分析倒灌风险，及时采取相关预案。

（3）视频监控

水环境治理或后期养护过程中存在很多影响水环境的行为，如乱扔垃圾、工业废水偷排、农田种植粪水倾倒、闸门违规开关、沿河一体化污水处理设施不正常运行等，这些行为一般持续时间短、发生频率高、随机性强，难以管控，可采取视频监控的方式辅助管养单位或相关部门进行监管（图7-45）。

图7-45 沿河视频监控示意图

## 2．黑臭水体监测

黑臭水体水质监测可参考《城市黑臭水体整治工作指南》中的相关要求进行布点，黑臭水体每200～600m间距设置检测点，每个水体的检测点不少于3个。

## 3．排水管网监测

水环境问题的核心在管网，管网健康运行是水环境改善的基础。管网及排口布点主要有以下几处。

（1）雨水管网关键节点，以排污雨水排口为末端，通过管网对其进行溯源，监测上游管网节点中雨水排口的晴天水质水量，协助查找污水混接雨水管点位。

（2）污水管网关键节点，分为两类：一类以污水直排口和合流制溢流口为末端，通过管网对其进行溯源，监测上游管网节点中晴雨天水量水质变化，协助查找雨水混接污水管点位。另一类以污水处理厂为末端，按"主干管–干管–支管"的顺序布设液位计，掌握污水管网液位变化规律，可结合污水处理厂厂前泵站运行模式，分析管道液位与泵前液位关系，进而提出低水位运行方案；或掌握晴雨天管道液位变化规律，结合河道水位与排口水位的关系，分析河水倒灌与管道液位的关系，提出低水位运行方案。

## 4．排口监测

重点排口水质水量监测为污染物分析、管网诊断提供依据，排口及排水管网监测布点示意图见图7-46。

（1）污水直排口：监测排口水质水量，掌握直排污染量的大小。

（2）合流制溢流口：监测溢流口水质水量，掌握合流制溢流的频次、污染量。

（3）雨水排口：监测晴天排口水质水量，掌握混接污水直排污染量的大小。

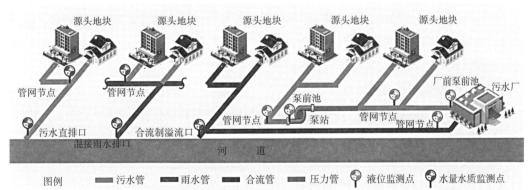

图7-46 排口及排水管网监测布点示意图

#### 5. 雨量监测

分片区开展雨量监测，获取与流量、液位同步的分钟级监测数据，作为数据分析的支撑数据。

##### 7.7.4.2 监测模式

监测模式可根据设备数量多少、投资大小，选择固定监测、轮换监测、临时监测。固定监测需要设备数量多，但监测数据完整，能够采集不同点位同一时期的数据，更有利于发现问题，提出科学的解决方案。轮换监测需要的设备量相对较少，同一设备在不同时期需要监测不同点位的数据，难以采集到不同点位在同一时期的数据，无法抵消不同时期其他因素的影响。临时监测更多是对治理过程中发现的一些突发或临时性问题进行监测，难以采集到长期数据。

选择监测模式时，应根据各地特点、点位监测需求详细分析后确定，可参考以下原则（表7-23）。

监测模式选择一览表

表7-23

| 监测模式 | 优点 | 缺点 | 推荐监测点位类型 |
|---|---|---|---|
| 固定监测 | 数据完整、同期性好 | 监测设备量多、投资大、养护较困难 | （1）重要河道断面监测；<br>（2）黑臭水体监测；<br>（3）污水直排口、合流制溢流口等有污染物排口；<br>（4）重要排水管网节点，如服务于安全预警或排水系统调度的点位 |
| 轮换监测 | 监测设备少，投资省 | 数据有一定随机性，无长期连续数据 | （1）混错接点位；<br>（2）雨水排口；<br>（3）排水管网，如服务于排水规律分析的点位 |
| 临时监测 | 机动、灵活 | 临时性数据，无长期性、连续性 | （1）临时发现河道水质问题；<br>（2）突发管网问题节点，如污水冒溢点等；<br>（3）突发排口问题节点 |

#### 7.7.5 资金保障

水环境治理是一项系统工程，项目类型多样，投资巨大，实施时要多方筹措资金，以保证项目建设和后期运维顺利进行。方案编制中，应根据各项目特点，合理选择项目资金来源、建设模式。

##### 7.7.5.1 统筹各项资金来源

资金来源可以分为三大类：政府投资、社会投资、政府和社会资本合作（PPP）投资。

#### 1. 政府投资

地方政府根据本地财政，积极制定资金筹措计划，主要包括：

（1）及时做好项目申报，加大向国家、省争取资金和政策扶持的力度。

（2）在有限的财力范围内，优先将水环境治理费用列入财政预算。

（3）有效协调各级财政，按照一定的比例形成市、区、街道共担局面。

（4）污水处理费未调整到位的，应尽快调整到位，同时应加大污水处理费征收力度，收取的污水处理费全部用于污水处理设施及管网建设和运维。

**2．社会投资**

充分调动社会力量参与，一是对于企事业单位、医院、学校等地块改造项目，严格落实雨污分流改造、海绵城市建设等与水环境治理相关的内容。二是按照污染者付费的原则，严格要求造成污染的企业采用合理合法的手段，解决自身的污染问题。

**3．政府和社会资本合作（PPP）投资**

合理采用PPP模式筹措水环境治理资金，将PPP项目入库，并在编制财政预算时，将PPP项目财政支出责任纳入预算统筹安排。

### 7.7.5.2 合理选择建设模式

水环境治理可采取的建设模式主要有三种：传统施工模式、EPC模式（设计-采购-施工总承包模式）、PPP模式（政府和社会资本合作模式）。

**1．传统施工模式**

传统施工模式的特点是设备采购安装成熟，可将不同阶段分给不同承包商。传统施工模式适用于设计不复杂的项目，且业主自有资金充足，由政府对设计、施工、采购单独招标，三个过程独立，互不影响，通过业主对项目整体实施进行协调，每个过程结束后业主支付相关费用，风险由业主和乙方共同承担。其优点是通过设计能够对工程造价进行预算，较准确地预估项目实施成本；缺点是设计、施工、采购主体不同，难以发挥设计的主导性，互相之间需要业主衔接协调，容易导致各程序之间衔接不流畅的问题，管理成本也较大。

**2．EPC模式**

EPC模式的特点一般是投资规模较大，专业要求高，设计施工可同时进行。EPC模式适用于投资规模较大、业主自有资金充足、专业要求高的大中型项目，由政府对设计、采购、施工进行一次性招标，项目结束后业主支付承包商费用，风险主要由承包商承担。其优点是整个项目可由设计牵头，充分发挥设计优势，设计、采购、施工无缝衔接，施工能给设计进行一定的反馈，促使设计具备更强的科学性和落地性，同时减少了传统施工中设计、施工两个不同单位的沟通反馈，避免了两方扯皮现象，也降低了管理成本；缺点是招标时没有详细设计作为参考，项目投资难以准确估算，容易出现招标价格与实际项目投资差别较大的情况。

**3．PPP模式**

PPP模式的特点是投资规模大，周期长，强调后期运营，有较好的融资属性。PPP模式适用于投资规模大、需求长期稳定、适合市场化的公共服务类项目。业主通过招标招入社会资本方，社会资本方与政府组成项目公司后，项目公司作为承建单位对项目进行投资建设，建设完成后进行一定期限内的运营维护。业主通过项目使用者付费和政府的可行性缺口补助分期对社会资本方支付项目建设费用和运维费用，依据项目公司自身职能合理承担风险。其优点是能够有效减轻业主资金压力，设计和施工可通过项目公司参与协调工作，有效降低管理成本和时间成本，业主主要行使监督权；缺点是社会资本方的融资成本较高，变相增加政府支付成本，长期运营合同缺乏足够的灵活性，且容易导致社会资本的经营垄断。

实 践 篇

# 第8章 厦门市新阳主排洪渠案例

新阳主排洪渠是国家部委挂牌督办的黑臭水体，也是马銮湾国家海绵城市试点建设的核心项目。该渠西起新景桥，东至新阳大桥，全长约4.3km，属典型的感潮河段。排洪渠自建成以来从未进行过系统化治理，渠底淤积严重、水体发黑发臭，生态系统遭到破坏，水体自净能力丧失。经过系统治理后，于2017年12月顺利消除黑臭，目前水质明显改善并保持稳定，水体生态系统建立并逐渐成熟，生物多样性增强。新阳主排洪渠治理过程中遵循系统化思维，将污水处理提质增效与黑臭水体治理相结合，实现水环境质量和污水处理效能的双重提升。探索出一条海绵城市理念引领下人水和谐的可持续发展道路，为南方滨海城市水环境治理提供借鉴参考。

## 8.1 区域概况

### 8.1.1 区位分析

厦门市地处东南沿海，位于福建省东南部，北部与泉州市，南部与漳州市接壤。西北部的大陆沿海地区有杏林湾和马銮湾切入其中，南面为九龙江口，形成了集美、杏林、海沧三个半岛，北部同安三面环山，一面临海。总体地势由西北向东南倾斜，西北、东南部是山体，中部是冲积平原。

新阳主排洪渠流域位于厦门市海沧区中北部，流域面积约33km²。

### 8.1.2 气候特征

厦门市属南亚热带海洋性季风气候，年平均气温在21℃左右。多年平均降雨量1530.1mm，年平均蒸发量为1651.3mm，在多雨的华南地区属少雨地区。厦门地区3~9月份为春夏多雨湿润季节，月降雨量一般为100~200mm，总降雨量占全年雨量的84%；10月至来年2月为秋冬少雨干燥季节，月降雨量一般为30~80mm（图8-1）。每年平均受4~5次台风影响，多集中在7~9月份。

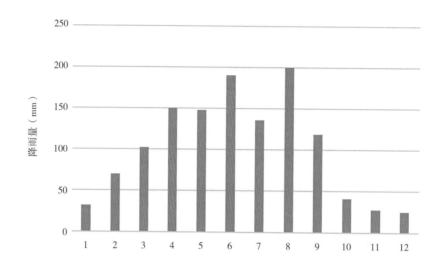

图8-1 厦门市多年平均月降雨量分布图

### 8.1.3 用地情况

新阳主排洪渠流域面积约33km²，流域地势南高北低，北部为建成区，开发强度较高。流域内现状建设用地面积18.30km²，以工业用地和城中村为主（图8-2）。其中，工业用地8.70km²，占比47.5%；城中村2.34km²，占比12.8%，城中村人口密度较大，平均约为7.4万人/km²。

图8-2 新阳主排洪渠流域范围图

### 8.1.4 河流水系

新阳主排洪渠位于厦门市海沧区中北部，西起新景桥，东至新阳大桥，末端与海域直接相连。河道源短流急，水量随季节变化大，旱季上游无清水补给，下游是感潮河段，流向往复，污染反复累积，治理难度较大。

**1．水系分布**

新阳主排洪渠全长约4.3km，宽20～80m，流域范围内主要河流水系自西向东分别为埭头溪、祥露溪、环湾南溪、新阳主排洪渠、1号排洪渠、3号排洪渠和5号排洪渠（图8-3）。其中，1号排洪渠、3号排洪渠和5号排洪渠为暗渠；河道下游与海域相连，为感潮河段，每日两次涨退潮。

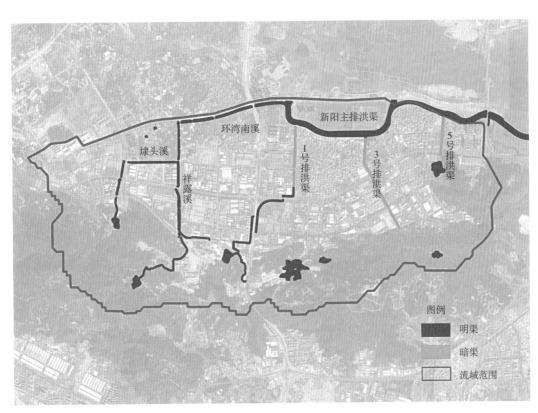

图8-3 新阳主排洪渠流域水系分布图

**2．水质情况**

新阳主排洪渠治理前长期受沿岸生活污水排放、合流制溢流污染、面源污染影响，河道水质呈明显恶化趋势（图8-4）。2015年10月（治理前）新阳主排洪渠水质检测数据见表8-1。

图8-4 治理前新阳主排洪渠严重污染状况

新阳主排洪渠2015年10月河道水质检测数据          表8-1

| 监测断面位置 | pH | SS (mg/L) | NH₃-N (mg/L) | TN (mg/L) | TP (mg/L) | COD_Mn (mg/L) |
|---|---|---|---|---|---|---|
| 起点(新景桥) | 7.68 | 216 | 8.63 | 16.90 | 0.71 | 21.44 |
| 上游(新垵村新阳学校) | 7.64 | 91 | 9.11 | 11.19 | 0.86 | 10.72 |
| 中上游(新光路) | 5.50 | 80 | 19.02 | 20.24 | 1.94 | 35.63 |
| 中游(霞阳村长安汽车店) | 7.18 | 8 | 21.40 | 22.91 | 1.64 | 40.82 |
| 下游(霞光路) | 6.74 | 22 | 16.79 | 18.63 | 1.21 | 39.18 |
| 终点(新阳大桥) | 7.18 | 23 | 2.99 | 5.01 | 0.13 | 28.87 |

### 8.1.5 排水系统

新阳主排洪渠流域范围内已建成区域基本采用雨污分流制,但沿线村庄仍为合流制。

#### 1. 污水系统

新阳主排洪渠流域属于海沧污水处理厂服务范围,海沧污水处理厂位于海沧区南部,现状规模10万m³/d,远期规模40万m³/d,厂区采用A²/O处理工艺,出水水质达到一级A标准。

流域内现状共6座污水泵站,区域内污水经新阳泵站统一提升至海沧污水处理厂进行处理(图8-5)。流域范围内已建成较为完善的污水排水系统,管线管径为300~1600mm,污水管线总长度76.22km,其中重力管长61.64km,压力管长14.58km。

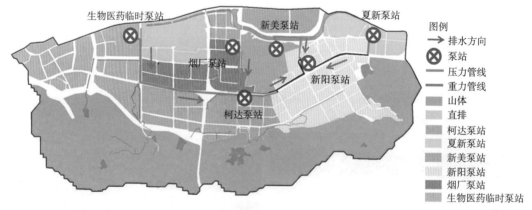

**图8-5** 新阳主排洪渠流域现状污水系统分区图

#### 2. 雨水系统

新阳主排洪渠流域范围内已建成较为完善的雨水排水系统,管线管径400~1800mm,共81.34km。区域内雨水均就近排入埭头溪、祥露溪、环湾南溪和新阳1、3、5号排洪渠,最终通过新阳主排洪渠汇入马銮湾。规划于孚中央区域新增DN800~DN1500雨水管线,新阳北路新增DN800~DN1000雨水管线(图8-6)。

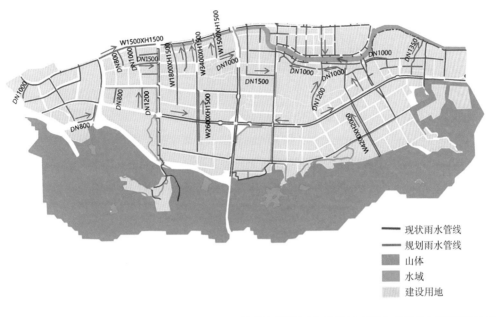

图8-6 新阳主排洪渠流域雨水管线图

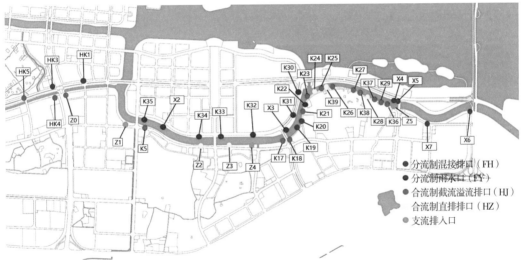

图8-7 流域排口分布图

### 3. 排口

流域内共40个排口，其中分流制雨水口13个，分流制混接排口4个，合流制直排排口5个，合流制截流溢流排口15个，支流排入口3个（图8-7）。

## 8.2 存在问题分析

新阳主排洪渠流域内城中村较多，村庄雨污水系统不完善，存在严重的城中村污水直排、合流制污水溢流问题；管理体制不健全，分流制雨污水混接问题同样突出，再加上硬化面积较大、城中村生活垃圾随意丢弃引起的面源污染和底泥淤积严重造成的内源污染，使新阳主排洪渠入渠污染负荷远超过河道水环境容量并不断增长，且河道缺乏生态基流，水体自净能力差，导致排洪渠水环境不断恶化。

### 8.2.1 点源污染

#### 8.2.1.1 合流制污水直排

新阳主排洪渠及上游沿线分布着新坡村、东社村、霞阳村、惠佐村、许厝村、祥露村、孚中央、山边洪村、湖头村，村庄排水系统为合流制，合流制污水直排情况严重（图8-8），导致合流制污水直排的原因主要有两个：

（1）新坡村、霞阳村未设化粪池和隔油池，排水管线淤积严重，截流井淤积高度已接近截流井中溢流堰高度，现状截污管道截污效果较差，大量生活污水直接排入新阳主排洪渠。

（2）祥露村由于海新路和灌新路施工配套建设的市政污水管网尚未能连通投入运营，导致目前这部分生活污水均直接或间接排入新阳排洪渠。

经测算，新阳主排洪渠流域合流制直排污染负荷共为1591.84t/a（以COD计），其中新阳主排洪渠产生的污染负荷最大，为1400.53t/a（以COD计），污染首先来源于霞阳村、新坡村、许厝等村庄的大量污水直排；其次是环湾南溪，污染负荷为105.52t/a（以COD计）；再次是3号排洪渠，污染负荷为73.80t/a（以COD计）；最后是祥露溪，污染负荷为11.99t/a（以COD计）（图8-9）。

图8-8 村庄污水直排情况

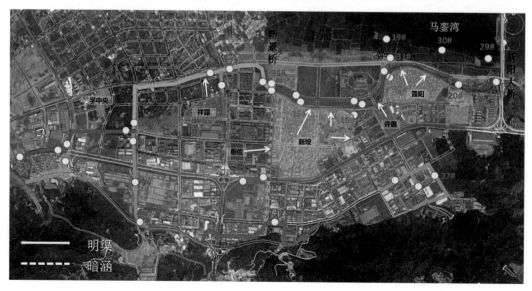

图8-9 新阳主排洪渠流域合流制直排污染分布情况

### 8.2.1.2 分流制混接

由于管理体制不健全，部分企业用户排污不经报批，随意接驳，特别是企业内的生活污水接入雨水管网，雨污水混流后进入河道，最终均流向新阳主排洪渠，加大了主排洪渠的污染状况（图8-10）。

分流制混接污染主要来源于翁角路以南的工业厂区和翁角路以北、新景路以西的工厂和小区（图8-11）。流域内共4个分流制混接排口，污水排放量约1.15万m³/d，COD浓度为184～322mg/L。经测算，流域分流制混接污染负荷为1449.44t/a（以COD计），其中3号排洪渠产生的污染负荷最大，为521.52t/a（以COD计），污染来源于渠道两侧的工厂；其次是1号排洪渠，污染负荷为500.98t/a（以COD计）；再次是环湾南溪，污染负荷为388.94t/a（以COD计）；最后是祥露溪，污染负荷为38.00t/a（以COD计）。

图8-10 污水混接入雨水管排放

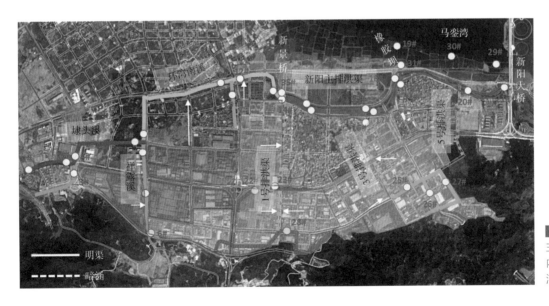

图8-11 新阳主排洪渠流域内分流制混接污染排放情况

### 8.2.1.3 合流制溢流污染

流域内新垵村和霞阳村存在合流制溢流污染，其中新垵村有3个截流式合流制排口，霞阳村有9个截流式合流制排口。通过模型构建新垵村和霞阳村的合流制溢流污染控制模型，采用2000～2010年的实测降雨数据进行模拟分析，发现新垵村溢流频次较高，年均溢流频次高于10%（表8-2），霞阳村整体溢流频次在10%以下（表8-3）。

新垵村各溢流排口现状年均溢流水量及COD排放量统计表　　表8-2

| 编号 | 总溢流次数（次） | 总入河水量（万m³） | 总入河COD量（t） | 年均溢流次数（次） | 年均入河水量（万m³） | 年均入河COD（t） | 溢流频次 |
|---|---|---|---|---|---|---|---|
| CSO1 | 301 | 255.5 | 616.5 | 27 | 23.2 | 56.0 | 24.4% |
| CSO2 | 1228 | 1655.0 | 3993.2 | 112 | 150.5 | 363.0 | 100.0% |
| CSO3 | 51 | 17.6 | 42.5 | 5 | 1.6 | 3.9 | 4.2% |
| 合计 | 1580 | 1928.1 | 4652.1 | 144 | 175.3 | 422.9 | — |

霞阳村各溢流排口现状年均溢流水量及COD排放量统计表　　表8-3

| 编号 | 总溢流次数（次） | 总入河水量（万m³） | 总入河COD量（t） | 年均溢流次数（次） | 年均入河水量（万m³） | 年均入河COD（t） | 溢流频次 |
|---|---|---|---|---|---|---|---|
| CSO1 | 134 | 75.6 | 186.6 | 12 | 6.9 | 17.0 | 10.9% |
| CSO2 | 301 | 285.4 | 704.1 | 27 | 25.9 | 64.0 | 24.4% |
| CSO3 | 69 | 9.1 | 22.4 | 6 | 0.8 | 2.0 | 5.6% |
| CSO4 | 229 | 100.1 | 247.0 | 21 | 9.1 | 22.5 | 18.6% |
| CSO5 | 55 | 9.6 | 23.6 | 5 | 0.9 | 2.1 | 4.5% |
| CSO6 | 102 | 24.8 | 61.3 | 9 | 2.3 | 5.6 | 8.3% |
| CSO7 | 114 | 59.0 | 145.6 | 10 | 5.4 | 13.2 | 9.3% |
| CSO8 | 47 | 9.5 | 23.5 | 4 | 0.9 | 2.1 | 3.8% |
| CSO9 | 103 | 27.6 | 68.0 | 9 | 2.5 | 6.2 | 8.4% |
| 合计 | 1153 | 600.8 | 1482.1 | 105 | 54.6 | 134.7 | — |

### 8.2.2　面源污染

流域范围内建设用地以工业用地为主，其次是城中村。工业用地主要分布在翁角路两侧（图8-12），厂内地面硬化率高，形成径流的时间短，对污染物的冲刷强烈，地表污染物冲刷至雨水管道后排放至河道，造成水质污染。

流域范围内有9个自然村（图8-13），城中村建筑密度过大，且硬质下垫面占绝大多数（图8-14），大量生活垃圾和民用建筑材料垃圾堆放在城中村内。降雨时，雨水冲刷地面上的固体废弃物和生活垃圾，也是面源污染的一大来源。

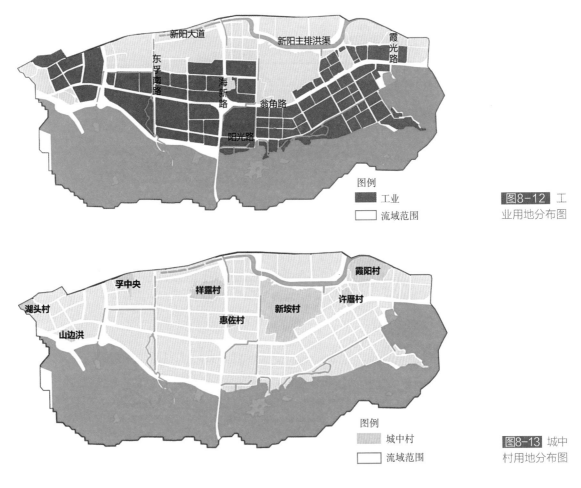

图8-12 工业用地分布图

图8-13 城中村用地分布图

图8-14 改造前村庄下垫面情况

经测算，新阳主排洪渠流域面源污染负荷为1459.6t/a（以COD计）。其中3号排洪渠、1号排洪渠、环湾南溪、祥露溪和新阳主排洪渠的面源污染问题相对较为突出，这几条河道流域范围内的面源污染总量为1337.93t/a（以COD计），占新阳主排洪渠流域面源污染总量的91.66%（表8-4）。

| 序号 | 流域名称 | 面源污染总量（COD，t/a） |
|---|---|---|
| 1 | 埭头溪 | 85.81 |
| 2 | 祥露溪 | 203.57 |
| 3 | 环湾南溪 | 262.26 |
| 4 | 1号排洪渠 | 322.08 |
| 5 | 3号排洪渠 | 346.68 |
| 6 | 5号排洪渠 | 35.86 |
| 7 | 新阳主排洪渠 | 203.34 |
| 合计 | | 1459.6 |

河道面源污染排放量统计表　　　　表8-4

### 8.2.3　内源污染

新阳主排洪渠因城中村大量污水直排、生活垃圾肆意堆积等原因，水体中大量污染物沉积于河道底泥中，污染物通过底泥的释放，在物理、化学和生物等一系列作用下，重新释放进入水体，使水质恶化。

新阳主排洪渠全段及环湾南溪下游段底泥淤积严重，淤积长度4.9km，淤泥厚度最高处约2m，平均厚度小于1m（图8-15）。

图8-15 新阳主排洪渠河道底泥淤积

### 8.2.4　水环境容量

新阳主排洪渠为季节性河道，雨枯季径流差异大，旱季缺乏补水水源，雨季汇集的径流雨水快速排走，不易收集和储存，水体自净能力较差。此外新阳主排洪渠为感潮河道，渠内水环境复杂，属咸淡水交替水系，不利于渠内生态系统的稳定，也为后续的生态治理造成一定的困难（图8-16）。

图8-16 改造前新阳主排洪渠连通口

新阳主排洪渠及其上游河道两侧多为水泥、浆砌石等硬质护岸，河道自然本底遭到破坏，生态系统脆弱。

采用完全混合模型对流域水环境容量进行估算。新阳主排洪渠上游河道来水水质整体较差，估算时认为上游河道来水水质低于计算河段的目标水质，即现状的稀释容量为零，河流具有的自净容量即为河流的环境容量。经计算，流域雨季水环境容量为2162.07t/a（以COD计），旱季水环境容量为411.82t/a（以COD计），详见表8-5。

河道水环境容量统计表　　　　　　　　　　　表8-5

| 河道名称 | 水环境容量 | | | | | |
|---|---|---|---|---|---|---|
| | COD（t/a） | | NH₃-N（t/a） | | TP（t/a） | |
| | 雨季 | 旱季 | 雨季 | 旱季 | 雨季 | 旱季 |
| 埭头溪 | 144.11 | 27.45 | 5.31 | 1.01 | 1.06 | 0.2 |
| 祥露溪 | 203.57 | 38.77 | 7.5 | 1.43 | 1.5 | 0.29 |
| 环湾南溪 | 125.27 | 23.86 | 4.61 | 0.88 | 0.92 | 0.18 |
| 1号排洪渠 | 111.94 | 21.32 | 4.12 | 0.79 | 0.82 | 0.16 |
| 3号排洪渠 | 119.01 | 22.67 | 4.38 | 0.84 | 0.87 | 0.17 |
| 5号排洪渠 | 52.43 | 9.99 | 1.93 | 0.37 | 0.39 | 0.07 |
| 新阳主排洪渠 | 1405.74 | 267.76 | 51.79 | 9.87 | 10.36 | 1.97 |
| 合计 | 2162.07 | 411.82 | 79.64 | 15.19 | 15.92 | 3.04 |

综上污染分析，新阳主排洪渠流域污染负荷贡献以直排污染负荷比重最大，占比31.44%；面源污染负荷比重其次，占比28.83%（表8-6）。流域内埭头溪、祥露溪、5号排洪渠的主要污染源是面源污染；环湾南溪、1号排洪渠、3号排洪渠主要污染源是分流制混接；新阳主排洪渠主要污染源是合流污水直排。

**各河道现状污染负荷贡献数据表**　　　表8-6

| 流域名称 | 现状污染负荷贡献（t/a，占总污染负荷比例） | | | | |
|---|---|---|---|---|---|
| | 面源 | 内源 | 分流制混接 | 直排 | 合流制溢流 |
| 埭头溪 | 99.73% | 0.27% | — | — | — |
| 祥露溪 | 80.18% | 0.13% | 14.97% | 4.72% | — |
| 环湾南溪 | 34.65% | — | 51.38% | 13.94% | |
| 1号排洪渠 | 39.13% | 0.01% | 60.86% | | |
| 3号排洪渠 | 36.74% | 0.01% | 55.27% | 7.82% | 0.17% |
| 5号排洪渠 | 99.83% | 0.17% | — | — | — |
| 新阳主排洪渠（本段） | 11.72% | 0.20% | — | 80.71% | 7.37% |
| 合计 | 28.83% | 0.09% | 28.63% | 31.44% | 11.01% |

## 8.3　治理目标及技术路线

### 8.3.1　治理目标

#### 8.3.1.1　主要目标

通过系统的水系综合治理工程体系建设，解决水体黑臭等核心问题，实现"河畅、水清、路通、景美"的内河治理目标。改善水体水质、优化沿岸环境和景观，改善城市开放空间和步行空间体系，优化城市生态廊道，强化山水城市的水系格局，促进社会、经济和生态效益的协调发展。

#### 8.3.1.2　分项指标

为科学、合理、有效地治理新阳主排洪渠流域污染问题，根据新阳主排洪渠及其支流污染主要成因，将主要目标分解为4项指标，即：

（1）旱天污水全部截流。

（2）合流制溢流次数控制在10%以内。

（3）面源污染削减45%以上。

（4）"清水绿岸、鱼翔浅底"比例达到60%以上。

### 8.3.2　技术路线

新阳主排洪渠流域黑臭水体治理遵循系统化思维，从减少入河污染和提升自净能力两方面着手。首先，抓住主要矛盾，建设以污水"全收集、全截流、全处理"为核心的污水提质增效系统，保证旱天污水不入河，构建溢流污染控制体系，保证雨天污水少溢流；同时重构水生态系统，增设生态雨水台地，提升河道自净能力，打造河道滨水景观环境。构建污水提质增效、控源截污、内源治理、生态修复、活水保质等工程体系，同时利用水质模型，评估方案的合理性和科学性，反复调整优化，保障水体水质稳定提升。

治理过程立足于"长制久清",充分调动各部门及社会各界力量参与治河、爱河、护河。通过搭建市区联动的组织架构,严格落实河长制、考核问责机制、排水许可及排污许可,部门联合执法监管等提供制度保障;通过强化排水设施维护管养、优化河道日常管养模式提供运维保障;构建"厂-网-河"全流程监测系统和排水设施智慧调度系统,提供科学化、智慧化管理保障。

主要技术路线(图8-17)可以概括为以下几个方面:

(1)完善污水设施布局,确保污水得到处理。
(2)污水系统提质增效,提升污水处理效能。
(3)问题排口精准截污,全面控制点源污染。
(4)推进海绵城市建设,有效削减面源污染。
(5)淤积河道清淤疏浚,完善垃圾收运体系。
(6)推进河道生态修复,提升沿岸景观效果。
(7)增加优质水源补给,提高河道自净能力。
(8)完善长效管理机制,实现河道"长制久清"。

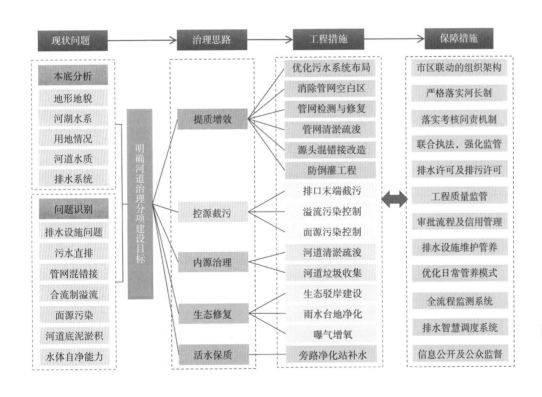

图8-17 新阳主排洪渠治理技术路线图

## 8.4 系统化治理方案

新阳主排洪渠位于工业企业和城中村密集的老城区,受固有基础设施和用地条件限制,其水环境治理不能"就水论水",而应立足流域从源头着手,理顺排水体系,完善管网系统,实现污水系统提质增效,从源头减少污染负荷入河量。在此基础上,按照"控源截污-内源治理–生态修复–活水保质"的总体技术路线，制定系统的新阳主排洪渠治理工程体系，多种措施协同推进，实现新阳主排洪渠水环境治理目标。

新阳主排洪渠流域内除城中村为合流制外，其他建成区域均为分流制。合流制区域主要采取排口末端截污、合流制溢流污染控制等措施解决污水直排及溢流问题，分流制区域主要采取雨污混错接改造、面源污染控制等措施解决点源和面源污染问题。

### 8.4.1 污水处理提质增效

以新阳主排洪渠流域为治理对象，随着控源截污工作的开展，污水处理厂收集污水量逐步增加，为满足远期污水处理需求；提升污水处理能力，在流域内开展管网检测与修复、管网清淤疏浚、防倒灌整治等工作，提升污水处理系统效能。

#### 8.4.1.1 优化污水系统布局

随着马銮湾新城开发建设并考虑到新阳主排洪渠治理工程截流的污水量，现状污水处理厂规模将无法满足远期污水处理要求，因此需对污水设施能力进行提升。在流域内新建1座再生水厂（马銮湾再生水厂），一期规模5万m³/d，二期规模13.7万m³/d，用于处理海沧北片区的生活污水，尾水经净化后排入河道补水；对现状海沧污水处理厂进行扩建，新增处理规模10万m³/d。对流域内3座泵站进行扩建，改造后新增污水提升规模10.8万m³/d，其中新阳泵站新增规模4.3万m³/d；夏新泵站新增规模2万m³/d；新美泵站新增规模4.5万m³/d。

污水处理厂扩建及马銮湾再生水厂一期建设完成后，污水处理能力提升15万m³/d，新阳、夏新、新美泵站扩建完成后，污水收集能力提升10.8万m³/d，能满足2025年前片区开发建设要求（表8-7）。

**污水设施规模调整统计表（万m³/d）**　　　　　　　　表8-7

| 污水设施 | 现状规模 | 规划规模 | 新增规模 |
| --- | --- | --- | --- |
| 海沧污水处理厂 | 10 | 20 | 10 |
| 马銮湾再生水厂 | — | 5（一期）<br>13.7（二期） | 5（一期）<br>13.7（二期） |
| 新阳泵站 | 4.3 | 8.6 | 4.3 |
| 夏新泵站 | 1 | 3 | 2 |
| 新美泵站 | 1.5 | 6 | 4.5 |

#### 8.4.1.2 新建泵站及污水管网

流域内部分片区污水无出路，直排河道，为完善该片区污水系统，减少污水直排排入水体，提高污水收集率与处理率，在片区内新建1座污水泵站（马銮泵站）并配套建设进、出水管道。泵站主要服务于海沧区新阳西片区、东孚片区、一农片区等。项目建成后，完善了片区污水系统，减少了污水直排进入自然水体的水量，同时提高了污水收集率与处理率，进一步提高了片区环境质量。

图8-18 马
銮污水泵站及
进出水管线区
位图

马銮泵站位于海沧区东孚东二路与灌新路交叉口西南地块，一期规模5.61万m³/d，二期规模10万m³/d。进水重力管道沿东孚东二路北侧铺设至东孚南路，管径1400mm，管道长度约1.4km；出水压力管紧邻排洪渠，横穿新景路，沿新阳北路、新光路敷设，最后接入新阳泵站，出水管管径1000mm，管道长度约3.4km（图8-18）。

### 8.4.1.3　雨污混错接改造

新阳主排洪渠流域存在不同程度的雨污混接问题，污水混入雨水管道后排入水体，造成水体污染；雨水混入污水管道，降低了污水设施的效能。

对新阳主排洪渠周边所有雨水井进行排查，发现64个雨水井晴天有明显出水（出水量不大），来水涉及新阳工业区51家工业企业。对上述51家工业企业厂区内外的雨水、污水管网进行全面检查，发现其中44家企业存在雨污混接的问题，其中厂区内生活污水混接的企业有38家，厂区外管网错接的企业有3家，在建施工工地施工废水流入雨水管的企业有3家。对此44家企业的混错接改造，解决了4个分流制混接排口污水直排问题，收集污水1.15万m³/d。

对分流制雨污混接，主要用行政手段解决，由环保部门牵头督促流域内相关工业企业进行整改，改造雨污水管线混接点，实现雨污彻底分流。

### 8.4.1.4　管网检测修复

采用闭路电视监测、管道潜望镜等视频检测手段，对流域范围内70km管网、4000多个检查井进行精细化、全覆盖摸排。主要检查管道构造完好程度及管道内部状况，查明排水管道内部结构性缺陷（如管道破裂、塌陷、变形、错位或脱节等）和功能性缺陷（如淤积、结垢、异物、垃圾、树根等）（图8-19）。

根据管网检测结果，对存在缺陷的管网进行修复，共修复8km管道。主要管网修复工艺有：不锈钢双胀环修复工艺、局部现场固化工艺、现场固化内衬修复工艺（CIPP）、土体注浆辅助修复工艺等（图8-20）。

图8-19 管道破裂与管道异物穿入

图8-20 管网检测与修复

#### 8.4.1.5 管网清淤疏浚

新阳主排洪渠流域范围内部分暗涵和村庄污水管线因缺乏常态化管养，管道淤堵严重，输送能力大打折扣，亟须对管网进行清淤疏浚。通过开展管网摸排检查，制定疏浚方案，采取吸泥、高压清洗、人工清淤、清运等措施对管道内部彻底清理。共对新阳北路暗涵、新景路暗涵及6个村庄污水管线进行清淤，总长31.1km（表8-8、图8-21）。

管线疏浚表 表8-8

| 类型 | 村庄/道路名称 | 管道疏浚长度（m） |
|---|---|---|
| 村庄 | 霞阳村 | 6300 |
| | 许厝 | 2500 |
| | 新坂村 | 7800 |
| | 东社 | 4200 |
| | 祥露村 | 8800 |
| | 惠佐 | 300 |
| 道路 | 新阳北路 | 800 |
| | 新景路 | 400 |
| 合计 | | 31100 |

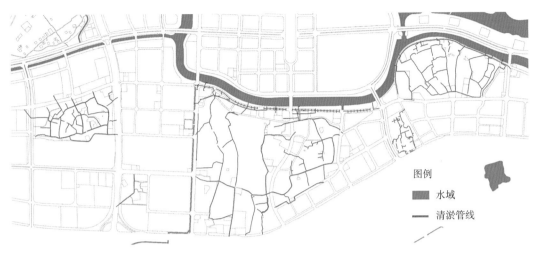

图例

▇ 水域

—— 清淤管线

图8-21 清淤疏浚管线分布图

#### 8.4.1.6 防倒灌工程

新阳主排洪渠为感潮河段，每天两次涨退潮，涨潮时水位上升，部分合流制排口的标高低于涨潮水位，需设置防倒灌设施，防止海水倒灌入污水管道。

经统计，共4个排口需设置防倒灌设施，这些排口位于新阳主排洪渠霞阳村段，综合考虑现场条件、费用、用途等，选择玻璃钢防倒灌拍门。

### 8.4.2 控源截污

#### 8.4.2.1 排口末端截污

开展新阳主排洪渠沿线污水截流工程及上游排口截污工程，共改造问题排口16个，截流污水量约1.45万m³/d。新阳主排洪渠流域截污系统涉及霞阳、许厝、新垵、祥露四个村庄，由于河道周边均有现状市政污水管网，对各排口进行截污，就近接入市政污水管线（表8-9）。采用精准截污的方式，仅截流污水，通过新建截污管补充管网短板，完善流域排水系统，消除污水直排口。

<table>
<tr><td colspan="3" align="center">新阳主排洪渠流域排口截污方案　　　　　　　　　　　表8-9</td></tr>
<tr><th>村庄</th><th>排口编号</th><th>改造方案</th></tr>
<tr><td rowspan="3">霞阳村</td><td>K21、K23、K25、K26、K28、K36、K38</td><td>新增截污井及DN300截污管，将污水截入霞光北路DN800截污干管</td></tr>
<tr><td>K24、K39</td><td>将错接的污水管改接至霞光北路截污干管</td></tr>
<tr><td>K27、K29、K37</td><td>截污井清淤，加高截流堰</td></tr>
<tr><td>许厝村</td><td>K17、K18</td><td>新增截流井及DN300截污管，将污水接入霞阳南路DN500污水主干管</td></tr>
<tr><td>新垵村</td><td>Z3</td><td>新建1座沉砂坑、1座截流坑及DN500截污管，将污水截入DN500新阳北路污水干管</td></tr>
<tr><td>祥露村</td><td>Z0</td><td>新增1座截流井及DN400截污管，将污水截入马銮泵站</td></tr>
</table>

#### 8.4.2.2 溢流污染控制

新阳主排洪渠主要溢流点为新坡村和霞阳村，其中霞阳村合流制排口12个，新坡村合流制排口3个。经模型模拟，霞阳村进行截污改造后，年溢流频次可以控制在10%以内，满足溢流污染控制要求；新坡村截污改造后，年溢流频次为56%，不满足要求。因此，霞阳村不需要增加其他工程，新坡村需增加末端调蓄设施，对溢流污染排放进行控制。

通过模型对新坡村各排口溢流量、调蓄池体积利用及溢流情况进行综合分析，测算初步设定调蓄池规模和预设排空机制下年溢流总量的情况；对不满足条件的容积进行多次调整模拟，同时综合考虑实施条件和经济效益，从而确定最优规模。经分析，若要满足溢流频次控制要求，需新增调蓄容积14000m³。在新坡村北侧修建1号调蓄池，有效容积为6000m³；东侧修建2号调蓄池，有效容积为8000m³（图8-22～图8-24）。经模型模拟，调蓄池建成后，新坡村合流制排口的年溢流频次小于10%，年均COD排放量为75.56t/a，满足要求。

#### 8.4.2.3 面源污染控制

根据定量化分析计算，为实现新阳主排洪渠治理目标，需削减面源污染（以SS计）729.76t/a，其中，需通过源头削减656.78t/a（削减率为45%），通过末端削减72.98t/a（削减率为5%）。

为达到削减目标，源头改造方面，采用资料研读、现场踏勘、业主座谈、问卷调查相结合的方式，综合考虑场地改造条件、地块现状问题、业主改造意愿等因素，综合评估地块海绵改造的可行性，筛选改造项目，确定源头海绵改造项目工程清单（图8-25）。末端削减方面，需新增雨水台地、一体化设备等末端净化设施，对径流污染进行控制，通过定量分析计算确定雨水台地及一体化设备规模。

**图8-22** 新坡村调蓄池分布图

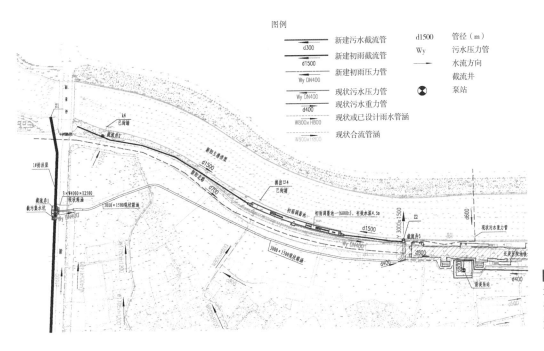

图8-23 新坡村6000m³调蓄池平面布置图

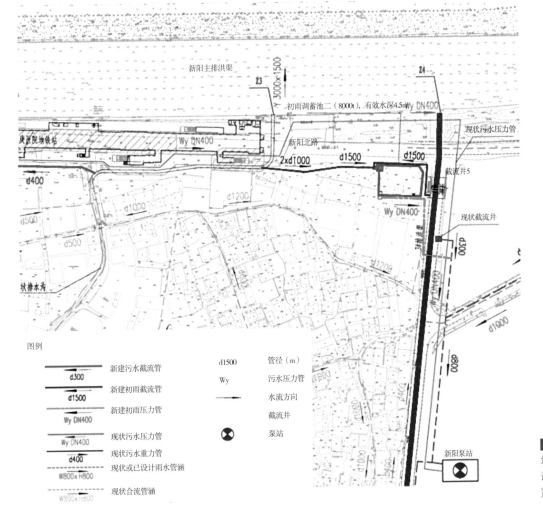

图8-24 新坡村8000m³调蓄池平面布置图

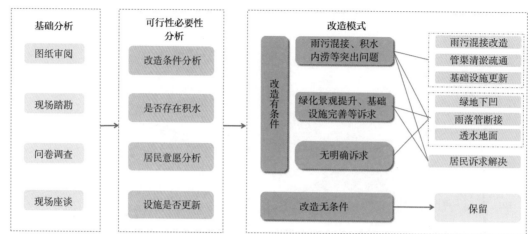

图8-25 源头改造项目筛选分析思路

新阳主排洪渠流域海绵城市项目均位于马銮湾海绵城市建设试点区内，根据面源污染削减目标，基于项目场地改造条件，将目标任务分解至可改造项目地块内，生成源头海绵改造项目清单，设定各改造项目指标要求。

流域范围内共布置源头海绵化改造项目105个，其中公园绿地4个、公建设施10个、工业厂房47个、市政道路37个、建筑小区7个（图8-26、图8-27）。模型模拟分析结果显示，源头改造项目完成后，可达到源头面源污染（以SS计）削减率45%的目标要求。考虑到末端雨水台地、一体化净化设备的净化能力，整体面源削减率可达50%。

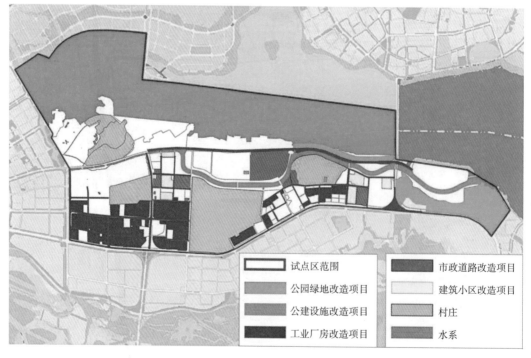

图8-26 源头海绵项目分布图

图8-27 海绵城市项目实景照片

### 8.4.3 内源治理

根据新阳主排洪渠污染底泥采样分析结果，对新阳主排洪渠环湾南溪口至翁厝涵洞入海口段全长4.9km河道进行清淤，清淤深度0.68～1.55m，清淤总量25.9万m³，清淤施工分为三段开展（图8-28）。

图8-28 新阳排洪渠清淤

（1）设计起点（环湾南溪）至新景桥：本段范围渠道较宽，采用定制小型绞吸船施工，中间设置接力泵，沿着渠岸通过管道输送至C形沉淀池，再通过绞吸船管道输送到4号岛及5号岛。

（2）新景桥至马二桥：本段范围同样采用定制小型绞吸船施工，中间设置接力泵，沿着渠岸通过管道输送至C形沉淀池，再通过绞吸船管道输送到4号岛及5号岛。

（3）马二桥至设计终点（新阳大桥翁厝涵洞）：起点至新景桥段清淤完毕后，将定制绞吸船移至马二桥至设计终点进行施工。中间设置接力泵，沿着渠岸通过管道输送至C形沉淀池，再通过绞吸船管道输送到4号岛及5号岛。

另外，在新景桥、长庚医院桥下、护岸铺砌段的护岸铺砌外5m范围内（距离护岸不小于15m），表层淤泥采用水上挖掘机盘入绞吸船施工范围，但其底层淤泥预留不小于0.3m，采用人力控制高压水枪工艺将淤泥吹至绞吸船施工范围。

### 8.4.4 生态修复

（1）雨水台地

结合末端面源污染控制需求，沿河道两岸构建雨水台地，对雨水及河水进行处理，共建设雨水台地16000m²。雨天，将新坡村调蓄池（规模6000m³）的调蓄水量送至一体化设备进行处理后，排至雨水台地进一步净化，削减入河污染负荷（图8-29）。

雨水台地参照人工湿地进行设计，台地流态采用垂直流，根据现状地形高差，共设置3级至5级不等，每级间用浆砌条石挡墙隔离，台地池深1.8m。雨水台地内种植芦苇等去污能力强、耐盐碱植物，台地挡墙作为进入台地的步行道网络，提升游人参与性，具有科普功能（图8-30）。

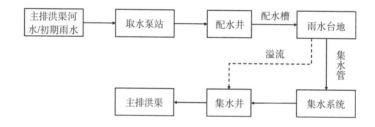

**图8-29** 雨水台地工艺流程图

**图8-30** 雨水台地实景图

（2）生态绿岛及生态驳岸

为确保水质净化效果，在新阳主排洪渠上游新建15处生态绿岛，强化河道自净机能，提升水环境容量。同时，结合新阳主排洪渠沿线场地条件，在河道右岸新景路、霞飞路附近河段与河道左岸乐活岛下游河段进行生态驳岸建设，共新建生态驳岸0.7km。同时，将水环境治理与河岸景观提升相结合，治水的同时新建沿河步道4.17km，新增公园广场2处，总面积26.84hm²，构建良好的滨水空间（图8-31）。

图8-31 生态绿岛及生态驳岸实景图

（3）曝气增氧

为改善水体水质，强化台地处理效果，同时保持水体一定的流动性和溶解氧含量，对河道进行曝气增氧。综合考虑有机物耗氧、硝化耗氧、底泥耗氧和大气复氧等因素，按照组合推流反应器模型计算需氧量。考虑到新阳主排洪渠雨季行洪功能和咸淡水交替的现状，选择推流曝气机156台进行河道曝气。同时考虑景观效果，选择浮水喷泉式曝气机7台，沿现状桥两侧布设（图8-32）。

图8-32 浮水喷泉式曝气机

### 8.4.5 活水保质

新阳主排洪渠远期以马銮湾再生水厂的尾水作为生态补水水源，考虑到马銮湾再生水厂尚未建成，近期以调蓄池内调蓄水量为水源，并构建河道自然循环补水系统。

在新垵村调蓄池（规模6000m³）西侧，建设一体化旁路净化设备（规模10000m³/d）。雨天从新垵村调蓄池取水，经一体化设备处理后送至雨水台地，经雨水台地净化处理后就近排入主排洪渠进行补水（图8-33）。

图8-33 一体化设备生态补水

## 8.5 管理保障措施

### 8.5.1 部门联动，在建设管理上同心协力

一是加强领导重视。海沧区高度重视黑臭水体治理，积极动员，迅速成立区委、区政府主要领导任组长的海沧区流域综合治理和海绵城市建设工作领导小组，分管区领导驻扎现场，高标准规划、严要求推动，建立集中统一的"指导-协调-监管"责任机制，做到指导明确、协调有力、监管到位。

二是强化部门联动。统筹发改、财政、建设、水利、城管、环保等多个治水核心成员单位，集中一线办公。发改、财政开辟绿色通道，优先保障治水项目立项、投资；其余部门按照各自职责推进项目建设、监管、执法，强化协调配合，形成工作合力。

三是统筹各级关系。采取"市指导、区实施、街道配合"的建设模式，建立稳定的协调制度、明确的权责边界，避免互相扯皮推诿。在项目质量监督上，突破固有思维，创新采用市建设局、市水利局、市市政园林局及区建设局等四家监督机构联合监督的模式，保质保量推进项目建设。

四是协调政企权责。协调政府、区级国企和社会企业之间关系，建立政府负责协调统筹、区级国企负责日常应急和后期管理、社会企业负责保证工程质量和进度的工作模式，三者之间关系清晰明确，互相配合保证项目进展。

五是提高反应速度。组建微信调度工作群，建立快速反应机制，利用"互联网+"强化黑臭水体治理建设管理，各参建单位群里反馈问题，区领导作出指示后，建设、城管、环保、街道等有关部门同步响应，各司其职、高效处置。

### 8.5.2 系统谋划，在技术体系上寻求突破

一是坚持顶层系统谋划。新阳排洪渠的治理以"水环境改善、水生态修复、水安全提升"三大目标为抓手，坚持陆海统筹、河海共治，按照"根源在岸上、核心在管网、关键在排口"的治理思路，立足流域综合统筹，编制水环境系统化治理方案。

二是充分利用海绵理念。在工程安排中，协调好源头、过程、末端之间的关系，按照"灰绿结合、绿色优先"的要求统筹灰色和绿色基础设施的关系。对上游地块进行海绵化改造，对沿线问题排口进行截污纳管、末端调蓄，建设海绵型带状公园，兼顾近期和远期，优化整体投资。

三是强化科技体系支撑。充分发挥市海绵办一体化管控平台，对源头减排项目、沿渠各排口进行在线监测；构建新阳主排洪渠流域排水设施智慧调度系统，对厂网站口进行调度与管理，实现区域内防洪排涝、水量调度等水资源统一管理目标（图8-34）。

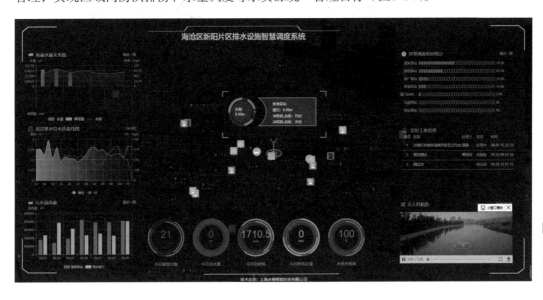

图8-34 海沧区新阳片区排水设施智慧调度系统

### 8.5.3 完善机制，在长效保持上强化监管

一是建立长期监测评估机制。为进一步巩固治理成果，海沧区采取问卷调查、定期水质检测、水生生物多样性调查"三位一体"的考核方式，对治理效果进行全方位评估。

二是建立"长制久清"管理办法。出台《厦门市海沧区城市建成区黑臭水体整治工作长制久清管理办法》，从排口日常监管、水质定期检查、河道执法巡查以及黑臭水体投诉核实等各个方面对海沧区河道水系进行强化监督管理。

三是强化项目规划建设管控。海沧区贯彻落实海绵城市建设要求，逐步推进全域海绵城市建设，对新建小区通过规划建设管控落实相关指标，对老旧小区持续推进海绵城市改造，减少源头混错接和控制城市面源污染。

四是强化日常监督检查机制。严格执行"街道巡河发现问题-市政中心排查源头-城管或环保部门取证调查制止-严肃执法查处"的非法排污处置工作流程，从源头打击排污问题。

五是优化河道日常管养方式。推行"一把扫帚扫到底"的城乡环卫一体化、岸上岸下一体化的管理新模式，实行岸上保洁和河道保洁一体化统筹运作，从村庄、河岸、水面等多方面进行全面养护，实现河道清扫保洁管理的无缝衔接，实现"岸边无垃圾、水面无漂浮物、环境美观整洁"的目标，确保新阳主排洪渠黑臭水体治理成果长久有效（图8-35）。

六是突出参建部门绩效考核。将黑臭水体治理工作纳入河长制及党政领导生态环保文明制考核体系中，考核结果与部门绩效评价挂钩。

### 8.5.4 发动群众，在治理成效上共谋共享

一是确保群众共知。通过主流媒体、公开讲座、微信推送、张贴发放宣传单等多种渠道

图8-35 岸上保洁和河道保洁一体化统筹运作

传播区委、区政府治水理念、决心、举措和成效，争取百姓的理解、支持；区分管领导亲自向主排洪渠沿线村民授课宣贯海绵城市建设、黑臭水体治理工作理念及意义，并多次组织企业和村民现场参观海绵城市建设；编制国内第一本海绵城市校本教材，引导孩子们从小系统了解海绵城市建设、新阳主排洪渠黑臭水体治理情况，培养生态环保意识。

二是强化群众共谋。建设方案征求群众意见，优先解决群众民生问题，鼓励群众共同为黑臭水体治理出谋划策，加深群众对黑臭水体治理的认识和理解，激发群众参与黑臭水体治理的热情；积极与NGO联合，通过社会各界力量监督治理工作，引导群众共同参与生态环境保护。

三是鼓励群众共建。充分发动周边群众从源头减排、垃圾分类等方面共同参与，通过"以奖代补"形式鼓励城中村居民建设化粪池，减轻主排洪渠面源污染。鼓励"社会监督员""河道志愿者""巾帼护水岗"等，支持市民对河道管理效果进行监督和评价，目前已有市民自发组建环保志愿者参与护河。

四是保证群众共享。组织"生态环保健步行·青山绿水家园情"千人健步行活动、儿童绘画写生活动以及青年志愿者素质拓展活动，让大家亲身感受新阳主排洪渠治理成效，近距离体验"水清、岸绿、鱼游"的美景，切实提升群众满意度及获得感（图8-36）。

图8-36 群众在新阳主排洪渠沿线休闲游憩

## 8.6 案例总结

经过系统治理，新阳主排洪渠顺利消除黑臭，水生态、水景观得到有效提升，实现由

"黑龙渠"到"靓丽渠"的完美蜕变，探索出一条以海绵理念治理黑臭河道的可持续发展之路。治理过程中积累了以下几点经验。

1．厘清思路、科学谋划，全盘系统考虑

海沧区充分运用系统化思维，以"水环境改善、水生态修复、水安全提升"三大目标为抓手，坚持陆海统筹、河海共治，按照"根源在岸上、核心在管网、关键在排口"的原则，经过多次讨论、反复研究，制定《海沧区新阳主排洪渠黑臭水体整治工作实施方案》，明确工作计划及目标，利用海绵城市建设理念，统筹好源头减排、过程控制和末端治理等系统之间的关系。

2．溯源排查、找准症结，不遗余力截污

控源截污是黑臭水体治理的核心措施。通过村庄污水治理、新垵村调蓄池建设、沿线问题排口截污改造等工程，有效截流村庄合流制污水、初期雨水，避免直排污水污染主排洪渠水体；针对沿线排口"跑冒滴漏"问题，采取人工排查与工业机器人溯源相结合的方式，对新阳主排洪渠流域范围内约70km管网、4000多个检查井进行了精细化、全覆盖的摸排，共完成44家企业生活污水混接整改、16个问题排口改造，流域新增截流污水量约2.6万$m^3$/d，全面实现排口"晴天不排水、雨天少溢流"的目标。

3．源头减排、控制面源，推动海绵建设

新阳主排洪渠作为马銮湾海绵试点南片流域的末端水系，上游的城市面源污染是其主要污染源之一。海沧区以大海绵体系建设为着眼点，对源头地块进行海绵化改造建设，降低单位建设用地的污染负荷，在新阳主排洪渠流域共实施源头海绵改造项目105个。通过实施透水铺装、雨水花园、屋顶绿化、人工湿地等内容，有效削减新阳主排洪渠流域35%～45%的径流污染。

4．内源清理、管道疏浚，有效减少淤积

底泥清理是黑臭水体治理的关键之举。全面摸排新阳主排洪渠以及流域范围内管网系统淤积情况，以主排洪渠为主，并同步对三个城中村地下管网和主排洪渠周边管网、上游支流进行清淤，彻底实施"大扫除"。结合马銮湾内湾生态岛建设，将经检测合格的淤泥运至生态岛用于回填造地，并覆土进行绿化种植，为周边居民营造生态和谐的宜居环境。

5．生态修复、景观提升，恢复自净能力

生态修复是黑臭水体治理的持续之路。一方面加强流域内源头低影响开发建设，减少入河面源污染；另一方面启动新阳主排洪渠生态修复工程，通过增氧曝气、人工水草等技术措施促进水体生态系统建立，进一步提升水质，逐渐恢复主排洪渠水体自净能力；同时实施硬质驳岸生态改造、景观美化、步道建设、公园广场等工程，提升沿线景观水平，新阳主排洪渠滨水带状公园已显成效，人气不断提升。

6．引水入河、净化处理，实现生态补水

生态补水是黑臭水体治理的增效手段。在马銮湾污水再生处理厂建成前，为解决新阳主排洪渠上游水动力较差且无外来水源补水问题，因地制宜、科学开辟补水水源，在新阳主排洪渠上游（新景桥处）新建一套处理规模为1万$m^3$/d的一体化异位处理设备，对原计划截入泵站处理的1号截流井污水以及6000$m^3$的初期雨水进行处理，经设备处理后再排至雨水台地利用植被进一步净化提升，最终用于渠内补水，改善水动力条件，实现水体的净化和充分利用。

**7. 完善机制、联合执法，实现长效管理**

按照《厦门市全面推行河长制实施方案》，严格落实"河长制"要求，依照市委、市政府实行双总河长，并设置河道专管员，进行日常巡查；建立联合调度工作机制，联合建设、环保、水利、街道及城建集团、水务集团等多个部门推动建设，解决"九龙治水水不治"的历史难题；出台《厦门市海沧区城市建成区黑臭水体整治工作长制久清管理办法》，从排口日常监管、水质定期检查、河道执法巡查以及黑臭水体投诉核实等各个方面对区内建成区河道进行强化监督管理；严格执行"街道巡河发现问题-市政中心排查源头-城管或环保部门取证调查制止-严肃执法查处"的非法排污处置工作流程，从源头打击排污问题；由环卫部门、养护单位协同负责主排洪渠及沿线日常管理，实现"岸边无垃圾、水面无漂浮物、环境美观整洁"的目标，确保新阳主排洪渠黑臭水体治理成果长久有效。

**8. 科技助力、智能监管，提升管理效能**

引进多支专业技术支撑团队，探索利用各种科技手段，多措并举，多管齐下，提供全方位的技术保障，不断提高管理技术水平。

一是建立"厂-网-河"全流程监测系统，通过设备在线监测与人工定期采样监测相结合的方式，全方位掌握排水系统情况。二是创建水质在线监测示范点，通过科技手段密切掌握水质实时变化情况。三是构建海沧区新阳片区排水设施智慧调度系统，实现管理协同化、决策科学化、调度智能化、服务主动化、处理高效化。智慧调度系统集成现有各类排水设施的实时监测数据，由水务部门统一对污水处理厂、泵站、调蓄池、管网以及排口进行调度与管理（图8-37）。实现"气象-厂-站-网-河-闸"联合调度一张图，及时监测各排水设施的运行状况，预判风险及问题，提前预警预报；汇集海量数据，动态分析污染源、溢流、风险等信息，实现泵站在不同情景下的远程调度控制。

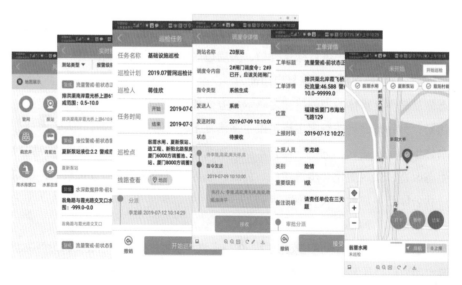

图8-37 海沧区新阳片区排水设施智慧调度系统

[延伸阅读1]　　　[延伸阅读2]

# 第9章  厦门市埭头溪案例

埭头溪位于福建省厦门市同安区南部，流经同安区最大的工业集中区。该工业集中区基础设施薄弱，雨污水混错接以及工业偷排漏排现象存在，加之埭头溪上游农业面源污染，导致埭头溪污染严重，流域整体水质多为劣V类，工业集中区下游干流成为黑臭水体。埭头溪成为厦门市和同安区污染最为严重的河流，给周边居民生产、生活带来了严重影响，极大地制约了周边区域城市面貌改善和品质提升。

埭头溪流域水环境治理坚持以问题为导向，以建设污水全收集、全截流、全处理为核心构建污水系统，保证旱天污水不入河；构建溢流污染控制体系，保证雨天污水少溢流；同时重构水生态系统，增设生态湿地，提升河道自净能力，打造河道滨水景观环境，提升老百姓的获得感。遵循"控源截污、内源治理、生态清淤、活水循环、生态修复"的科学思路，系统推进黑臭水体治理专项工作，取得明显成效，为流经老城区密集工业区的河道治理提供借鉴参考。

## 9.1  区域概况

### 9.1.1  区位分析

埭头溪流域位于福建省厦门市同安区南部，是同安区的四大流域之一（图9-1）。

图9-1 埭头溪流域在厦门市的位置

### 9.1.2 气候特征

厦门市属南亚热带海洋性季风气候，主导风向为东北风，夏季以东南风为主，温和多雨，冬无严寒，夏无酷暑。厦门市地处低纬度，东临太平洋，台风频繁。厦门市多年平均降雨量1530.1mm。

### 9.1.3 地形地貌

埭头溪流域处于同安区南部，地势整体西北高，东南低，流域上游为山区，下游较平坦。现状用地面积为41.22km²，现状建设用地以工业用地、城中村和农田为主，其中工业用地11.09km²，占流域面积的27%；农田面积8.75km²，占流域面积的21%；城中村面积7.35km²，占流域面积的18%。

### 9.1.4 海水潮位

厦门海区潮汐类型属于正规半日潮，潮汐周期12~13h，平均潮差3.98m，平均最大潮差4.95m，平均最小潮差2.85m（表9-1）。潮流运动形式为往复流，涨潮时流向湾内，落潮时流向湾外。

**埭头溪东坑站不同频率设计高潮位** 表9-1

| 频率 | 0.5% | 1% | 2% | 5% | 10% | 20% |
|---|---|---|---|---|---|---|
| 设计高潮位 | 4.88 | 4.75 | 4.61 | 4.43 | 4.28 | 4.13 |

### 9.1.5 水体情况

埭头溪流域处于同安区南部，总面积为41.22km²，总长度为34.97km，其中，箱涵9.24km，明渠25.73km。主要由梧侣溪、泥山溪箱涵、泥山溪、乌涂溪、城南排洪沟、高水高排渠、埭头溪主干流几部分组成。各支流详情见表9-2。

**流域水系基本情况表** 表9-2

| 序号 | 名称 | 流域面积（km²） | 河长（km） |
|---|---|---|---|
| 1 | 乌涂溪-城南排洪沟 | 19.19 | 11.60 |
| 2 | 泥山溪箱涵-泥山溪 | 8.76 | 8.90 |
| 3 | 梧侣溪 | 7.15 | 7.57 |
| 4 | 高水高排渠 | 1.56 | 2.5 |
| 5 | 埭头溪干流 | 4.56 | 4.40 |

埭头溪流域现状水质整体较差，水质主要分为三类：Ⅴ类、劣Ⅴ类、黑臭水体，分别占比17%、69%、14%。根据监测结果，对照《城市黑臭水体整治工作指南》中的城市黑臭水体污染程度分级标准，判定埭头溪流域内8个河段为黑臭水体，长度约4.6km。Ⅴ类水体河段主要分布在梧侣溪上游和乌涂溪中游；劣Ⅴ类水体河段主要分布在乌涂溪上游和下游、城南排洪沟、高水高排、泥山溪等区域；黑臭水体河段主要分布在埭头溪干流（图9-2）。

图例
水系　　流域范围
暗涵　　Ⅴ类
路网　　劣Ⅴ类

N

0　0.5　1km

图9-2 埭头溪流域水质分布图

### 9.1.6　排水系统

#### 9.1.6.1　排水体制

通过现场调研排口及管网情况分析，埭头溪流域存在分流制区域、合流制区域及管网空白区三种（图9-3）。

埭头溪流域开发区内主要为截污空白区和村庄合流制区域。埭头溪流域现状同安大道西侧和同集路东侧处于开发区，多为农田用地，无管网覆盖，多为散排；区域内村庄采用雨污合流制，主要分布在流域上游农村区域和同集路以东片区的农村和待开发建设的地铁社区。

埭头溪流域内建筑与小区、市政均为雨污分流制，但是存在着雨污混错接现象，其中工业集中区混错接现象较严重。

混错接严重的分流制区域
混错接不严重的分流制区域
无污水管网覆盖区
村庄合流制区域

图9-3 埭头溪流域现状排水体制图

#### 9.1.6.2 污水系统

**1. 现状污水处理厂**

埭头溪流域均处于同安污水处理厂流域范围内。同安污水处理厂位于同安区卿朴村南侧，服务范围为城北片区、城东片区、城南片区和西柯片区。

同安污水处理厂占地9.6万m²，现状设计处理规模10万m³/d，污水处理采用二级生物处理DE氧化沟活性污泥工艺，污泥处理处置采用离心脱水+外运焚烧。其设计出水水质为《城镇污水处理厂污染物排放标准》GB 18918—2002一级B标准，尾水就近排入西溪（图9-4）。

**2. 临时污水处理设施**

泥山溪和梧梧溪箱涵流经工业集中区，由于工业集中区管网破损严重，同时存在较为严重混错接情况，导致大量的工业污水混合生活污水，经雨水管道进入箱涵，导致箱涵出水水质差。

为解决箱涵出水水质差的问题，2016年同安区组织实施了泥山溪、梧侣溪两座临时污水处理设施（图9-5、图9-6），处理箱涵内的旱天全部污水及上游汇水范围内的初期雨水，其设计规模各为2万m³/d，采用调节池+提升泵站+强化絮凝沉淀处理工艺。

根据高效处理设施进出水水质监测结果可知，经过处理，COD平均削减率约83%，TP平均削减率98%，NH₃-N基本上没有削减。

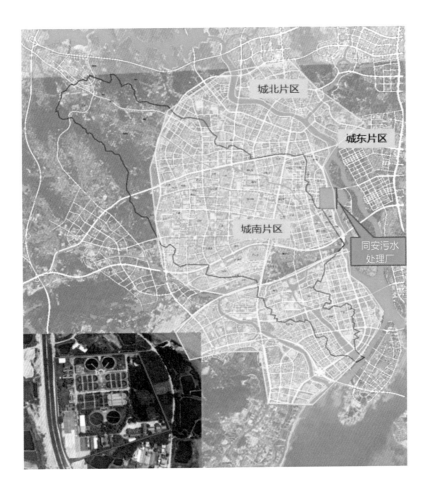

图9-4 同安污水处理厂示意图

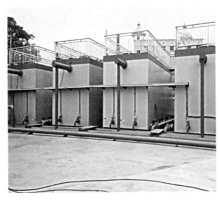

图9-5 泥山溪高效处理设施图

图9-6 梧侣溪高效处理设施图

### 3. 农村污水处理

埭头溪流域农村污水处理主要采用集中纳管、分散式处理设施两种方式。流域内分布126座村庄，主要集中在上游片区，多数村庄已实施污水处理工程，但由于各种限制因素导致仍有很多村庄存在诸多问题。经过咨询与现场走访调查，发现存在问题的村庄共36个，其中32个村庄已实施污水处理，但设施运行效果较差，4个村庄未进行治理工程建设（表9-3）。

埭头溪流域村庄污水现存问题统计表　　表9-3

| 问题类型 | | 村庄名称 |
|---|---|---|
| 市政管网未接通 | | 下柯里、杜桥里、阳翟六村 |
| 无提升泵站建设用地 | | 东柯里、顶柯里 |
| 村内道路窄，无施工条件 | | 下店尾里、阳翟路、二房三里、阳翟二路、阳翟新村 |
| 处理站进水口高于管网 | | 西埔、渐前村、丁山头里、新厝顶 |
| 污水收集量过小 | | 坝头村 |
| 进水水质不达标 | | 东山村 |
| 管网损坏没有进水 | | 竹仔林 |
| 处理站设备损坏 | | 西山吴、西山洋、湖井宅、内辽村 |
| 雨污分流混错接 | | 西山吴、西山洋、奈仔顶、四房里 |
| 截污不完善 | 地势原因 | 美宅、塘边、霞尾、青塘后 |
| | 化粪池未建设 | 橄榄树、赤坪、岗头里、青塘后、柑岭村、下边 |
| | 村民阻挠 | 四房里、坂下、岗头里渐前村、丁山头里、新厝顶、三角埕、新厝角 |

### 4. 现状污水管线及泵站

埭头溪流域建成区现状污水主干管已基本成系统，主要干线5条，泵站5座（表9-4、图9-7）。

现状污水管线统计表　　表9-4

| 序号 | 污水管线 | 管径（mm） | 长度（km） | 占比 |
|---|---|---|---|---|
| 1 | 合流管 | 300~600 | 12.1 | 3.80% |
| 2 | 截污管 | 300~500 | 7.8 | 2.50% |
| 3 | 污水干管 | 500~1200 | 27.4 | 8.60% |
| 4 | 污水支管 | 200~500 | 269.7 | 85.10% |
| 合计 | | 200~1200 | 317 | 100% |

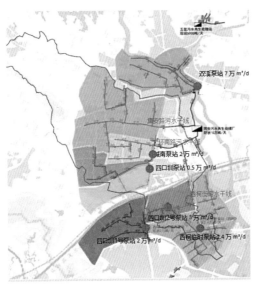

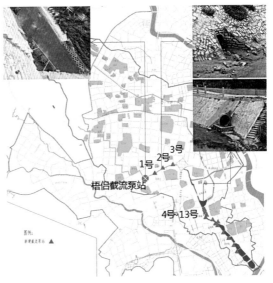

图9-7 现状污水管线及泵站分布图

图9-8 现状截流及排口分布图

埭头溪流域现状截流系统尚不完善，现状截流工程主要有3段，分布在箱涵出口、埭头溪干流沿线直排口和梧栖溪直排口，分别为梧栖箱涵出口泵站截流、梧栖溪和埭头溪排口截流，现状截流设施运行正常。

梧栖溪箱涵出口泵站位于G324复线与同明路交叉口附近，通过一体化泵站提升至城南泵站，再排入同安污水处理厂；梧栖溪和埭头溪13个排口通过截流井+一体式泵站工艺，截流后的污水通过泵站排入市政管网，进入同安污水处理厂（图9-8）。

### 9.1.6.3　现状雨水系统

埭头溪雨水排水体系由雨水管渠、箱涵、河道、水闸等组成。流域以水闸、下游主干河道防御海潮，河道通过水闸、高水高排、排洪渠与外河相连，雨季通过雨水管渠排除涝水。

管渠分布在工业集中区和西柯片区，管渠总长度317km，分别排入河道和箱涵。工业集中区雨水经管网收集后进入泥山溪、梧栖箱涵（排口共34个），或直接排入梧栖溪、泥山溪（排口4个），雨水管管径为300～800mm，涵渠尺寸在2.4m×1.8m～5.2m×2.5m，经泥山溪和梧栖溪汇入埭头溪；西柯片区雨水经雨水管管直接排入官浔溪（排口3个）、埭头溪干流及入海口（排口5个），管径在300～1650mm，官浔溪和埭头溪最终汇入海（图9-9）。

图例
→　排河的排口水流流向
→　排入箱涵的排口水流流向
▬　水闸

图9-9 现状雨水管线分布图

#### 9.1.6.4 河道排口

经调查发现，埭头溪流域内排口数量共253个，按照排口所在流域统计，乌涂溪、城南排洪沟和埭头溪干流排口最多，分别为72个、64个和42个（表9-5）。

**埭头溪流域排口数量统计表**　　　　　表9-5

| 排口类型 | | 排口分类 | 城南排洪沟 | 埭头溪干流 | 高水高排 | 泥山溪 | 乌涂溪 | 梧侣溪 | 总计 |
|---|---|---|---|---|---|---|---|---|---|
| 污水排口 | 农业污染 | 农业排口 | — | — | — | 1 | 27 | — | 28 |
| | | 鱼塘排口 | 25 | — | — | — | — | 1 | 26 |
| | 污水直排 | 生活污水排口 | 11 | 2 | 2 | 4 | 10 | 1 | 30 |
| | 雨污混排 | 雨污混排口 | 10 | 11 | 6 | 4 | 17 | 7 | 55 |
| 雨水排口 | | 雨水排口 | 18 | 24 | 25 | 7 | 18 | 12 | 104 |
| 已截污排口 | | 生活污水排口 | — | — | — | — | — | 2 | 2 |
| | | 雨污混排口 | — | 5 | — | — | — | 3 | 8 |
| 总计 | | | 64 | 42 | 33 | 16 | 72 | 26 | 253 |

## 9.2 存在问题分析

### 9.2.1 水环境问题分析

埭头溪流域内水体水质差，在中游泥山溪、梧侣溪段分布工业集中区，工业集中区内管网错接、乱接偷排情况严重；沿街餐厅、洗车废水随意乱排，通过雨水管网直接排污入泥山溪、梧侣溪箱涵内，导致水质急剧恶化；流域内农村分散处理设施未有效运行，沉积污染物随降雨入河。埭头溪流域向水环境中排放COD 5259.82t/a，其中旱天排放2513.96t/a，雨天排放2745.85t/a，而流域总水环境容量约672.80t/a，排放量远超水环境容量。折合到每天，埭头溪流域旱天环境容量1.84t/d，污染物排放量8.46t/d，排放量是环境容量的近5倍；雨天环境容量2.21t/d，污染物排放量40.38t/d，排放量是环境容量的18倍（图9-10）。

埭头溪流域内旱天污染物主要来自泥山溪、梧侣溪流域内的两座高效处理站、箱涵溢流、污水直排、雨污水混接以及同安污水处理厂出水，分别占旱天污染物总排放量（以COD计）的45%、10%、12%和22%。雨天污染物主要来自箱涵雨天溢流、城镇面源及农业面源等，分别占比40%、19%和22%（表9-6、图9-11）。

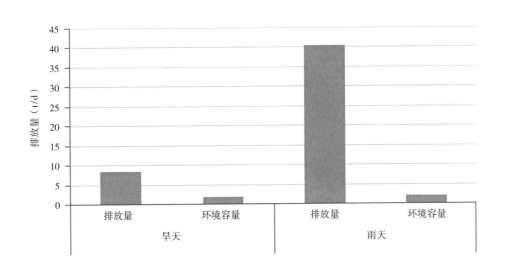

图9-10 埭头溪流域旱/雨天污染物与水环境容量对比分析图

埭头溪流域污染物来源及COD排放量统计表　表9-6

| 工况 | 污染物来源 | COD（t/a） | 占比 |
|---|---|---|---|
| 旱天 | 农村点源 | 258.67 | 10.29% |
| | 高效处理站出水 | 1138.33 | 45.28% |
| | 直排和混接 | 299.74 | 11.92% |
| | 内源释放 | 5.98 | 0.24% |
| | 箱涵溢流 | 255.50 | 10.16% |
| | 污水处理厂出水 | 555.75 | 22.11% |
| 雨天 | 农村点源 | 59.22 | 2.16% |
| | 农业面源 | 595.16 | 21.67% |
| | 城镇面源 | 527.53 | 19.21% |
| | 箱涵溢流 | 1106.07 | 40.28% |
| | 高效处理站出水 | 260.63 | 9.49% |
| | 直排和混接 | 68.63 | 2.50% |
| | 内源释放 | 1.37 | 0.05% |
| | 污水处理厂出水 | 127.24 | 4.63% |
| 合计 | | 5259.82 | |

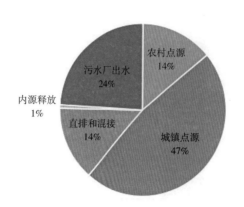

埭头溪流域旱天污染物来源

污水厂出水 24%
农村点源 14%
内源释放 1%
直排和混接 14%
城镇点源 47%

埭头溪流域雨天污染物来源

内源释放 0%
污水厂出水 5%
农村点源 2%
直排和混接 3%
高效处理站出水 9%
农业面源 22%
箱涵溢流 40%
城镇面源 19%

**图9-11** 埭头溪流域旱/雨天主要污染物来源分布图

## 9.2.2 水安全问题分析

流域内涝高风险区分布面积约2.98km²，主要分布在同辉北路与324国道交叉口周边、集银路与集安路之间、新324国道与集秀路之间、同集北路西侧、新324北侧、埭头溪东侧、通福路以南、滨海二路以西等处（表9-7、图9-12）。

**埭头溪内涝高风险区面积汇总表**　　　　　　　表9-7

| 序号 | 位置 | 高风险面积（km²） |
|---|---|---|
| 1 | 同辉北路与324国道交叉口周边 | 0.38 |
| 2 | 集银路与集安路之间、新324国道与集秀路之间、同集北路西侧、新324北侧 | 1.32 |
| 3 | 埭头溪东侧、通福路以南、滨海二路以西 | 1.09 |

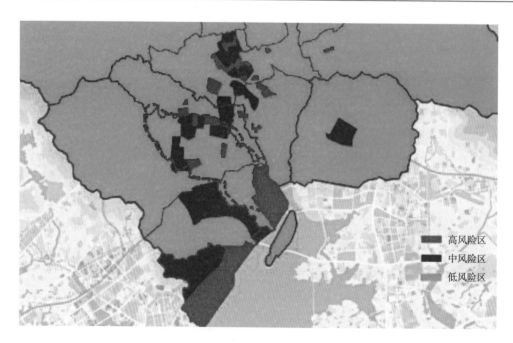

高风险区
中风险区
低风险区

**图9-12** 埭头溪流域内涝高风险区域图

### 9.2.3 水景观问题分析

埭头溪除干流段分布小范围的市民滨水景观休闲空间，其他河道均缺乏人行及活动空间，整体景观效果单一，亲水性不足。同时埭头溪干流段由于水动力严重不足，导致河道缺水，无鱼类分布，植被稀疏杂乱，亲水性和生态性极差（图9–13）。

埭头溪干流段在西福路后水面极为宽阔，宽度达到200m左右，上游来水较少，水动力严重不足，呈现一潭死水状态；同时驳岸硬化，景观单一，缺乏必要的休闲活动空间，亲水性差。下游受潮水影响，形成了咸淡交替的水质环境，导致滨水和水生植物难以生长，鱼类难以生存，生物多样性较差。

泥山溪、梧侣溪和乌涂溪–城南排洪沟等河流景观生态尚未形成体系，未进行整体梳理，景观单一，植被杂乱无章，缺乏人行及活动空间。

暗渠　　自然驳岸　　垂直驳岸

自然驳岸　　植被　　人行空间

图9–13 改造前埭头溪流域生态景观情况

## 9.3　治理目标及技术路线

### 9.3.1　治理目标

埭头溪流域主要问题是水体水质整体较差，多为劣Ⅴ类水体和黑臭水体。迫切需要通过控源截污、内源治理、活水保质和生态修复，解决流域内污水直排、底泥淤积、水体流动性差和水生态系统缺失严重等问题；同时，结合海绵城市建设理念，解决源头污染和过程污染控制，近期实现消除黑臭水体和水体水质达到水环境功能区划要求，远期实现流域健康水循环，重构人水和谐关系，塑造水城共融、蓝绿交织、清新明亮、安全可靠的城市水系。

具体治理目标如下（表9–8）：

（1）水环境改善，实现清新明亮的治理目标，要求全面消除黑臭，埭头溪流域干支流水体水质水环境主要指标达到地表Ⅴ类水要求。

（2）水安全保障，实现安全可靠的治理目标，要求构建防洪体系，提高埭头溪流域的防洪标准，满足50年一遇，保障人身财产安全。

（3）水景观提升，实现水城共融、蓝绿交织的目标，要求打造生态岸线和河道景观，重建水体水下生态环境系统，重塑河道岸边景观，给市民提供环境优美的河道城市开放空间。

埭头溪流域主要分项指标表 表9-8

| 分类 | 目标 | 要求 |
|---|---|---|
| 水环境 | 清新明亮 | 全面消除黑臭，埭头溪流域干支流水体水质水环境主要指标达到地表Ⅴ类水要求 |
| 水安全 | 安全可靠 | 构建防洪体系，提高埭头溪流域的防洪标准，保障人身财产安全 |
| 水景观 | 水城共融、蓝绿交织 | 打造生态岸线和河道景观，重建水体水下生态环境系统，重塑河道岸边景观，给市民提供环境优美的河道城市开放空间 |

### 9.3.2 技术路线

结合海绵城市理念，通过控源截污、内源治理、活水保质和生态修复改善水环境；通过堤防改造、建设防洪和排涝设施保障水安全；通过景观廊道打造、慢行系统构建和湿地建设提升水景观（图9-14）。

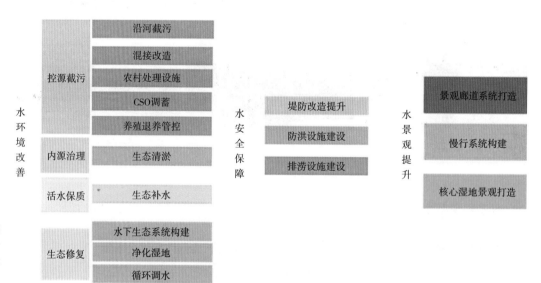

**图9-14** 埭头溪流域综合治理总体技术路线图

## 9.4 系统化治理方案

### 9.4.1 水环境改善

#### 9.4.1.1 控源截污

**1. 污水处理厂建设**

同安区在污水总体布局上形成东部、西部、北部的污水格局系统。根据污水量预测数

据，新建西柯污水处理厂，扩建同安污水处理厂，增大全区污水处理容量。此外，新建同安
工业园区污水处理厂，解决同安污水处理厂进水COD波动的问题。同安工业园区污水处理厂
在埭头溪流域内的服务范围包括祥平西南部柑岭工业区、工业集中区、四口圳；同安污水处
理厂在埭头溪流域内的服务范围主要为东部西湖片区；而高速以南则属于西柯污水处理厂服
务范围（表9-9、图9-15）。污水处理厂需考虑截流雨水量的处理。

同安污水处理厂规模一览表（万m³/d）　　　　　表9-9

| 污水处理厂名称 | 现状规模 | 近期规模 | 远期规模 |
| --- | --- | --- | --- |
| 同安污水处理厂 | 10 | 20 | 25 |
| 同安工业园区污水处理厂 | — | — | 6.0 |
| 西柯污水处理厂 | — | 5 | 20 |
| 合计 | 10 | 25 | 51 |

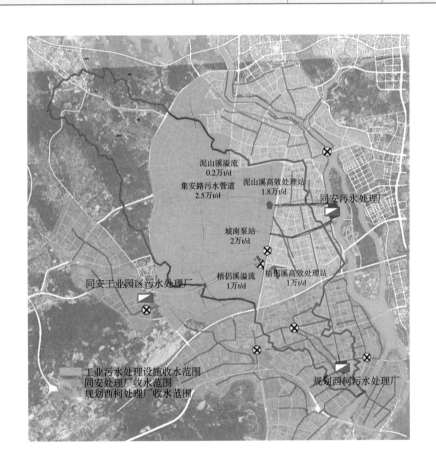

图9-15 同安区污水处理设施布局图

## 2．泵站及污水管网建设

通过现状梳理，对埭头溪流域内西柯村东南侧干管、滨海五路污水管、空白区管网以及
工业分质收集管等关键节点进行污水管道建设，并将埭头溪流域内的两处断头管打通，新增
污水管网总长31.15km。同时新建污水提升泵站5座，总规模1.4万t/d（图9-16）。

图9-16 新建污水管网及泵站分布图

### 3. 高效处理站水质提升

现状泥山溪高效处理站和梧侣溪高效处理站对COD、TP处理效果较好，但对NH₃–N处理能力较差。因此在现状高效处理站的基础上进行提标改造，采用自循环高密度悬浮污泥滤沉+等离子脱氮技术，实现出水水质达到地表V类水标准，并就地排放补充水体，为整体河道水质恢复提供良好的补水水源。

### 4. 污水截流工程

现状河道分布大量的排污口是导致河道水体污染的重要原因，针对城市沿河点源污染和农村点源污染排放问题，制定城市和农村污水收集系统。

城市点源污染控制，重点针对沿河的污水排口进行截污，对于污水直排口采用直接截流，近期对于污水混接排口或合流排口采用截流式合流制，截流井截流后进入市政管网，最后送至污水处理厂。流域范围内共253个排口，涉及泥山溪、梧侣溪、乌涂溪–城南排洪沟、高水高排渠、埭头溪干流5条河流，共建设13项截流工程，建设截流管道21.3km（图9-17）。对泥山溪箱涵、梧侣溪箱涵、同集路箱涵等暗涵进行整治，在暗涵内敷设截污管线，截流两侧排口污水，排入高效处理站处理。

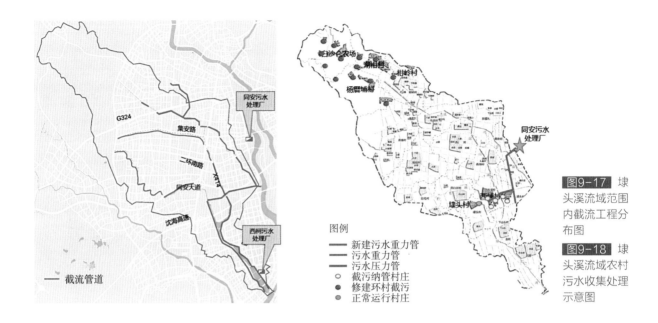

图9-17 埭头溪流域范围内截流工程分布图

图9-18 埭头溪流域农村污水收集处理示意图

　　农村污水处理，根据其村庄规模及所处位置主要采取两种方式：一种是集中纳管，收集村庄污水后接入市政管网，进入污水处理厂集中处理；另一种是采用分散式处理设施，在村庄附近低洼处修建污水处理设施，收集并通过污水处理设施处理达标后排放。埭头溪流域共建设19座分散处理设施，仅有位于竹仔林村的处理设施正常运行，其余18座分散设施的接户管接户率低，部分设施运行效果差或未运行。西埔行政村内顶山头、新厝顶、渐前里、东角里、向北里、向南里、西埔里7个自然村的5个处理设施分布较为集中，拟在村庄实施集中纳管，污水收集到规划的高水高排沿岸污水管线，再输送至同安污水处理厂处理。白沙仑农场、湖柑村、柑岭村、杨厝村共4个行政村19个自然村13座处理设施零散分布且运行率低，拟实施环村截污，截流污水至分散处理设施，管径为400～600mm，管线长约21.6km（图9-18）。

　　5. 正本清源改造工程

　　（1）工业集中区污水管网改造：工业集中区为重点改造范围，覆盖区域内所有工业厂区类、公共建筑类、居住小区类及城中村类建筑排水小区，总面积10.83km²（图9-19），包含排水单元区块内正本清源和排水单元区块外两部分措施。排水单元区块内正本清源涉及工业厂区类、城中村类、居住小区类、公共建筑类的正本清源工作；排水单元区块外措施包括市政道路管网检测、清淤、修复、错漏接纠正和新建生活污水输送管网。

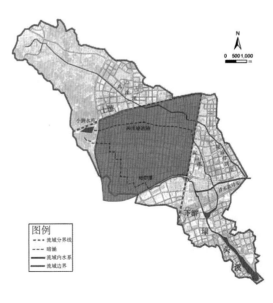

图9-19 工业集中区正本清源工程范围

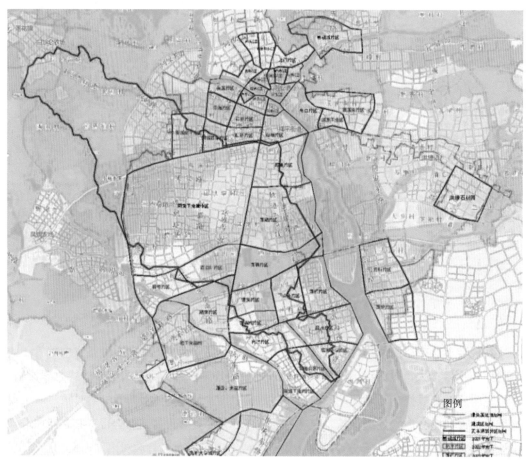

图9-20 埭头溪流域建成区管网改造示意图

图例

（2）建成区污水管网改造：建成区内的正本清源项目计划分3年完成，共划分为11个片区（共计47个项目）逐步推进，总面积77.44km²（图9-20）。

6. 溢流污染控制

针对降雨时箱涵内大量雨污水溢流，综合考虑区域混接改造需要较长的周期，而且会存在"反复"，故首先进行溢流控制"兜底"，保障效果，再逐步进行混接改造。对箱涵溢流污染进行截流控制，降低下游的污染负荷，于泥山溪箱涵、梧侣溪箱涵和同集路箱涵对应设置调蓄池，控制溢流污染，规模分别为1.4万m³、1.0万m³和1.0万m³（图9-21）。

以泥山溪调蓄池为例，在集贤路北侧泥山箱涵出口处设置截流水闸，旱天时截流污水进入取水沉砂井，通过泵站打入泥山高效处理站或同安污水处理厂进行处理。雨天时，通过沿河道西侧布置的调蓄池进水管（DN2000），溢流初雨进入调蓄池（图9-22）。

7. 面源污染控制

（1）源头海绵改造：结合片区存在问题、地块竖向、绿化条件和居民意愿，对埭头溪流域内54个地块进行源头海绵改造。

（2）雨水口改造：将道路雨水口改造为环保雨水口约6000个（图9-23），对无条件进行源头海绵改造的区域，在其管网末端加设旋流沉砂设施11处（图9-24），保证城市面源污染控制效果。

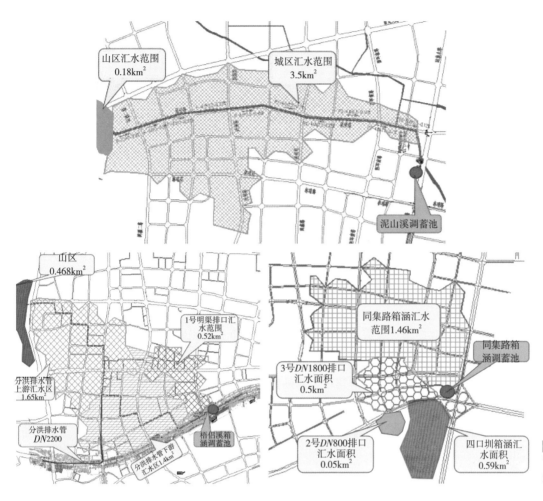

图9-21 调蓄池位置及汇水面积图

图9-22 泥山溪箱涵调蓄池平面布置图

图9-23 雨水口改造分布图

图例
—— 雨水管网　● 检查井　▢ 雨水口

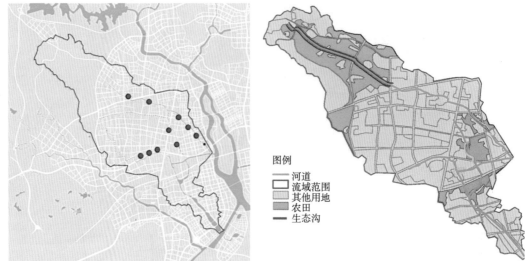

图9-24 雨水排口末端净化设施分布图

图9-25 埭头溪流域农业面源污染控制措施分布图

（3）农业面源控制：埭头溪农业区域主要位于埭头溪流域上游乌涂溪和同集路以南农业生产活动区域，农田总面积32701亩，为削减农业面源污染，主要措施包括：①促进农业发展方式变革，推广高标准农田建设，鼓励发展生态农业；②促进农业施肥方式转变，逐步减少不合理化肥使用量；③沿农田分布河道两岸修建生态沟，沟内栽种一些容易吸收氮磷、农药等污染物的植物，构成稳定的生态减污型排水沟系统，并满足农田排涝、防渍需求（图9-25）。

（4）养殖面源控制策略：流域内养殖面源污染控制策略见图9-26，流域内禽畜养殖52户（面积1.48万m²）已全部完成退养，牛蛙养殖662户全部完成退养。

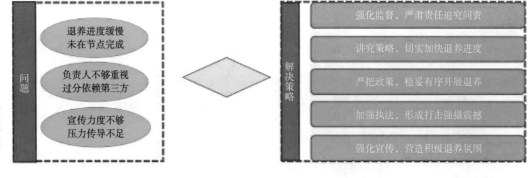

图9-26 埭头溪流域养殖面源污染控制策略图

### 9.4.1.2 内源治理

#### 1. 河道清淤

对埭头溪干流及流域内同安工业集中区雨水箱涵、乌涂溪、乌涂溪柑岭水闸至城南排洪沟段河道进行底泥清淤，清淤河道全长约19.49km，清淤总量约为15.47万m³，清淤深度约0.5~1m（表9-10、图9-27）。

埭头溪流域清淤情况表　　　　表9-10

| 河段 | 长度（km） | 清淤深度（m） | 清淤量（万m³） |
| --- | --- | --- | --- |
| 埭头溪干流 | 4.57 | 0.5~1 | 9.19 |
| 同安工业集中区雨水箱涵 | 10.1 | 1 | 3.9 |
| 乌涂溪 | 4.82 | 0.5~0.8 | 2.38 |
| 总计 | 19.49 | — | 15.47 |

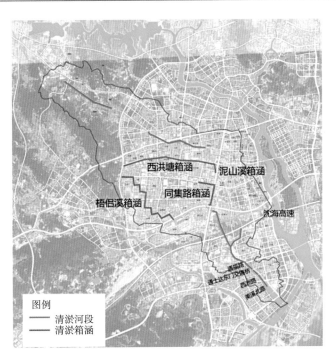

图9-27 埭头溪流域清淤疏浚河段位置图

埭头溪流域内箱涵段主要采用人工清淤和人工运输，清淤完成后采用高压水冲洗，明渠段主要采用绞吸式挖泥船清淤。埭头溪干流处淤泥进行固化处理后，用于通福路下游营造河滩湿地。其余河段和暗涵段清淤淤泥通过运输机械转输至同安污水处理厂进行集中处理，而后进行填埋或焚烧。

2. 垃圾清理

对埭头溪内沿河建筑垃圾和生活垃圾进行清理，消除垃圾乱堆乱放现象。

9.4.1.3 生态修复

1. 淡水生态环境

埭头溪下游与外海连通，海水涨潮时会倒灌入河内，形成淡水咸水混合状态，不利于水生生物稳定生长，水生生态系统无法达到稳定状态。为打造淡水生态系统，丰富物种多样性，采取关闭排海闸门，靠上游来水和补水对河道进行补给。具体措施包括：①常年关闭排海闸门，形成淡水生态系统；②将现状河道清淤堆积的淤泥进行固化处理后，堆积在河岸两侧用于营造河滩，缩减断面，提高流速，减少淤积，减少日常调蓄水量，提高换水频次；③调控下游设计水位，结合排水泵站建设，将过量的水通过泵站排海（图9-28）。

图9-28 埭头溪下游排水泵站平面布置示意图
图9-29 埭头溪干流水源净化湿地分布图

## 2. 净化湿地

梧侣溪、泥山溪汇合口区域，建设净化湿地，对两支流来水进行净化，并结合景观设计，打造埭头溪流域中游生态湿地公园（图9-29）。

## 3. 曝气复氧推流

为提高水体中的溶解氧，促进土著微生物生长，维持、改善局部水质，对河道进行曝气增氧。沿埭头溪干流河道布置7套微纳米曝气设备（图9-30），提高水体中的溶解氧，促进土著微生物生长，维持、改善局部水质。

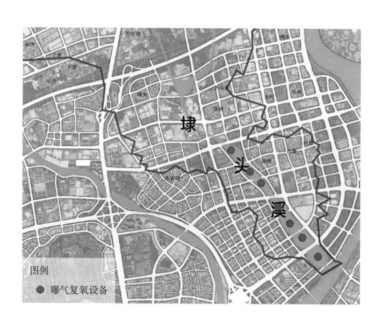

图9-30 曝气复氧设备平面布置示意图

### 9.4.1.4 活水保质

为增加水动力，维护生物多样性，采用污水处理厂尾水补水、明渠引流两种方式为埭头溪流域补水。经计算，埭头溪流域全年需水量为3944万m³，现有补水工程补水量为2949万m³，仍有995万m³缺口（图9-31）。

目前，已有同安污水处理厂向泥山溪补水10万m³/d、泥山溪向梧侣溪补水2.5万m³/d两项

需 水 量 计 算

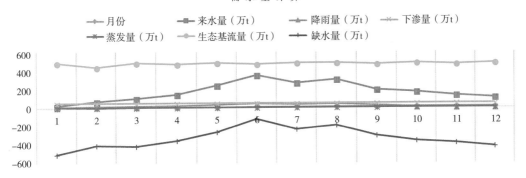

图9-31 埭头溪流域水量计算图

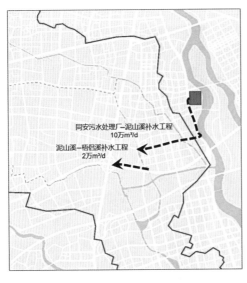

同安污水处理厂-泥山溪补水工程
10万m³/d

泥山溪-梧侣溪补水工程
2万m³/d

图9-32 补水工程路径图
图9-33 策槽干渠疏浚清通工程示意图

临时工程，将两项临时补水工程改造为永久工程。保留现状泥山溪补水管道，将泥山溪至梧侣溪管道建设为永久管道，并延长至梧侣溪明渠，提升梧侣溪的景观效果（图9-32）。

对策槽干渠进行疏浚清通，恢复现状莲花水库往乌涂溪补水通道能力，设计引水流量8万m³/d（图9-33）。

同安污水处理厂（规模20万m³/d）扩建后，拟沿滨海西大道和高水高排建补水管线，引污水处理厂尾水补往梧侣水闸和泥山水闸下游闸内，补水规模15万m³/d。西柯污水处理厂现状尾水排口处设置提升泵站1座，向三角洲湿地和同福路南侧就近补水（图9-34）。

图9-34 埭头溪流域补水工程总体路径图

### 9.4.2 水安全保障

为加强水系间的连通，增强河道的排水能力，分担城区排涝压力，将泥山溪和城南排洪沟水系、梧侣溪和官浔溪水系进行连通。

泥山溪箱涵汇水面积约3.68km²，排水压力大，上游多处存在内涝中高风险区，在集安路下新建分流管，横穿同集路后往南排入城南排洪渠内（图9-35）。

梧侣溪箱涵汇水面积约3.51km²，排水压力大，且上游较陡，瞬时来水量大，导致珠厝立交等多处存在内涝风险，在同宏路东侧机动车道下，新建雨水管涵，从集秀路与同宏路交叉口处4m×2m的箱涵内接出，最终分流排入官浔溪内（图9-36）。

图9-35 泥山溪箱涵分流工程示意图

图9-36 梧侣溪箱涵分流工程示意图

### 9.4.3 水景观提升

#### 9.4.3.1 河道功能定位

根据流域内各条河道特色，明确各条河道主打功能定位（图9-37）。

（1）乌涂溪：结合周边村庄，打造乡野景观，恢复河道自然生境，河道主打郊野骑行。

（2）城南排洪沟：打破现状硬质驳岸的疏离感，将驳岸改造成生态型自然驳岸，设置滨河岛链，种植湿生水生植物，河道主打生态修复，恢复河道生境，吸引野生动物栖息。

（3）泥山溪：结合周边村庄农田及坑塘，利用现状场地优势，打造居民滨水休闲走廊。

（4）高水高排渠：抽取闽南文化特色，配以创作手法，营造具有闽南特色的郊野滨水公园，河道主打文化传承、康体健身。

（5）梧侣溪：借助周边工业厂区及居住区，打造滨水休闲空间，河道主打滨水观光。

（6）埭头溪干流：通过回用河道淤泥，打破原有硬岸难以亲近的隔离感，通过地形整理，形成湿地坑塘与生态树岛，恢复自然生境，吸引白鹭等野生动物栖息；增设多级游步道及自行车道，丰富市民亲水及活动空间，河道主打滨水休闲。

| 河道 | 定位 |
|------|------|
| 乌涂溪 | 郊野骑行 |
| 城南排水沟 | 生态修复 |
| 泥山溪 | 休闲走廊 |
| 高水高排 | 康体健身 |
| 梧侣溪 | 滨水观光 |
| 埭头溪干流 | 滨水休闲 |

图9-37 河道功能定位图

### 9.4.3.2 慢行系统

通过绿色生态系统与公共开放空间的连接，奠定慢行基础，构建城市慢行空间，倡导以自行车、步行、公共交通为主要出行方式的绿色交通，通过慢行系统构建与城市生活空间高度融合的复合型互动性慢行空间，将城市还给生活，使城市更具有活力和特色（图9-38）。

### 9.4.3.3 核心景观

（1）三角洲湿地：位于梧侣溪、泥山溪及埭头溪三河交界处，是集水质净化、雨水调蓄、休闲观光为一体的埭头溪流域最重要的景观节点，公园

▲ 主出入口
▲ 次出入口
🅿 停车场

图9-38 慢行绿道系统布局图

将实现涵养水分、调控水量、净化水体、调节局部气候、美化环境、保护生物多样性的目标，同时起到湿地科普与休闲游憩功能。

（2）梧侣溪百路达段：位于百路达工厂北侧，在现状的基础上进行改造，以场地与外部道路的交接处向场地内部阶梯式降低，结合各级挡墙，设置步行及上下连接空间，打造多层次的滨水观光空间；种植层次丰富的水生、湿生植物，增加场地生物多样性，恢复场地生态景观。

（3）高水高排渠、梧侣溪交汇口湿地：位于高水高排渠与梧侣溪交汇处，是集高效净化、休闲漫步、湿地科普于一体的人工湿地，对两支流来水进行净化，削减区域面源污染，打造村民休闲的好去处。

## 9.5 管理保障措施

### 9.5.1 建设智慧排水系统

整合现有排水管网普查数据、管网竣工图、运行监测数据、管网养护数据等多源数据，搭建完整、准确的排水管网数据中心平台，从而有效解决当前存在的数据不新、不全、不准的问题。以数据平台为基础，搭建排水管网管理系统，实现对全区排水管网运行状态监测及统一管理。

（1）管网溯源监测：通过对溯源工作整理入库，借助GIS系统，实现排水管网现状及整改情况在图上展示和动态化管理，协助相关部门完成排水管网整改工作及后续检测清淤工作跟踪管理（图9-39）。

（2）感知监测应用：监管内容包括泵站、污水处理厂和农村分散式处理站运行状况，以及管道内排水流量、视频资料等。实现设备监测信息在地图上的可视化展示、查询统计、运行状态监测、预警报警信息查询等应用（图9-40）。

（3）排水户管理：通过对排水户数据收集归档，将收集归档的排水户数据接入市政管网的排口数据，利于摸清本底，掌握各企业排水证办理的情况，及时服务好企业的需求和管理（图9-41）。

（4）巡查应急监管：对全区8家应急单位及各单位管辖的应急物资、应急仓库和应急车辆进行动态监管，实现对全区应急资源的统一管理，用户可以在系统中查看各应急单位的管辖范围、仓库位置、应急物资分布和应急车辆的情况，有利于应急救援指挥工作的开展（图9-42）。

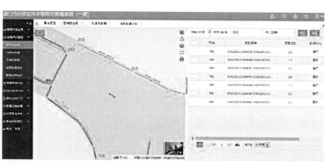

图9-39 管网溯源监测平台示意图

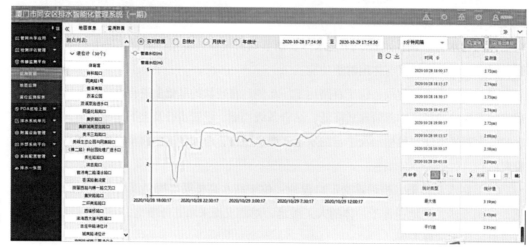

图9-40 管道感知监测平台示意图

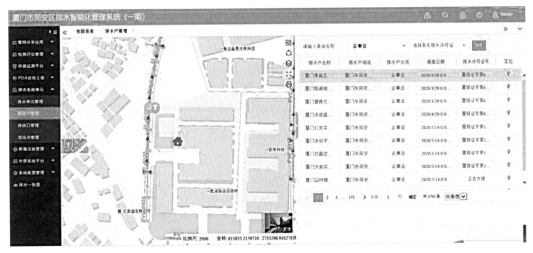

图9-41 排水户监管平台示意图

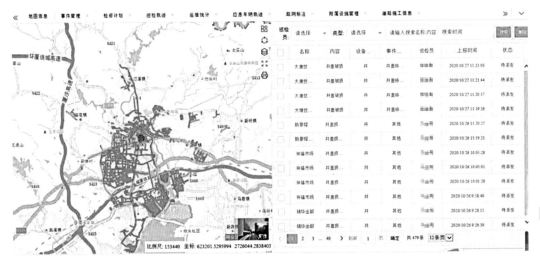

图9-42 巡查应急监管平台示意图

### 9.5.2　加强工业企业排污监管

区政府对用水清单明细表中用水量较大的企业和《重点排污企业清单》（排水量不大但污染物浓度较高）上的企业进行排查，摸清本底，通过监控总结企业排水规律，确定市政管道内高浓度污染物来源，从而实现对污染源的管控和监管。

（1）企业入户排查：通过梳理流域内排水大户、重点排污企业及周边排水管网资料，结合企业排水证、排污许可证对企业接入市政管网位置及企业内部雨污分流情况进行排查。

（2）液位监控：根据对排水大户、重点排污企业及其周边管网重点区域的核查信息，对管网主要节点进行实时液位监控，摸清排水规律，溯源锁定存在问题的排污区域。

（3）采样检测：根据对排水大户、重点排污企业及管网重点区域的核查信息，对重点企业及管网节点进行人工采样，通过实验室检测手段分析排水情况。

（4）管网排查：通过QV等技术对重点节点周边管道运行情况进行排查，检查企业接入市政管网的位置以及企业是否存在私设暗管行为，判断企业接入位置市政管道是否存在破损。

## 9.6 案例总结

**1. 多措并举，系统综合治理**

埭头溪综合治理通过减少入河污染和提升自净能力两方面实现。首先抓住主要矛盾，以建设污水全收集、全截流、全处理为核心构建污水系统，保证旱天污水不入河；构建溢流污染控制体系，保证雨天污水少溢流；同时重构水生态系统，增设生态湿地，提升河道自净能力，打造河道滨水景观环境，提升老百姓的获得感。通过构建水环境提升、水生态恢复、水安全保障等工程体系，为流域水环境综合治理提供了一整套的控源截污、内源治理、活水保质、生态修复的技术思路，对全市实施黑臭水体治理、流域综合治理、污水提质增效具有技术引领示范意义。

**2. 工生分离，近期远期结合**

针对工业集中区严重的混错接、工业污水偷排情况，制定近远期结合的治理方案。近期按照合流制溢流污染控制思路，通过建设调蓄池和提升高效处理站，保证旱天污水不入河，雨天污水少溢流，满足近期稳定消除黑臭的建设要求；远期逐步实施工业集中区混错接改造，同时建设专门的工业污水处理厂处理工业污水，有效实现工业污水和生活污水的分离，减少对现状生活污水处理厂的冲击负荷。逐步对工业集中区实行溯源排查、雨污分流、混错接改造及对工业企业偷排漏排进行严格管控是长期和根本性策略，但由于该过程较长且较为反复，因此建设专门的工业污水处理厂是目前解决工业污染的主要途径。

**3. 暗涵整治，源头末端齐发力**

暗涵治理可以说是水污染治理最难啃的"硬骨头"。梧侣溪箱涵、泥山溪箱涵、同集路箱涵总长度9.24km，占河道总长26%，且流经同安最大工业集中区，大量工业、生活污水直排或混排到暗涵内，在黑暗、密闭的空间产生厌氧发臭、淤泥沉积，成为埭头溪流域的核心污染源，如果不加以整治就仍是积累大量污染的"黑臭"通道，成为藏污纳垢的隐蔽区，严重影响城市"里子"形象，下雨时大量污染被冲进河道，河流"长制久清"无法得到保障。对此，同安区政府对暗涵进行彻底整治，源头治理、末端处理齐头并进，彻底解决了城市暗疾问题。

首先，在暗涵内敷设截污管网，截流两侧排口污水，近期排入高效处理站进行处理，同时建设调蓄池以控制雨天溢流污染。其次，结合截污对暗涵进行同步清淤，清除暗涵内常年淤积的黑臭底泥，消除内源污染，减少污染物向水体的释放，有效提升防洪排涝功能，改善水体水质。再次，结合工业集中区正本清源，摸清暗涵每个排口情况，找出雨污合流、错接乱接、渗漏、溢流口等问题点，针对问题排口，建立台账开展溯源纳污，将污水接入市政污水管网，杜绝排入暗涵，逐渐实现暗涵的清污分流。最后，针对暗涵内水体流动性差，残存的积水、垃圾、底泥长时间放置后可能存在发黑发臭现象这一问题，利用上游莲花水库策槽干渠通道对暗涵实施定期性的生态补水。

**4. 淡水生境，解决感潮难题**

埭头溪下游与海水连通，海水涨潮时倒灌入河内，形成淡水咸水混合状态，不利于水生生物稳定生长，水生生态系统无法达到稳定状态，生物多样性较差，早期在埭头溪下游三角洲建设湿地，因咸淡水交替问题，大多湿地植物无法成活，效果不甚理想。对此，为彻底改善生态环境，同安区经多方论证后，最终下定决心在埭头溪下游构建纯淡水生境。首先，关闭排海闸门，靠上游来水和补水对河道进行补给；其次，对河床进行梳理，将现状河道清淤的淤泥进行固化处理后，用于营造河滩湿地，并降低常水位，形成大滩地小水面，既提高了河道调蓄能力，也形成了复式生态断面，保证了河道的自然生态性；最后，在埭头溪水闸侧设置排水泵站，保证河滩景观不受淹，增加常水位的稳定性，减少由于频繁水位骤升骤降引起的植物存活率低及亲水景观步道后期清洁养护问题，并进一步提升了埭头溪的排涝能力。在沿海城市，感潮河段的治理是个比较棘手的难题，本案例敢于创新，大胆提出打造纯淡水生境，重塑生态环境，为将来打造生态景观、韧性滨水带打下坚实基础，也给沿海城市感潮河段的治理提供了技术参考和典范。

[延伸阅读3]

[延伸阅读4]

[延伸阅读5]

# 第10章 吴忠市清水沟案例

吴忠市因黄河而生、依黄河而建、伴黄河而兴,保护黄河"母亲河"是吴忠市义不容辞的责任。近年来,吴忠市坚持把黑臭水体治理融入黄河流域生态保护和高质量发展先行区建设重大国家战略,坚持把治理黑臭水体作为保护黄河"母亲河"的重要举措,紧密围绕清水沟的污染特征、突出问题和治理目标,因地制宜,精准施策,在"城市生活污水处理提质增效、工业和村镇污染治理、河道生态修复和补水、长效管控机制建设"等方面着重发力,确保实现黑臭水体的标本兼治和系统治理。

经过几年的不懈努力,吴忠市民"家门口的那条河又变美了""塞上江南,水韵吴忠"又回来了,同时清水沟的治理也为西北干旱缺水地区河道的综合治理探索了一些有益的经验。

## 10.1 区域概况

### 10.1.1 区位分析

吴忠市位于宁夏回族自治区中部,市域面积2.07万km²,下辖5个县(市、区)。利通区是吴忠市市政府所在地,位于市域西北部,北距自治区首府银川市58km,城市建成区面积51.32km²。

### 10.1.2 气候特征

吴忠市地处西北内陆,属于中温带干旱气候区,具有明显的大陆性气候特征:四季分明、气候干燥、蒸发强烈、降水集中。多年平均气温9.4℃,极端最高气温41.4℃,极端最低气温-28.0℃,多年平均蒸发量2067mm,多年平均降雨量194mm(图10-1)。

吴忠市降雨量年内分配不均,雨季(5~9月)平均降雨量156mm,占全年的80%(图10-2)。

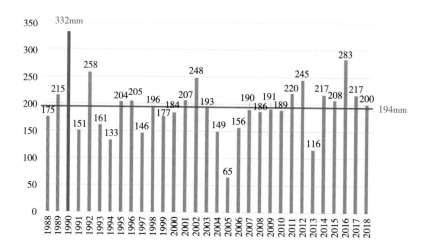

图10-1 吴忠市年降雨量分布图（1988~2018年）

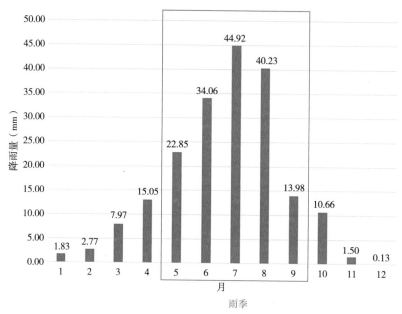

图10-2 吴忠市月均降雨量分布图（1988~2018年）

### 10.1.3　地形地貌

吴忠市地处黄河上游，贺兰山东麓，地势南高北低，北部为黄河冲积平原，南部为牛首山及罗山余脉汇合而成的黄土丘陵地带。市辖区及周边属于银川平原，地势较为平坦，地形整体趋势为西南高、东北低（图10-3）。

### 10.1.4　河流水系

吴忠市位于宁夏平原河东灌区，自然水系和人工灌渠较为密集，黄河是吴忠市最大的自然水体，流经市域69km，市区段长度6km，其他自然水体主要有清水沟、南干沟、苦水河等，均为黄河一级支流（图10-4、图10-5）。

清水沟干流全长27.3km，流域面积183.72km²。流域特征可概况为三个方面：一是枯水期生态基流量小，清水沟是典型的西部干旱地区季节河流，枯水期（12月~次年4月）流量明显减小，不足非枯水期平均流量的1/17，水体自净能力和水环境容量明显下降。二是流域

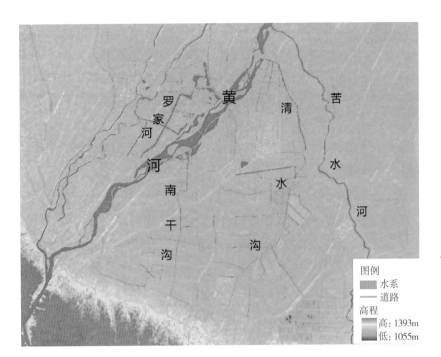

图10-3 吴忠市辖区及周边地形地貌示意图

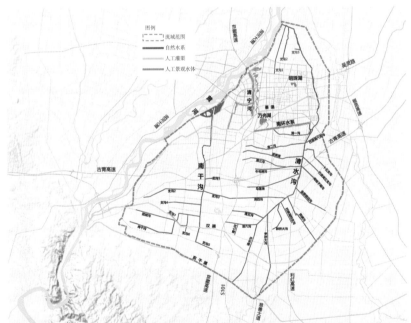

图10-4 吴忠市水系分布图

图10-5 黄河（吴忠段）实景

上中下游"三区各异",清水沟流域自上而下分别为工业园区、村镇区和城市建成区,接纳着沿岸全部生产废水、生活污水和农田退水,排水系统和污染源特征"三区各异"。三是入黄口水质要求高,清水沟是吴忠市主要入黄排水沟,根据黄河大保护国家战略及自治区水污染防治相关要求,清水沟入黄口水质应达到地表水Ⅳ类水质标准。

2018年以前,清水沟下游(涝河桥~古城湾新村)曾经呈现轻度黑臭,长度10.4km。同时入黄口断面水质全年达标率仅20%,TN、TP等指标不达标,水质综合评价为劣Ⅴ类(表10-1、图10-6)。

清水沟治理前水质监测统计表　　　　　　　　　　　　表10-1

| 黑臭水体名称 | 透明度(cm) | NH$_3$-N(mg/L) | DO(mg/L) | ORP(mV) |
|---|---|---|---|---|
| 清水沟(涝河桥~古城湾新村) | 20 | 11.3 | 3.2 | −117 |

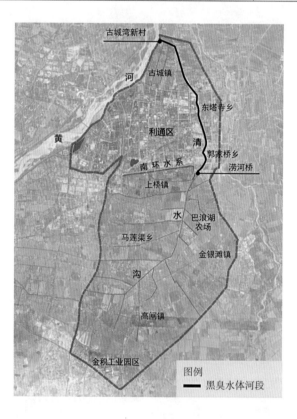

图10-6 清水沟黑臭水体示意图

### 10.1.5 排水系统

吴忠市区现状主要有两种排水体制:老城区为雨污合流制,占比为88%;高铁新区为雨污分流制,占比为12%(图10-7)。

吴忠市区现有3座污水处理厂和7座排水泵站,污水处理厂总规模为13万m³/d(其中,第一污水处理厂规模6万m³/d,第二污水处理厂规模2万m³/d,第三污水处理厂规模5万m³/d);市区排水管网总长度236.5km(其中,合流制排水管190.4km,污水管24.5km,雨水管21.6km)(图10-8)。

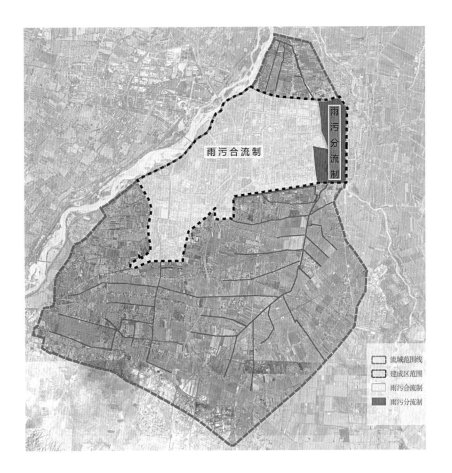

图10-7 吴忠市排水体制示意图

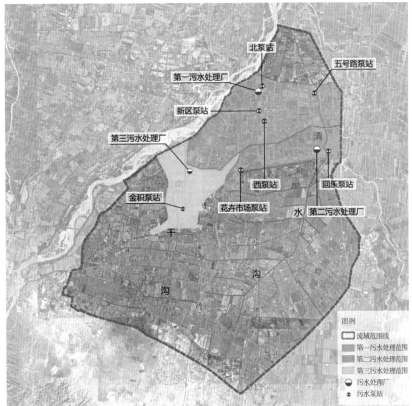

图10-8 吴忠市污水处理厂站示意图

## 10.2 存在问题分析

导致清水沟水体黑臭的原因主要为污染源多、淤积严重和水体自净能力不足。首先是流域内污染源多，包括工业污染、农村和城镇生活污染等，并且排放量较大；其次是清水沟河道淤积严重，被侵占问题突出，导致河道生态功能退化；同时由于地处西北干旱地区，清水沟枯水期长，生态基流量小，水体自净能力严重不足。

### 10.2.1 污染物源多量大

清水沟流域自上而下分别为工业园区、村镇区和城市建成区，沿岸全部生产废水、生活污水和农田退水排入清水沟。因此，从污染源和问题分布上看，清水沟流域的污染源具有明显的"上中下游、三区各异"特征。具体问题如下：

**1. 上游工业园区污水收集处理设施不完善，污水处理厂排放标准低**

金积工业园区（牛首山园）位于清水沟流域上游，面积为24.38km²，园区内有企业40余家，以造纸、包装印刷、化工等企业为主。

黑臭水体治理前，园区污水收集、处理缺乏统一规划。一方面，污水管网建设滞后，导致金泽源木业、源盛纸业、宁宝源骨粒等企业的生产、生活污水无法接管和集中处理；另一方面，昊盛纸业污水处理厂（处理能力1万m³/d）作为园区唯一的集中污水处理厂，设计排放标准为一级B，受设备老化、进水水量水质不稳定等影响，时常出现超标排放情况（图10-9）。

图10-9 昊盛纸业污水处理厂尾水排放口照片

通过污染源调查分析，园区日均污水总排放量约1.1万m³，其中，约3000m³/d的污水不能有效收集和处理。根据测算，园区污染物总排放量COD约为639t/a，NH₃-N约为42t/a，TP约为6.8t/a。

**2. 中游村镇生活污水处理设施薄弱，大量污水直排河道**

清水沟中游主要接纳高闸镇、马莲渠乡、巴浪湖农场、金银滩镇、上桥镇、郭家桥乡、东塔寺乡、古城镇等8个乡镇约10万农村居民的生活污水。

图10-10 清水沟沿线农村散排口示意图

沿河旱厕散排口

沿河农户散排口

黑臭水体治理前，清水沟流域只有高闸镇（300m³/d）、金银滩镇（6000m³/d）、古城镇（160m³/d）等镇区建有生活污水处理站，其他乡镇及沿河村庄的生活污水基本无收集和处理，大量农村生活污水以散排为主（图10-10）。

据统计，清水沟沿线农村生活、旱厕等直排口约788个，直排污水量约1400m³/d。根据常住人口和水质监测数据测算，清水沟中游农村生活污水的污染物总排放量COD约为127t/a，$NH_3-N$约为12.72t/a，TP约为2.04t/a。

**3. 下游城市生活污水处理厂排放标准低，亟待提标改造**

根据《宁夏重点流域水污染防治"十三五"规划》要求，吴忠市应加快实施现有城镇污水处理设施地提标改造，2017年年底前全部达到一级A排放标准。

吴忠市区位于清水沟流域下游，现有城市生活污水处理厂共3座，其中2座位于清水沟流域，分别是第一污水处理厂和第二污水处理厂。黑臭水体治理前，第一污水处理厂规模为6万m³/d，日均处理量3.7m³/d，执行二级排放标准。第二污水处理厂规模为2万m³/d，日均处理量1万m³/d，执行一级B排放标准。两座污水处理厂的出水标准均未达到文件要求（表10-2）。

根据出水监测数据测算，清水沟流域城市生活污水处理厂的污染物总排放量COD约为1684t/a，$NH_3-N$约为370t/a，TP约为44.5t/a。

清水沟流域城市生活污水处理厂统计表　　表10-2

| 序号 | 名称 | 设计规模（万m³/d） | 日处理量（m³/d） | 执行排放标准 |
|------|------|------|------|------|
| 1 | 吴忠市第一污水处理厂 | 6 | 36780 | 二级 |
| 2 | 吴忠市第二污水处理厂 | 2 | 10300 | 一级B |

### 10.2.2 河道侵占淤积严重

由于多年未进行较大规模的集中治理，清水沟流域河道维护管理一度比较滞后，周边居民沿河违法建房、占地等情况逐渐产生，并愈演愈烈，导致流域水土流失逐渐加重，河道断

图10-11 清水沟被侵占情况图

图10-12 清水沟淤积和垃圾堆放情况图

面和生态空间逐渐被压缩侵占，最窄处不足10m，河道防洪和生态功能严重退化（图10-11）。

同时，由于水土流失和人为活动，河道的淤积现象和随意倾倒垃圾情况也逐渐突出，污染物长期在河床中累积形成黑臭底泥，平均厚度达20～100cm（图10-12）。据测算，淤积底泥释放的污染物量COD约为2.76t/a，$NH_3-N$约为1.47t/a，TP约为0.92t/a。

### 10.2.3　水体自净能力差

清水沟位于西北干旱地区，是典型的季节性河流，径流量年际变化较大，年内分布不均匀。除雨季（5～9月）和春、冬灌期（5月、11月）外，河道枯水期长，其生态基流量甚至不足非枯水期平均水平的1/17（表10-3），水体自净能力严重不足，枯水期水环境质量更差（图10-13）。

据测算，枯水期清水沟流域污染物总排放量（以$NH_3-N$计）是水环境容量的5.1倍，枯水期水体自净能力严重不足（图10-14）。

清水沟多年月平均径流量统计表（万$m^3$）　　　　表10-3

| 月份 | 1 | 2 | 3 | 4 | 5 | 6 |
|---|---|---|---|---|---|---|
| 月平均径流量 | 150.9 | 121.5 | 135.8 | 372.5 | 3947.7 | 5053.1 |
| 月份 | 7 | 8 | 9 | 10 | 11 | 12 |
| 月平均径流量 | 5673.9 | 5444.3 | 2594.7 | 443.4 | 2739 | 249.5 |

图10-13 清水沟枯水期情况图

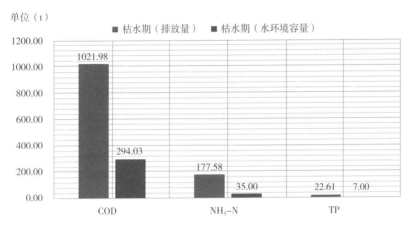

图10-14 枯水期清水沟流域污染物总排放量与水环境容量对比示意图

## 10.3 治理目标及技术路线

### 10.3.1 治理目标

根据《吴忠市城市黑臭水体治理两年攻坚行动计划》，清水沟黑臭水体治理的目标为"四达标、三提升、两实现、一满意"。

"四达标"：透明度、DO、ORP、$NH_3$-N 4项指标平均值均达到不黑不臭的标准要求，全面消除黑臭水体。

"三提升"：河道沿线垃圾清理率有效提升，水面无大面积漂浮物、翻泥；进入污水处理厂的$BOD_5$浓度较2018年提升10%；入黄口水质全面提升，达到地表水Ⅳ类标准。

"两实现"：清水沟45%以上的河段实现"清水绿岸、鱼翔浅底"的要求；建立完善的黑臭水体长效管控机制，实现清水沟"长制久清"。

"一满意"：居民满意度达到90%以上。

### 10.3.2 技术路线

吴忠市坚持把黑臭水体治理融入黄河流域生态保护和高质量发展先行区建设重大国家战略，坚持把治理黑臭水体作为保护黄河"母亲河"的重要举措，紧密围绕清水沟流域的典型特征、存在问题和治理目标，不断强化控源截污、内源治理、生态修复、再生水补水和长效维护，确保实现清水沟黑臭水体标本兼治和系统治理。具体技术路线（图10-15）如下：

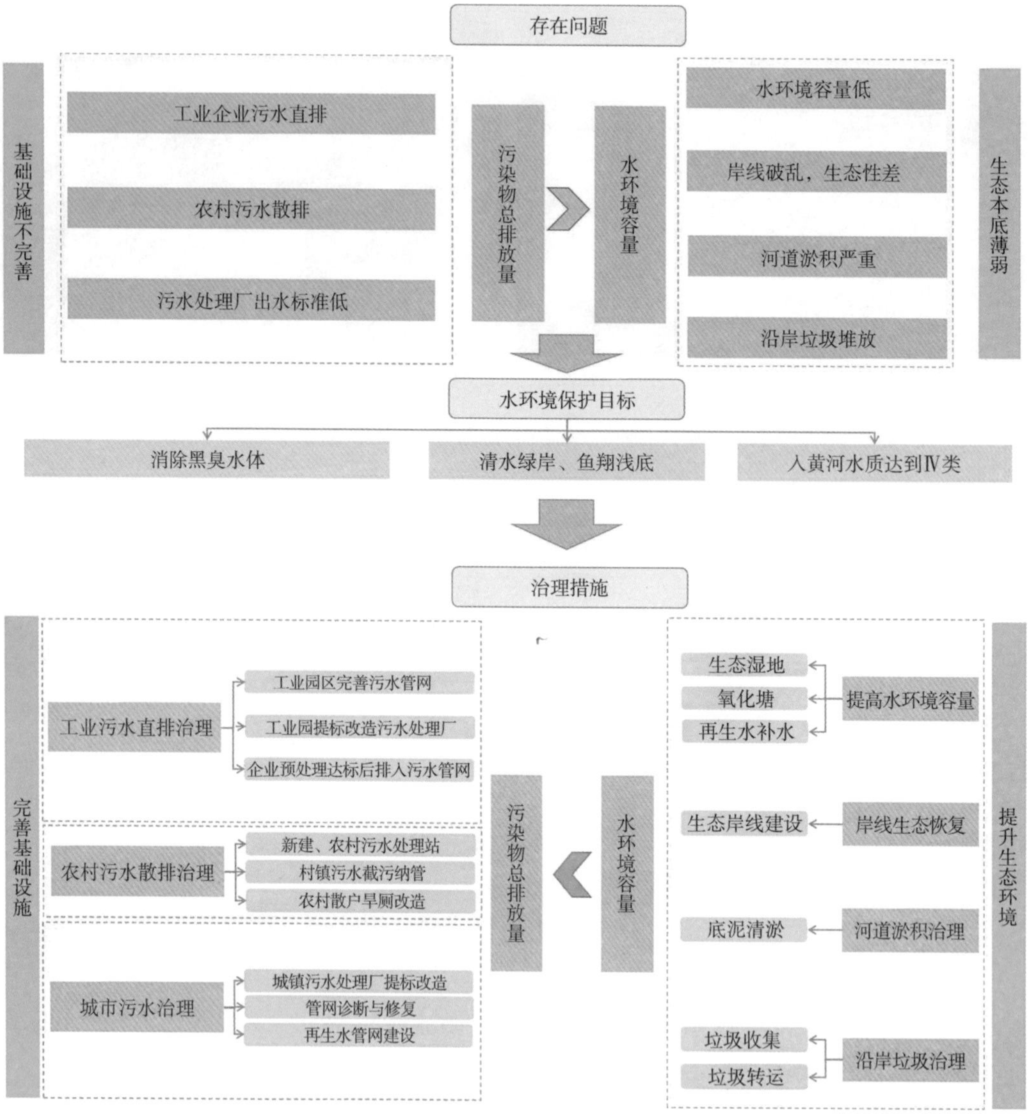

图10-15 清水沟治理技术路线图

（1）排口调查，追踪溯源；定量分析，识别问题。
（2）治理黑臭，保护黄河；目标明确，分类施策。
（3）完善管网，强化收集；提高标准，减少排放。
（4）清淤拆违，拓宽河道；垃圾收集，长效养护。
（5）再生补水，增加基流；末端湿地，最终屏障。
（6）生态修复，环境提升；水清岸绿，鱼翔浅底。

## 10.4 系统化治理方案

### 10.4.1 控源截污

"黑臭在水里，根源在岸上"。吴忠市充分认识到这一道理，因此，在治理黑臭水体之初，就集中开展了全流域的排污口调查和溯源，并对工业园区、村镇、城市建成区等的污染源和问题，因地制宜，对症下药，提出了针对性的治理措施。

#### 10.4.1.1 全流域开展污染源调查溯源和排口封堵

治河先治污，治污先溯源。吴忠市首先对清水沟全流域内的干、支流沿岸排污口进行了全面摸查，一是查清排污口位置，二是溯源查找污染源头。

同时为尽快消除污水直排现象，为深入开展污染源治理和设施建设奠定基础和争取时间，吴忠市还同步开展了排污口封堵专项执法行动（图10-16），取缔企业非法排污口共12个，封堵农村生活污水散排口788个。据测算，通过溯源执法和排污口封堵行动，削减污水直排入河量约4400m³/d，有效解决了清水沟沿线的污水直排问题。

图10-16 排污口调查和执法封堵

#### 10.4.1.2 上游开展工业园区污水管网建设和提标改造

为进一步开展清水沟上游工业污染治理，吴忠市在金积工业园区采取了完善园区排水管网、建设污水预处理设施及工业污水处理厂提标改造等主要措施，最终确保园区污水管网全覆盖，污水全收集、全处理和达标排放。

**1. 完善排水管网系统，提高企业污水接管率**

为完善污水管网系统，金积工业园区新建污水管网共46km，有效完善了园区的排水管网系统，大幅提高了排水管网覆盖率和企业接管率（图10-17、图10-18）。同时将企业污水全部收集并接入昊盛纸业污水处理厂进行集中处理，彻底消除了企业污水无出路而直排清水沟的现象。

**2. 建设预处理设施，减少对污水处理厂的冲击**

由于缺少污水预处理设施，以宁夏鑫浩源生物科技股份有限公司为代表的食品、生物制品相关企业排放的污水直接排入了园区污水管网，其中含有高浓度的COD、$NH_3$-N、TP、无机盐等污染物，对园区的污水处理厂昊盛纸业污水处理厂的稳定运行造成较大冲击。

为园区污水处理长期稳定达标排放，并支持骨干企业和支柱产业发展，金积工业园区在食品、生物制品相关企业较为集中的片区配套新建了1座高浓有机废水预处理设施，规模为3000m³/d，有效满足了对鑫浩源及周边企业高浓度废水的预处理需求。

图10-17 金积工业园区集污管网示意图

图10-18 金积工业园区集污管网工程施工

图10-19 园区污水预处理工程示意图

最终，污水经过预处理并达到排入下水道标准后，再输送至昊盛纸业污水处理厂进行深度处理和达标排放（图10-19）。

### 3. 污水处理厂提标改造，降低污染物总排放量

作为园区唯一的污水处理厂，昊盛纸业污水处理厂承担着金积工业园区内企业生产、生活全部污水的处理功能。

为提高昊盛纸业污水处理厂运行稳定性和稳定达标排放标准，减少园区污染物总体排放水平，金积工业园区对污水处理厂进行了老旧工艺设备更换和整体提标改造，将污水处理厂的排放标准由一级B标准提高到一级A标准，经水量核算，处理规模保持1万m³/d不变（图10-20）。

图10-20 吴盛纸业污水处理厂提标改造后实景

最终，通过在清水沟上游开展工业园区污水管网建设和提标改造等措施，有效削减了金积工业园区排入清水沟的污染物总负荷。据测算，工业园区污染物总排放量（以$NH_3$-N计）总削减量约22 t/a。

### 10.4.1.3 中游开展农村生活污水收集和处理设施建设

针对清水沟沿线农村生活污水直排问题，吴忠市主要采取两种治理措施：对于距离城区较近、居住人口较为集中的村镇，采取新建集污管网和提升泵站的方式，将农村生活污水统一纳入城市生活污水处理厂进行处理。对于距离城区较远的村镇，根据村镇规模、设施条件等，采取改造小型污水处理设施、新建一体化污水处理设施、完善集污管网及农村旱厕改造等措施，将生活污水集中收集处理或分散处理，最终实现农村污水达标排放（一级A）和有效管理（表10-4）。

目前，清水沟流域累计新建一体化污水处理站1座，污水提升泵站11座，集污管网69.46km，解决了清水沟沿线5323户2.3万农村居民的生活污水排放问题，保障了农村生活污水的有效收集和处理（图10-21、图10-22）。据测算，通过农村生活污染治理可削减污水直排入河量约3000m³/d，削减污染物总排放量（以$NH_3$-N计）约10.2 t/a。

利通区清水沟流域农村污水处理方式统计表　　　　　　　表10-4

| 序号 | 位置 | 工程措施 | 处理方式 |
|---|---|---|---|
| 1 | 高闸镇 | 铺设污水管1.43km，新建污水处理站1座，规模500m³/d | 新建污水处理站 |
| 2 | 金银滩镇 | 团庄村铺设污水管19.4km，建设集中化粪池3座，污水提升泵站3座 | 接入现状金银滩镇污水处理厂 |
| 3 | 马莲渠乡 | 新建污水提升泵站1座 | 接入第二污水处理厂 |
| 4 | 巴浪湖农场 | 铺设排水管2.4km，建设污水提升泵1座 | 接入现状金银滩镇污水处理厂 |
| 5 | 上桥镇 | 牛家坊村、罗渠村、解放村、花寺村等建设排水管道共计30.85km，建设污水提升泵站2座 | 接入第二污水处理厂 |

| 序号 | 位置 | 工程措施 | 处理方式 |
|---|---|---|---|
| 6 | 郭家桥乡 | 涝河桥村新建污水管1.3km，污水提升泵站1座 | 接入新建第五污水处理厂 |
| 7 | 东塔寺乡 | 铺设污水管道13.36km，新建集中化粪池3座，污水提升泵站3座 | 接入第一污水处理厂 |
| 8 | 古城镇 | 古城湾新村新建排水管0.72km | 接入现状古城湾污水处理站 |

图10-21 古城湾农村生活污水处理设施

图10-22 高闸镇一体化农村生活污水处理站

#### 10.4.1.4 下游开展城市生活污水处理厂提标改造和管网修复

对于城区的污染治理，吴忠市主要采取了生活污水处理厂提标改造、老旧排水管网诊断修复等措施，确保城市建成区污水管网全覆盖，污水全收集、全处理和达标排放。

**1. 污水处理厂提标改造，降低污染物排放总量**

为升级第一污水处理厂处理工艺，有效降低污水处理厂尾水排放的污染物总量，吴忠市对第一污水处理厂进行了提标改造，经污水量测算，规模（6万m³/d）保持不变，污水处理工艺由原设计的卡鲁塞尔氧化沟工艺改造为流动床生物膜（MBBR）工艺，排放标准由二级标准提高到一级A标准（图10-23）。

同时，吴忠市还对第二污水处理厂进行了提标改造，根据相关规划污水量测算结果，规

图10-23 第一污水处理厂提标改造后实景

图10-24 第二污水处理厂提标改造后实景

模（2万m³/d）保持不变，污水处理工艺由原设计的悬挂链曝气倒置A²/O工艺改造为流动床生物膜（MBBR）工艺，污水排放标准由一级B标准提高到一级A标准（图10-24）。

**2. 管网诊断和修复**

吴忠市老城区位于清水沟下游西岸，多数排水管网建成年代为2000年以前，以钢筋混凝土管为主，由于使用时间较长，管道沉降、破损、漏筋、结构强度下降等问题比较集中。同时，吴忠市还是一座以餐饮为特色的城市，尤其老城区内饭店林立，油污排放导致管网堵塞的问题也较为突出。

为集中修复城区老旧排水管网的突出问题，吴忠市持续开展了城区老旧管网问题诊断和修复改造工作。首先是对城区老旧排水管网开展了全面诊断，采用CCTV、QV等内窥检测技术检测排水管网共100km，全面评估了管道运行情况和破损情况，为持续开展问题管网改造和修复提供技术支撑（图10-25）。同时，根据管网诊断结果和问题严重程度，分批次开展重点修复和改造。其中，采用紫外线固化技术修复老旧管网777m（图10-26），采用开挖修复方式改造老旧管网14.1km，有效提升了老城区排水管网的健康水平，保障了老城区生活污水的有效收集和输送。

最终，通过城市生活污水处理厂提标改造、老旧管网修复等措施，有效削减了城市建成区排入清水沟的污染物总负荷。据测算，削减的污染物总排放量（以NH₃-N计）约284t/a。

图10-25 吴忠市老旧排水管网CCTV诊断检测

图10-26 吴忠市排水管网紫外线固化法修复前、后对比

### 10.4.2 内源治理

#### 10.4.2.1 拆除违建，拓宽河道

开展河道治理，首先要恢复其原有空间，这既是保障防洪安全的需要，也可为河道生态修复腾出必要的生态空间。吴忠市首先对清水沟沿线侵占河道的建筑物和农田进行了依法拆除和整治（图10-27），累计清运垃圾约8万m³，拆除违建176000m²。

图10-27 清水沟沿线违建拆除

#### 10.4.2.2 清淤疏浚，岸线塌坡

针对清水沟黑臭底泥淤积的问题，吴忠市对河道干、支流进行了集中清淤疏浚（图10-28），清淤清水沟干流长度共15.65km，并对清二沟、清三沟、清四沟、清五沟、清六沟、清七沟、牛毛湖沟、金廖路边沟等15条主要支沟进行了清淤疏浚。黑臭底泥经过检测鉴定（无重金属污染）

后，采用晾晒干化埋场的方式进行处置。据测算，可削减的内源污染物总量（以$NH_3$-N计）约1.2t/a。

同时，吴忠市在开展清水沟支沟清淤过程中，还重点对年久失修的塌坡河段进行了恢复和加固，并主要采取杉木桩、宾格石笼、植草砖等生态岸线治理措施。

图10-28 清水沟河道清淤疏浚

### 10.4.3 生态修复

清水沟作为黄河的一级支流，不仅要达到水体不黑不臭，同时还要满足入黄口水质达到地表水Ⅳ类的要求，因此在控源截污、内源治理的基础上，生态修复也是吴忠市开展清水沟治理的重要措施。吴忠市通过全面开展河道生态岸线建设，同时利用清水沟周边地形条件建设氧化塘、人工湿地等措施，对清水沟进行全面生态修复，并进一步构建起保护黄河生态安全的缓冲区和屏障。

#### 10.4.3.1 生态修复，改善环境

在清淤拆违的基础上，吴忠市对清水沟沿线驳岸进行了生态化改造和修复，下游城区段主要采用生态草坡、多级杉木桩等措施，中上游非城区段及支沟主要采用格宾石笼、植草砖砌护等措施，将原有硬质砌护驳岸及原始地貌的坍塌岸线全部改造为生态岸线，有效恢复了河道的生态功能和水土保持能力，同时结合地形地貌营造了多处滨水空间。

项目实施后，清水沟完成干流27.3km的生态治理，同时打造城市生态碧道10.4km（图10-29），岸线绿化面积达76hm²，城区段生态岸线比例达100%，成为吴忠市新的城市生态景观示范带（图10-30～图10-33）。

#### 10.4.3.2 湿地建设，构建屏障

在清水沟入城前，吴忠市利用原有坑塘，建设生态氧化塘1座，形成水面4.14hm²，对清水沟上游来水进行净化（图10-34）。氧化塘处理后出水水质达到《地表水环境质量标准》GB 3838—2002中Ⅳ类水质标准，主要用于城区景观水体补水以及清水沟下游河道的生态补水，进一步改善了清水沟城市段的水环境质量。

图10-29 清水沟城市生态景观河道示意图

图10-30 清水沟城市生态景观河道

图10-31 清水沟中游治理前后对比

图10-32 清水沟下游治理前后对比

图10-33 清水沟城区段（下穿秦渠处）治理前后对比

图10-34 清水沟入城前氧化塘

为提升第一污水处理厂出水水质，进一步削减向环境排放的污染物量，吴忠市在第一污水处理厂末端新建1座人工湿地（古城湾人工湿地），占地面积14.4万m²，采用"生态滞留塘+潜流湿地+表流湿地"组合工艺，搭配种植黄菖蒲、水葱、千屈菜、芦苇、菖蒲等水生植物，对污水处理厂尾水进行深度处理，出水水质指标达到地表水Ⅳ类标准（图10-35）。

图10-35 第一污水处理厂尾水湿地

在清水沟末端入黄口处，依托张家滩湖，吴忠市新建了清水沟人工湿地（图10-36），采用"磁分离混凝沉淀+曝气浮动湿地"工艺，对清水沟入黄河前水质进行深度处理，设计处理规模为9万m³/d。项目实施后，可确保清水沟入黄水质稳定达到《地表水环境质量标准》Ⅳ类水质，为保护黄河构筑了最后一片缓冲区和生态屏障。

图10-36 清水沟末端人工湿地

### 10.4.4 活水保质

依托现有的第一污水处理厂再生水系统（日处理规模3万m³），吴忠市新建清水池和送水泵房各1座，改造再生水管网30.2km，新建再生水管网14km，进一步完善了再生水保障系统，提高了管网覆盖率，在满足工业冷却用水补水需求的同时，还在清水沟城区段与金积大道、世纪大道、朔方路等道路交汇处预留了3处再生水补水口，日均补水量可达2万m³，有效提高了清水沟枯水期的生态基流量和水环境容量（图10-37、图10-38）。

图10-37 清水沟流域再生水管网示意图

图10-38 枯水期清水沟再生水补水前、后对比

## 10.5　管理保障措施

在管理制度方面，吴忠市按照"长制久清"的要求，重点抓好责任落实、排口监管、河道维护、水质监测等方面，不断完善清水沟的长效管控机制。

### 10.5.1　抓好责任落实，加强组织领导和考核监督

一是强化组织领导。吴忠市成立了"吴忠市黑臭水体治理示范城市推进工作领导小组"，由分管副市长担任清水沟河长，实行领导干部包抓环境保护工作制度。

二是强化责任落实。吴忠市出台了《黑臭水体治理两年攻坚行动计划》，提出了"四达标、三提升、两实现、一满意"的工作目标，明确了"加强控源截污，突出内源治理，注重生态修复，推进活水保质"等四方面共13项重点任务。同时吴忠市还出台了《领导小组办公室工作制度》《中央奖补资金使用管理办法》《中央奖补资金使用计划》《黑臭水体治理绩效考核制度》《2020年黑臭水体治理示范城市建设任务分工方案》《2020年黑臭水体治理工作细则》等系列文件，从项目建设、资金使用、资金监管、制度落实、资料报送、巡查通报、工作例会、绩效考核等多个方面加强责任落实，确保各项工作落到实处。

三是强化考核监督。吴忠市按照《领导小组办公室工作制度》相关要求，制定了《黑臭水体整治工作考核细则》，工程和管理两手抓，过程和效果全覆盖，每年度对各成员单位黑臭水体治理工作开展考核；同时强化考核结果运用，相关考核结果抄报领导小组，对成绩突出的单位给予通报表扬，对责任落实不力的单位严肃问责。

### 10.5.2　抓好排口监管，建立健全联合溯源执法机制

吴忠市紧盯入河排口监管，对入河排口实行统一编码（图10-39），覆盖全部污水口和雨水口，每月开展排口巡查和水质检测。严格落实"排污许可""排水许可"制度，市政、城管、生态环境、综合执法等部门各司其职，联合行动，严肃查处餐饮、宾馆、个体工商户偷排行为和市政污水管网私搭乱接等现象，排口整治效果持续巩固（图10-40）。

图10-39 清水沟排口标识牌

图10-40 市政、生态环境部门开展清水沟排口联合巡查

### 10.5.3 抓好河道维护，建立健全巡河及垃圾收集转运制度

在生态修复基础上，吴忠市不断夯实清水沟河长制工作基础，细化完善河道养护保洁制度。一是在沿河居民生活点周边设立便民垃圾集中收集点，并委托第三方社会化运营单位（成都黄大姐）进行定期清理；二是购置电动垃圾自卸车12辆、垃圾打捞船14条、救生设备26套、连体雨裤48件，有效补齐了河道保洁设备短缺的短板，提高了河道保洁效率；三是按照各乡镇行政区划边界，在高闸镇、马莲渠乡、上桥镇、东塔寺乡等河道断面分别安装漂浮垃圾拦截网，对上游水面的漂浮物进行拦截，并安排专人每天进行拦截物打捞（图10-41）。

图10-41 开展河岸垃圾清理和河道保洁

### 10.5.4 抓好水质监测，常态开展黑臭水体监测工作

吴忠市不断完善清水沟水质监测工作，共设置水质采样点50余处，全面覆盖主沟、支沟、入黄口及主要排污口，实现了清水沟水质监测的网格化管理（图10-42）。检测指标包括pH、透明度、DO、ORP、$NH_3$-N、TN、TP、COD等，既满足城市黑臭水体监测相关要求，又满足地表水环境质量主要指标的监测要求。每月定期开展水质检测，及时掌握水质变化趋势和水质异常分区（排口），提高了水污染执法的时效性和精确性，对巩固黑臭治理效果提供了重要的技术支撑。

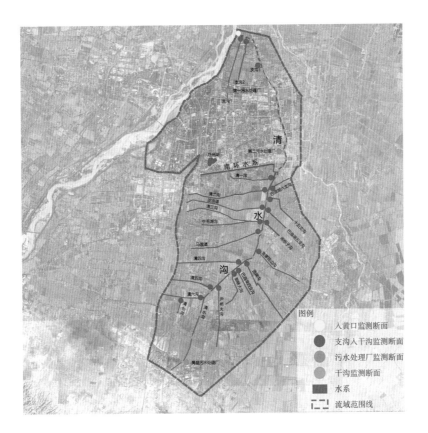

图10-42 清水沟水质监测点分布示意图

**吴忠市环境监测站**

**水 质 监 测 报 告 单**

采样时间：2020年1月2日  报告编号：WZZL-2020-007

| 序号 | 水体名称 | 断面名称 | 化学需氧量(mg/L) | 氨氮(mg/L) | 总磷(mg/L) | 氟化物(mg/L) | 扣除氟化物水质类别 | 水质类别 | 备注 |
|---|---|---|---|---|---|---|---|---|---|
| 1 | 红柳沟 | 红柳沟监东公路火大桥断面(120200102-1) | 8 | 0.199 | 0.02 | 2.00 | II类 | 劣V类 | 氟化物超标 |
| 2 | | 陈南韩桥断面(120200102-2) | 37 | 6.03 | 0.10 | 0.75 | 劣V类 | 劣V类 | 化学需氧量、氨氮超标 |
| 3 | | 高闸油粮桥大桥断面(120200102-3) | 32 | 3.61 | 0.11 | 0.80 | 劣V类 | 劣V类 | 化学需氧量、氨氮超标 |
| 4 | 清水沟 | 清六沟(120200102-4) | 10 | 0.760 | 0.09 | 0.93 | III类 | III类 | |
| 5 | | 清四沟(120200102-5) | 13 | 0.454 | 0.12 | 0.71 | III类 | III类 | |
| 6 | | 拱北沟(120200102-6) | 18 | 0.211 | 0.06 | 1.50 | III类 | IV类 | |
| 7 | | 清三沟(120200102-7) | 10 | 0.360 | 0.04 | 0.54 | II类 | II类 | |
| 8 | | 巴浪湖第5支沟入清水沟口(120200102-8) | 9 | 0.301 | 0.07 | 0.88 | II类 | II类 | |
| 9 | | 清二沟(120200102-9) | 8 | 0.025L | 0.03 | 0.51 | II类 | II类 | |
| 10 | | 新民路清水沟桥(120200102-10) | 26 | 1.20 | 0.14 | 1.40 | IV类 | IV类 | |
| 11 | | 清水沟入黄口(120200102-11) | 15 | 1.07 | 0.17 | 1.31 | IV类 | IV类 | |
| IV类标准限值 | | | 30 | 1.5 | 0.3 | 1.5 | | | |

备注：1. 地表水水质控制标准：《地表水环境质量标准》(GB 3838-2002) IV类。

报告人：同王地  日期：2020.1.13  审核人：沈书明  日期：2020.1.13  签发人：王占海  日期：2020.1.13

图10-43 清水沟水质监测点分布图及监测水质报告

　　2019年12月，领导小组办公室联合市生态环境局环境监测站共同开展清水沟巡查和水质检测，根据水质检测结果发现清水沟局部河段水质恶化（劣V类），并呈现明显规律（自下游向上游逐渐恶化），初步判断清水沟上游存在较严重污染物入河现象（图10-43）。领导小组办公室立即组织对清水沟上游开展重点巡查，发现某企业排口存在明显排污痕迹后，立即通报市生态环境局和金积工业园区管委会，最终由生态环境部门对违法排污企业依法做出处罚并责令整改。

## 10.6 案例总结

**1. 流域统筹，分类施策，夯实控源截污基础**

吴忠市牢记习近平总书记"节水优先、空间均衡、系统治理、两手发力"的治水方针，紧扣清水沟沿线工业、城镇、农村等不同污染源的典型特征，因地制宜，精准施策，全流域系统开展"上下游、左右岸"的污染治理，确保黑臭水体治理"针针见血、药到病除"，实现了清水沟由"黑"向"清"的转变。同时，在黑臭水体治理中，吴忠市牢牢抓住"黑臭在水里，根源在岸上"这一核心思想，坚持把加强排口治理和污水处理厂、管网等设施建设放在首要位置，大力开展控源截污工作，补齐基础设施建设短板，确保"把污水收集在岸上，把清水留在河中"，为后续开展河道生态保护修复措施奠定了坚实的基础。

**2. 生态补水，环境修复，构建生态安全屏障**

清水沟是吴忠市重要的城市水系和入黄河道，治理清水沟黑臭水体，保护黄河"母亲河"是吴忠市义不容辞的责任。因此吴忠市对清水沟治理提出了更高的目标和标准，不仅要实现"黑臭"销号，更要达到"水清岸绿、鱼翔浅底"的生态示范目标和"入黄水质稳定达到地表水Ⅳ类"的水质考核指标。在实施过程中，吴忠市紧扣清水沟水体自净能力不足，入黄水质要求高的特点，针对性采取生态修复、湿地建设、再生水补水等综合措施，将灰色与绿色设施相结合，生态与景观措施相结合，打造了多处人工湿地和全流域的生态景观带，实现了污水由"弃"向"用"的转变，深受周边群众好评。清水沟由过去的臭水沟华丽转身为吴忠市保护黄河生态安全的重要屏障和市区人民的"幸福河"，同时也是吴忠市建设黄河流域生态保护和高质量发展先行区的"样板河"。

**3. 完善机制，建管并重，确保河道"长制久清"**

"水质好不好，群众说了算。"为增强市区及清水沟周边群众的幸福感和获得感，吴忠市坚持每半年开展一次水环境治理效果公众问卷调查，及时收集群众意见和发现问题，并开展针对性治理工作。2020年以来，两次问卷调查显示群众满意度均达到100%。同时，以市区水环境质量长期健康稳定为目标，吴忠市制定并实施了"问计于民""建管并重""定期监测""加强监督"等一系列长效管控机制，如源头管控方面有"排水许可"和"排污许可"，末端监管方面有"水质监测"和"巡查保洁"，真正实现了清水沟的全程管控和长效管控。主体工程完工以来，沿岸垃圾定期清理，生态环境不断改善，鱼群白鹭随处可见，休闲群众日益增多，实现了工程效果与管理水平的双提高，有效确保了清水沟水环境治理的"长制久清"。

[延伸阅读6]

# 第11章  青岛市李村河案例

青岛市作为获得中国人居环境奖的国家园林城市、全国文明城市、中国优秀旅游城市，优良的生态环境一直以来都是青岛一张闪亮的名片。然而，随着城市化进程的加速，基础设施不完善、河道底泥淤积、生态基流缺乏、长效机制不完善等问题逐渐暴露，青岛的河道水质呈现逐步恶化的趋势。李村河流域是青岛市城区内流域面积最大、治理任务最重的流域，所处的区位和承担的功能都极为重要，流域内黑臭水体共有3段，分别为李村河中游（君峰路-青银高速）段、李村河下游（四流中路以东）段、水清沟河（开封路-唐河路）段。

李村河流域按照"全流域、全系统"理念，统筹推进李村河干流及10余条支流的治理工作，通过"控源截污、内源治理、生态修复、活水保质"的系统性体系，实现上下游、左右岸、干支流的全面系统治理，打造全流域生态幸福河，为北方大型缺水城市水生态建设提供经验。

## 11.1  区域概况

### 11.1.1  区位分析

青岛市地处山东半岛东南部，位于东经119°30′~121°00′、北纬35°35′~37°09′，东、南濒临黄海，东北与烟台市毗邻，西与潍坊市相连，西南与日照市接壤。青岛市具有良好的山海架构，丰富的自然资源，东部有崂山、北部有大泽山作为屏障，海边有胶州湾、团岛湾、青岛湾、汇泉湾和太平湾等多处海湾，迂回的海岸线和连绵的山脉为城市的特色建设提供了海光山色的本底基础，形成山海城一体的独特风貌。

李村河位于青岛东岸城区中北部，是青岛市城区最大的过城河道，李村河流域总面积为143km²，跨越李沧区、崂山区和市北区三区。

### 11.1.2  气候特征

青岛市地处北温带季风区域，属温带季风大陆性气候，由于海洋环境的直接调节，又具

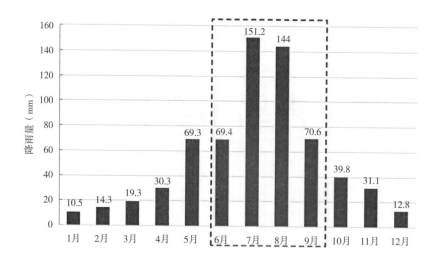

图11-1 青岛市多年平均月降雨量分布图

有显著的海洋性气候特点。空气湿润，雨量充沛，温度适中，冬暖夏凉。

青岛市多年平均蒸发量为1113mm，多年平均降雨量为648.80mm（图11-1）。降雨年际变化幅度加大，易造成明显的年际丰枯变化；降雨年内分布不均，降水多集中于汛期（6~9月），约占全年降水量的60%以上，雨季降雨又往往集中在几次暴雨之中，其他月份降雨量较少。

### 11.1.3 地形地貌

青岛市为海滨丘陵城市，李村河流域位于青岛市中部，东接崂山山脉，西临胶州湾，流域内有石门山、卧龙山、老虎山、华楼山、枣山等山体及李村河、张村河、大村河等水系，属于半丘陵半山地区域。

李村河流域整体地势东北高西南低（图11-2），流域上游东北部及南部部分地区为山体，地势变化较大，坡度基本在8%以上，河道汇流较快；其他区域为丘陵及平原，地势较平坦，最低点位于李村河入海口处，坡度小，加之入海口处易受海潮顶托和泥沙影响，下游河段易淤积。

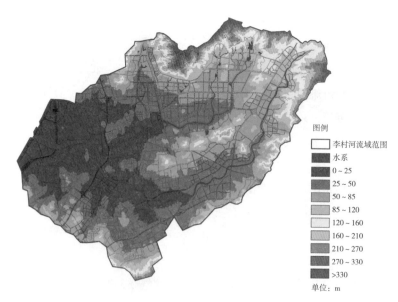

图例
李村河流域范围
水系
0~25
25~50
50~85
85~120
120~160
160~210
210~270
270~330
>330

单位：m

图11-2 李村河流域高程分布图

### 11.1.4　地质水文

青岛市李村河流域土壤类型主要包括棕壤、砂姜黑土、潮土、盐土等4类，以棕壤为主，其特点是持水性能好、抗旱能力强。根据地质勘察数据，李村河流域揭露地下水的点位平均地下水埋深约为4.50m（图11-3）。

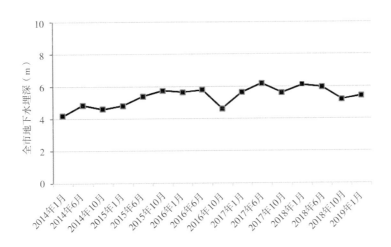

图11-3 青岛市地下水水位变化趋势图

青岛市地处半岛陆地边缘，河流流程短、径流量小，多为季节性河流，淡水资源短缺。青岛市人均占有水资源量247m³，仅为全国平均值的11%，属于严重资源型缺水地区，李村河流域内人口众多，城市建设发展迅速，水资源供需矛盾日益突出。此外，青岛市降水量还有连丰连枯的特点，受此影响全市水资源也成连丰连枯的变化，随着城市经济的发展，缺水态势日益加剧，城市供水在枯水年受到严重挑战。

### 11.1.5　河流水系

李村河流域内河道共计11条，总长度约63.4km（图11-4、表11-1）。其中，李村河干

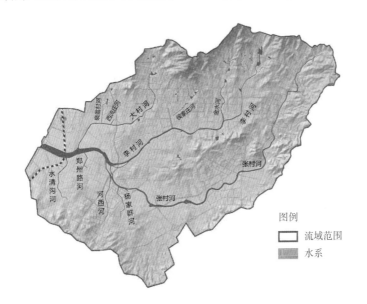

图例

□ 流域范围

▬ 水系

图11-4 李村河流域河道分布图

流源于石门山南侧卧龙沟，向西汇入胶州湾，长度约17km，入海口宽度约为300m。每年6~9月雨季时，李村河是市区内一条主要的泄洪河道。冬、春季节枯水，河床底仅有浅状水流。

李村河流域河道一览表 表11-1

| 序号 | 河道 | 河道属性 | 长度（km） | 平均宽度（m） |
|---|---|---|---|---|
| 1 | 李村河 | 干流 | 17 | 10~300 |
| 2 | 张村河 | 一级支流 | 20.1 | 50~120 |
| 3 | 大村河 | 一级支流 | 7.4 | 15~30 |
| 4 | 水清沟河 | 一级支流 | 5.6 | 10~30 |
| 5 | 侯家庄河 | 一级支流 | 1.9 | 10~20 |
| 6 | 金水河 | 一级支流 | 2.3 | 10~30 |
| 7 | 郑州路河 | 一级支流 | 1.3 | 20~30 |
| 8 | 晓翁村河 | 二级支流 | 1.2 | 5~10 |
| 9 | 西流庄河 | 二级支流 | 0.4 | 5~10 |
| 10 | 杨家群河 | 二级支流 | 1.9 | 10~20 |
| 11 | 河西河 | 二级支流 | 4.3 | 10~30 |
| | 合计 | | 63.4 | |

李村河流域内城市黑臭水体共3段，总长度4.35km，分别为水清沟河（开封路-唐河路）、李村河中游（君峰路-青银高速）、李村河下游（四流中路以东），治理前均为轻度黑臭（表11-2、图11-5）。

李村河流域城市黑臭水体一览表 表11-2

| 编号 | 黑水体名称（起始边界） | 水体类型 | 长度（m） | 治理前黑臭级别 |
|---|---|---|---|---|
| 1 | 水清沟河（开封路-唐河路） | 河流 | 850 | 轻度 |
| 2 | 李村河中游（君峰路-青银高速） | 河流 | 3000 | 轻度 |
| 3 | 李村河下游（四流中路以东） | 河流 | 500 | 轻度 |
| | 合计 | | 4350 | |

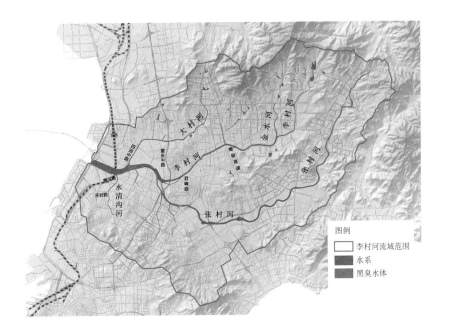

图11-5 李村河流域城市黑臭水体分布图

### 11.1.6 排水系统

#### 11.1.6.1 排水体制

李村河流域为雨污分流制，但流域内部分城中村区域，如闫家村、曲哥庄村、郑张庄、南龙口社区、北龙口社区等，内部缺乏污水集中收集处理设施，生活污水通过散排方式直接排入明渠或盖板沟，雨水通过地面无组织排放，属于散排区域（图11-6）。

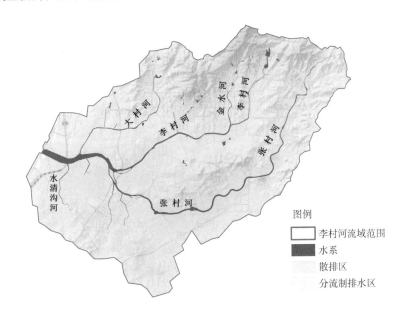

图11-6 李村河流域排水体制分布图

#### 11.1.6.2 污水排水系统

李村河流域内污水处理厂共2座，分别为李村河污水处理厂和世园会再生水净化厂，总处理能力25.6万m³/d；配套污水泵站4个，总规模8.05万m³/d，均为李村河污水处理厂配套污水泵站；流域内污水管网总长度为561.8km（图11-7、表11-3）。

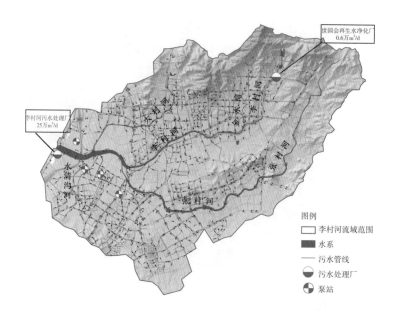

图11-7 李村河流域污水排水系统分布图

**李村河流域污水排水系统情况一览表**　　　　　表11-3

| 污水处理厂 | 现状规模<br>（万m³/d） | 配套污水泵站 | 配套污水管网长度<br>（km） |
|---|---|---|---|
| 李村河污水处理厂 | 25.0 | 唐河路泵站、郑州路泵站、沧台路<br>泵站、洛东小区泵站 | 549.4 |
| 世园会再生水净化厂 | 0.6 | 自流排放，无提升泵站 | 12.4 |

### 11.1.6.3　雨水排水系统

李村河流域内雨水管网长度为492.4km，暗渠长度为143.2km。雨水管在DN300 ~ DN2000之间，主要分布在李村河上中下游及张村河下游。雨水经由雨水管渠汇入李村河后排入胶州湾，临湾部分区域雨水直接排入胶州湾（图11-8）。

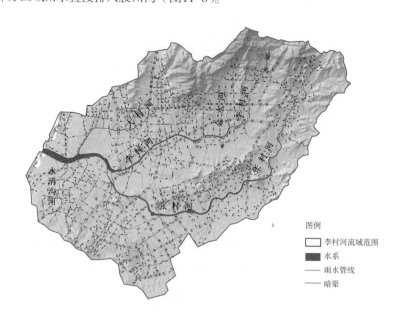

图11-8 李村河流域雨水排水系统分布图

#### 11.1.6.4 排口

2013年，李村河流域内开展了大规模的沿河截污工程。流域内共有排口479个，其中，分流制雨水排口312个，分流制雨污混接截流溢流排口156个，沿河居民排口11个（表11-3、图11-9）。

李村河各河道排口情况一览表　　　　　表11-4

| 河道 | 分流制雨水排口 | 雨污混接截流溢流排口 | 沿河居民排口 | 合计 |
|---|---|---|---|---|
| 李村河 | 121 | 31 | 0 | 152 |
| 大村河 | 68 | 11 | 13 | 79 |
| 张村河 | 66 | 82 | 0 | 148 |
| 水清沟河 | 13 | 3 | 0 | 16 |
| 郑州路河 | 7 | 15 | 0 | 22 |
| 河西河 | 20 | 4 | 0 | 24 |
| 杨家群河 | 17 | 10 | 0 | 27 |
| 合计 | 312 | 156 | 11 | 479 |

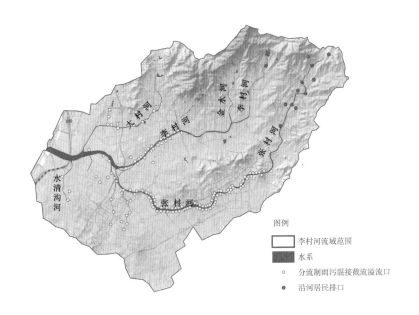

图例
李村河流域范围
水系
○ 分流制雨污混接截流溢流口
● 沿河居民排口

图11-9 李村河流域排口分布图

## 11.2 存在问题分析

### 11.2.1 污水处理能力不足

李村河流域内污水处理厂总规模为25.6万$m^3/d$，且李村河流域开展了大规模的截污工程，特别是城中村范围各明沟暗渠都进行了末端截污，导致雨天李村河污水处理厂进水量随之大幅提高。目前李村河流域的污水处理规模不足以处理现状生活污水及初期雨水量；且随着未来人口和用地的增长，污水处理厂处理能力不足的问题更加凸显。

李村河污水处理厂2018年日均进水水量25.45万m³/d、最高峰达到30.46万m³/d，年均运行负荷率为102%；而世园会再生水净化厂平均运行负荷率约为3%（表11-5）。上游"吃不饱"，下游"吃不了"，污水处理厂布局有待进一步优化。

李村河流域污水处理厂水量运行数据（2018年）　　　　表11-5

| 污水处理厂 | 现状规模<br>（万m³/d） | 平均日进水量<br>（万m³/d） | 最高日进水量<br>（万m³/d） | 年平均运行负荷率（%） |
| --- | --- | --- | --- | --- |
| 李村河污水处理厂 | 25 | 25.45 | 30.46 | 102 |
| 世园会再生水净化厂 | 0.6 | 0.018 | 0.5 | 3 |

### 11.2.2　城中村排水管网缺失

李村河流域内东韩社区、车家下庄等村庄内部未建设排水管网，基础设施建设存在较大缺口，生活污水、雨水均通过散排方式排入明渠或盖板沟（图11-10）。经过摸查，缺失排水管网的城中村共23个，主要沿张村河两岸分布，面积约584.82hm²，涉及人口约7.43万人，污水产生量约0.83万m³/d。

图11-10 李村河流域城中村排水明沟照片

### 11.2.3　雨污混错接问题突出

李村河流域整体为雨污分流制，但根据资料统计分析、现场调研，流域内存在大量雨污混接问题。根据初步调查，李村河流域内约存在71处雨污管网混错接，以小区、公建、企业为主；沿街民房、商户、企业私搭乱接情况严重（图11-11），部分企业污水违法排入雨水管道。

图11-11 李村河流域部分私搭乱接情况

### 11.2.4　面源污染日趋严重

降雨经过淋洗大气，冲刷路面、屋顶等地面和土壤中的污染物进入河道，加重了水环境污染，尤其是李村河周边城中村较多，面源污染更加突出（图11-12）。李村河流域建设用地面积约占流域总面积的82%，屋顶、道路铺装、绿地分别占比23.05%、32.01%、16.61%。根据测算，面源污染排放量COD约为5.43t/d，$NH_3-N$约为0.083t/d，TP约为0.013t/d。

图11-12 李村河沿河雨天雨水口及降雨径流采样情况

### 11.2.5　底泥内源污染较重

李村河流域内李村河下游、大村河等河道治理前淤积严重，淤积河段长度约22km，淤积深度为0.5~2.0m，尤其是李村河下游入海口处，受入海口海潮顶托以及泥沙影响，淤积深度达到2m，治理前沿线垃圾大量堆积（图11-13），造成水环境污染。

### 11.2.6　清洁水源补给缺失

李村河流域河道补给主要为降水和少量的地下水补给，季节性特点非常突出，冬、春季节枯水期河道内的生态水量与丰水期相比大幅减少，水动力条件不佳（图11-14）。根据调研情况，李村河流域内枯水期无水河段约占河道的42%。

图11-13 治
理前李村河淤
积及沿河垃圾
堆放情况

图11-14 治
理前李村河中
游情况

### 11.2.7　河岸生态景观杂乱

　　治理前李村河流域内的河道以硬质岸线为主，生态岸线长度约24.12km，占比40%，河段缺少人行及活动空间等滨水景观。李村河下游治理前为硬质护岸，岸边植物稀疏，黄土裸露，且入海口感潮段受海水倒灌影响，岸边土壤盐碱化严重；李村河中游治理前河底大量硬化，加之李村大集的影响，河道景观环境极差（图11-15）。

图11-15 治
理前李村河河
道岸线及景观
情况

## 11.3　治理目标及技术路线

### 11.3.1　治理目标

#### 11.3.1.1　总体目标

作为"一带一路"规划中的新亚欧大陆桥经济走廊主要节点城市和海上合作战略支点，青岛在东西双向互济、陆海内外联动中具有特殊的重要战略地位。青岛市在承担新的历史使命过程中，强化生态文明建设，牢记"绿水青山就是金山银山"，保障李村河流域水环境质量的根本性、稳定性好转，实现"河畅堤固、水清岸绿、景美人和"的城区水系治理目标，构建"蓝绿交织、山海相连、清新明亮、水城共融"的生态城市布局，让李村河成为展现城市风貌、增强城市活力的"青岛名片"。

#### 11.3.1.2　分项目标

具体分项目标如下：

（1）水环境质量：根据《青岛市水功能区划》的要求，李村河、张村河执行Ⅴ类地表水水质标准，近期保证李村河胜利桥国控断面的水质稳定达标，远期以"可游泳、可垂钓"为目标，为胶州湾水环境质量提供保证。大村河按照《青岛市海绵城市试点区系统化实施方案》中的相关要求，水质目标为地表水Ⅳ类水质标准。其余未进行划定的河道，水环境质量目标均为Ⅴ类地表水水质标准。

（2）城市黑臭水体治理：流域内黑臭水体全部消除，居民满意度不低于90%；水面无大面积漂浮物，无大面积翻泥。进一步完善区域控源截污治理体系、垃圾收集转运体系，定期开展水质监测，晴天或小雨（24h降雨量小于10mm）时水体水质必须达标，中雨（24h降雨量10~25mm）停止2天、大雨（24h降雨量25~50mm）停止3天后水质达标。

（3）生态景观建设：结合海绵城市建设要求，李村河流域内河道生态岸线率达到45%；李村河中下游3.5km河段实现"水清岸绿、鱼翔浅底"。

（4）再生水资源利用：再生水资源利用率达到50%以上。

### 11.3.2　技术路线

李村河流域是青岛市区典型流域，特点可用"上游小水库，中游三面光，下游污水厂"概括。李村河、张村河、大村河上游有多处水库，如峪夼水库、上王埠水库等；中游多处断流，河道渠化、硬化严重；下游李村河污水处理厂处理全流域污水，一方面河道上游缺乏生态用水，另一方面处理达标后的污水直接排入胶州湾，资源浪费。

李村河流域坚持"全流域系统治理"的理念，遵循"岸上治污为本，岸下理水为标，岸上岸下统筹，更新管理模式，实现标本兼治"的思路，首先，统筹谋划污水处理厂、配套泵站整体布局；其次，以水环境容量为核心，以排口为重点，融合海绵城市建设理念，构建"控源截污、内源治理、生态修复、活水保质"的综合工程体系，合理确定工程类型及空间分布；最后，建立"源-网-厂-汇"统一共享的监测平台，健全黑臭水体各项体制机制（图11-16）。主要路径可以概括为：

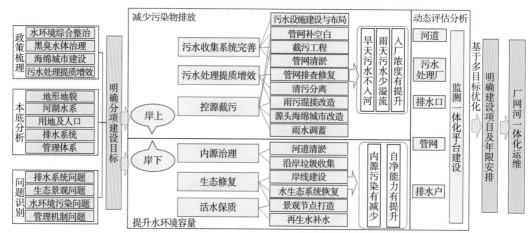

图11-16 青岛市李村河黑臭水体综合治理技术路线图

（1）优化污水设施布局，提升污水处理能力。

（2）结合棚户改造实施，消除直排污水排口。

（3）践行海绵城市理念，实施真正雨污分流。

（4）清运河道淤积污泥，完善垃圾清运体系。

（5）充分利用中水资源，恢复河道生态功能。

（6）完善长效管理机制，实现河道"长制久清"。

## 11.4 系统化治理方案

### 11.4.1 控源截污

#### 11.4.1.1 污水处理设施布局优化

**1. 污水量预测**

采用城市单位人口综合用水量法、综合生活用水量及工业用水量法、建设用地用水量指标法和单位用地性质用水量指标法等对李村河流域给水量进行预测，再根据给水量进行污水量预测。根据测算，2020李村河流域污水量约为31.34万$m^3$/d（表11-6）。

李村河流域污水量预测表（万$m^3$/d） 表11-6

| 预测方法 | 城市单位人口综合用水量法预测 | 人均综合生活污水量及工业用水量预测 | 单位建设用地用水量指标法 | 单位用地性质污水量指标法 | 平均值 |
|---|---|---|---|---|---|
| 预测污水量 | 29.22 | 26.21 | 33.27 | 36.65 | 31.34 |

考虑李村河流域内初期雨水量，雨量综合系数为0.55，考虑初期降雨3 mm，经测算，李村河流域内初期雨水量约为1.87万$m^3$。

**2. 污水处理设施布局方案比选**

根据污水处理规模预测，至2020年，李村河流域污水处理尚存在约7.61万$m^3$/d的缺口。

按照"充分利用现有设施、切实可行、节约投资、近远期结合"的原则,进行污水处理厂布局方案比选。

方案一:扩建下游李村河污水处理厂至35万m³/d;保留世园会再生水净化厂0.6万m³/d,建设世园会污水泵站保障世园会再生水净化厂处理水量,形成以下游李村河污水处理厂为主的污水设施布局(图11-17)。

方案二:下游李村河污水处理厂由25万m³/d扩建至30万m³/d;中游新建张村河水质净化厂,规模为4万m³/d;上游保留世园会再生水净化厂0.6万m³/d,并建设世园会污水泵站;形成"李村河上游、张村河中游、入海口""大、中、小"相结合的污水处理厂三级布局(图11-18)。

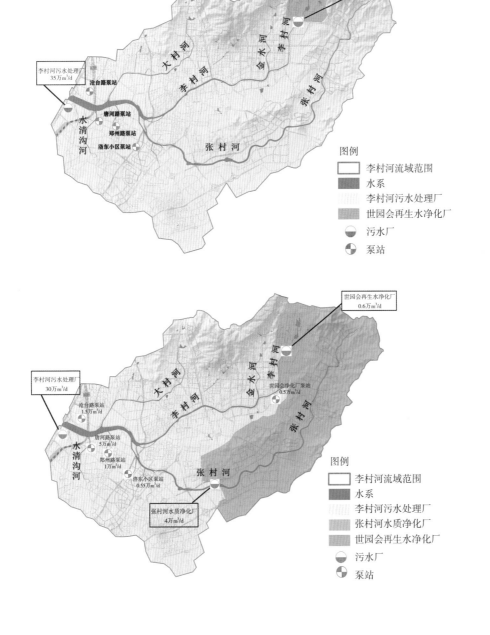

图11-17 李村河流域污水处理设施布局方案一

图11-18 李村河流域污水处理设施布局方案二

综合考虑流域地形特点、现状污水管道系统、处理厂用地条件、污水排放与回用情况等因素，对上述两个方案进行综合比选：

（1）污水处理规模增长与沿海缺乏扩建用地的矛盾：以下游李村河污水处理厂为主的污水设施布局，青岛市沿海地价寸土寸金，居民对生活环境卫生的要求越来越严。随着时间发展，污水处理规模需求逐步增长，下游污水处理设施预留用地不足凸显。此外，近年来，国家对海洋、环境保护执法力度增强，禁止填海造地，加剧了下游污水处理设施扩建无地的窘境。因此，建议充分开发流域中上游用地，采用分散式污水处理设施布局。

（2）高涨的再生水利用诉求与利用率低的矛盾：李村河流域内河道为季节性河流，除汛期外，其余时段基本无水，河道景观较差，对河道周边环境改善效果不高。若采用下游集中式污水处理设施布局，利用再生水进行河道补水时，需要将末端再生水进行长距离提升后补给，工程投资及耗能相对较高。因此，从再生水利用方面考虑，建议采用上中下游结合的分散式污水处理设施布局。

（3）水环境质量与面源污染控制之间的矛盾：随着城市化进程的加快，面源污染成为影响水环境质量的主要污染源之一，后续需逐步完善流域内的初期雨水收集系统。下游集中式污水处理设施布局，一方面需要新建长距离大管径的初期雨水收集系统，另一方面需要扩建污水处理设施。因此，从面源污染控制方面考虑，建议采用分散式布局。

综上，李村河流域推荐采用分散式污水处理设施布局（方案二），结合河道补水需求，污水处理达到再生水水质标准后，再将尾水回用于河道生态补水，就近收集初期雨水处理等，满足居民对城市生态环境的需求。

### 3．污水处理设施建设

采用方案二"李村河上游–张村河中游–入海口"三级布局方案，具体工程措施如下：

（1）世园会污水泵站新建工程：为解决世园会水质净化厂进水量不足的问题，新建世园会净化厂泵站及配套污水管道，泵站规模0.5万$m^3$/d，将下游约2.0km²范围内的污水划归到世园会污水处理厂的服务范围，配套建设DN400压力污水管道，长度2.8km。

（2）张村河水质净化厂新建工程：张村河中游北岸新建水质净化厂，一期（2020年）规模为4万$m^3$/d，服务面积约31.2km²（不含山体），服务人口约11.67万人；采用全地下模式建设，出水标准为类V类地表水水质标准。

（3）李村河污水处理厂扩建及提标改造工程：下游李村河污水处理厂由25万$m^3$/d扩建至30万$m^3$/d，同时为满足李村河流域生态需水要求，主要出水水质指标提升至类Ⅳ类地表水水质标准。

2020年李村河流域污水处理规模达到34.60万$m^3$/d（表11-7），除满足平均日污水处理需求外，还可保有一定应对雨季水量增加、污水处理厂检修等带来的冲击负荷的能力。通过联合调度，既可减少污水全部集中于下游处理带来的再生水运行费用高的问题，又可缓解李村河两岸污水干线压力，降低溢流风险。

李村河流域污水收集处理设施布局 表11-7

| 类别 | 设施名称 | 2018年规模（万m³/d） | 2020年规模（万m³/d） | 备注 |
|---|---|---|---|---|
| 污水处理厂 | 李村河污水处理厂 | 25.0 | 30.0 | 扩建、提标 |
| | 张村河水质净化厂 | — | 4.0 | 新建 |
| | 世园会水质净化厂 | 0.60 | 0.6 | 保留现状 |
| | 小计 | 25.60 | 34.60 | |
| 污水泵站 | 世园会污水泵站 | — | 0.6 | 新建 |
| | 唐河路泵站 | 5.0 | 5.0 | 保留现状 |
| | 郑州路泵站 | 1.0 | 1.0 | |
| | 沧台路泵站 | 1.5 | 1.5 | |
| | 洛东小区泵站 | 0.55 | 0.55 | |

#### 11.4.1.2 城中村污水收集处理系统完善

针对李村河流域内部分城中村内部污水管网缺失问题，尽快补齐基础设施建设短板，明确城中村、城乡结合部的污水管网建设路由、用地和处理设施建设规模，实现污水管网的"全覆盖、全收集、全管理"。

结合李村河流域内各城中村拆迁、规划、人口分布情况，采取因地制宜、管理方便的多元化处理手段（图11-19）。

（1）针对截污管网覆盖但村内无管网的区域：尽快完成生活污水纳管服务，完成"最后一公里管线"建设工程，主要包括北龙口、南龙口、龙泉社区、东韩、车家下庄、宋家下庄等23个区域，面积431.29hm²，新建污水管道185.49km，收集污水量约为7674m³/d。

（2）针对人口较分散的区域：根据人口核算污水量产生，因地制宜设置11台分散式一体化处理设施，总规模为1285m³/d，污水处理达标后排放，主要包括张村河上游的北龙口西、峪夼、鸿园、东陈、沟崖5个区域，面积93.08hm²。

（3）对于近期规划拆迁的区域：随着区域的开发建设，同步建设市政排水设施，主要涉及牟家村、阎家山，面积60.45hm²。

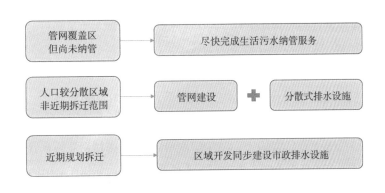

图11-19 李村河流域城中村污水收集处理系统完善分类措施

以南龙口社区为例进行说明，自社区居民房屋起，设置3个接入口，将厨房污水、卫生间污水及洗浴污水分别通过DN150入户管道接入社区道路上新设污水检查井，经污水支管、污水干管将社区内居民污水统一收集后排入市政污水系统送至李村河污水处理厂，社区内雨水仍然通过道路两侧雨水沟渠，最终排入张村河内（图11-20）。

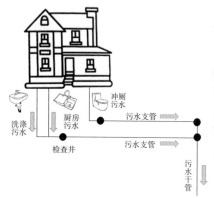

图11-20 城中村污水纳管及管网建设示意图（以南龙口社区为例）

张村河上游社区较分散，难以开展纳管工作，设置11台分散式一体化污水处理设施就近处理居民生活污水，总规模为1285m³/d，覆盖人口约0.88万人（表11-8）。

李村河流域一体化污水处理设施建设一览表　　　　　表11-8

| 序号 | 设施位置 | 服务范围 | 服务人口（人） | 设施规模（m³/d） | 出水标准 |
| --- | --- | --- | --- | --- | --- |
| 1 | 峪夼社区 | 北宅街道峪夼社区 | 1419 | 185（3台） | 一级A |
| 2 | 鸿园社区 | 北宅街道鸿园社区 | 1781 | 240（2台） | 一级A |
| 3 | 东陈社区 | 北宅街道东陈社区 | 2109 | 330（2台） | 一级A |
| 4 | 沟崖社区 | 北宅街道沟崖社区 | 2454 | 330（3台） | 一级A |
| 5 | 李沙路北张村河右岸 | 北龙口西 | 1000 | 200（1台） | 一级A |
| 合计 | | | 8763 | 1285 | |

### 11.4.1.3 雨污混接治理

针对李村河流域内的雨污混接情况，采取的工程治理措施具体如下：

（1）对混接排口进行溯源，查明上游混接问题点，具备源头改造条件的在混接点进行源头分流，如青岛航空工程学院混接改造、百通馨苑小区混接改造等；不具备源头改造条件的，近期采用截污措施，远期采取彻底的分流改造。

（2）开展楼院立管整治项目，根据现场实际条件，对阳台废水混接、私接管道进改造（图11-21）。

（3）对于一些民房、商户及临时工地的私接乱排现象，采用新建污水管接入市政污水管道的措施，如李村河中游建安小区、李村河下游运通驾校等。

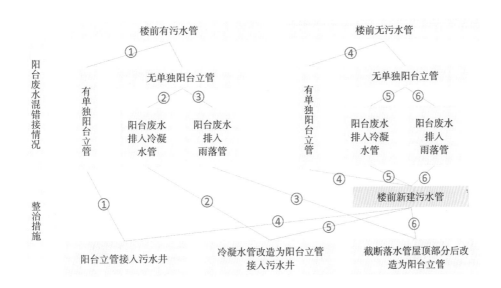

图11-21 李村河流域楼院立管整治路线

（4）对于污水管道容量不足或淤积破损导致污水溢流至雨水管道或暗渠等情况，采用翻建管道的措施，如青山路污水干管翻建等。

按照以上思路，李村河流域开展雨污混接改造71处，新建/翻建市政污水管道10.76km、雨水管道3.21km。

### 11.4.1.4　削减源头面源污染

#### 1．源头改造措施

落实海绵城市理念，通过源头控制削减降雨径流污染。李村河流域内的大村河汇水分区位于青岛市海绵城市建设国家试点区内，面积9.50km²。李村河流域作为青岛市海绵城市建设的重点流域，崂山区、市北区、李沧区均各自划定了2020年海绵城市建设先行示范区，面积55.64km²（图11-22）。

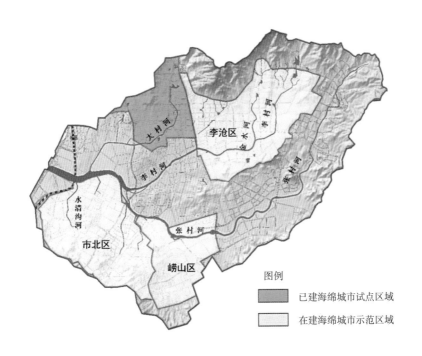

图例

■ 已建海绵城市试点区域

□ 在建海绵城市示范区域

图11-22 李村河流域海绵城市建设示范区分布图

源头改造项目采用"1+N"实施模式，统筹解决地块客水入侵、小区积水、雨污混流等涉水问题，并结合景观优化、停车位增加等百姓需求，对源头地块进行整体提升。李村河流域共实施115项源头改造项目，其中，建筑与小区81项、公园与绿地10项、道路与广场24项。

**2. 雨水调蓄工程**

上王埠水库位于李村河流域北部大村河的源头，汇水面积为3.83km²，在水库东西两侧分别设置初雨调蓄净化处理设施2座，总容积为4050m³。初期雨水进入调蓄池后再进行净化处理，排入水库湿地系统进行深度处理，最终补充水库水源（图11-23）。

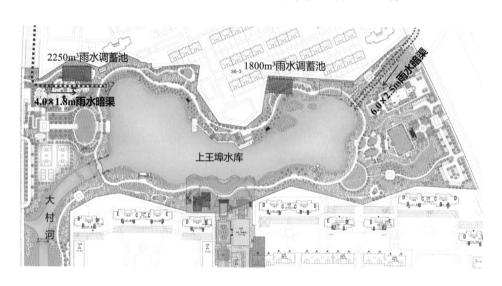

图11-23 上王埠水库初雨调蓄池示意图

### 11.4.2 内源治理

#### 11.4.2.1 河道清淤

根据《青岛市城区河道整治及管理维护技术导则（试行）》，对于城区内淤积影响到河道行洪排涝功能或排水管管口排水的河段，或者淤积的平均厚度大于设计标高50cm的河段应进行疏浚。

对李村河中下游、张村河、大村河等河道进行清淤，底泥清淤以有机物含量控制在5%以下为准，清淤长度22.72km，清淤量约为128.57万m³（表11-9）。

**李村河清淤情况统计表** 表11-9

| 河段 | 长度（km） | 平均宽度（m） | 清淤深度（cm） | 清淤量（万m³） |
|---|---|---|---|---|
| 李村河中游 | 3 | 60 | 50~80 | 10.44 |
| 李村河下游 | 4.02 | 215 | 100~150 | 89.85 |
| 张村河 | 5.52 | 45 | 40~70 | 10.41 |
| 大村河 | 7.4 | 24 | 80~120 | 16.07 |
| 水清沟河中下游 | 2.78 | 20 | 30~60 | 1.8 |
| 总计 | 22.72 | — | — | 128.57 |

李村河流域清淤主要采用干式清淤法，通过密封式淤泥运输车，将其输送到有防渗措施的淤泥堆场进行自然晾干处理后进行泥质检测，达标淤泥沿指定运输通道运至红岛和即墨的污泥集中处置场统一处理。

#### 11.4.2.2 漂浮物及沿河垃圾清理

在进行河道巡查和养护的同时，及时发现和记录河道垃圾和漂浮物，定期对岸线垃圾进行清理，对河道漂浮物进行打捞，确保河道两岸及河床内清洁、无垃圾。

依托流域内已经较为完备的城市垃圾收集转运处理体系，岸线垃圾及河道漂浮物及时进行转运处理。李村河流域内现有的6个垃圾转运站，经转运的垃圾最终送至青岛小涧西生活垃圾处置园区（图11-24、表11-10）。

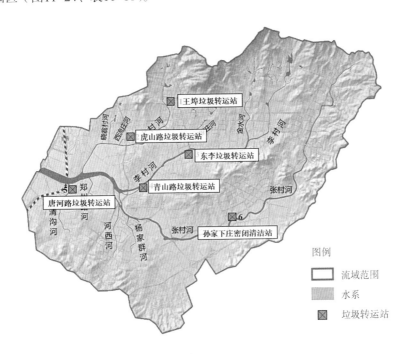

图11-24 李村河流域垃圾转运站分布图

李村河流域垃圾转运站情况      表11-10

| 序号 | 垃圾转运站 | 转运站位置 | 覆盖河道 | 垃圾填埋场 |
|---|---|---|---|---|
| 1 | 李沧环卫王埠垃圾转运站 | 李沧区百通馨苑七区（南门）附近 | 大村河 | 青岛小涧西生活垃圾处置园区 |
| 2 | 虎山路转运站 | 虎山路110号-甲 | 大村河、晓翁村河、西流庄河 | |
| 3 | 东李转运站 | 李沧区九水东路79号 | 侯家庄河、金水河、李村河上游 | |
| 4 | 青山路转运站 | 李沧区青山路 | 李村河中游 | |
| 5 | 唐河路垃圾中转站 | 唐河路6-1号附近 | 水清沟河、郑州路河、河西河、杨家群河、李村河下游 | |
| 6 | 孙家下庄密闭清洁站 | 科苑纬一路与科苑经七路交叉口 | 张村河 | |

### 11.4.3　生态修复

#### 11.4.3.1　蓝绿空间建设指引

以张村河–李村河作为蓝绿空间体系建设的核心，以河道及沿河绿带为廊道，串联滨水公园绿地、生态景观，构成蓝绿交织护融的整体生态交织框架，营造水系蜿蜒、绿廊连续的生动画面。根据各条河道定位、所处空间、周边用地的不同，各条河段的建设主题也不尽相同，对蓝绿空间进行划分。

（1）"自然郊野"主题蓝绿空间：李村河上游、金水河、侯家庄河、张村河（峪夼–松岭路）段，遵循生态保护优先的原则，以山体保育、季节性河道和生态滞蓄为主，自然景观上应用丰富的自然景观和植物资源，以乡土树种为主，适当补充景观树种，因地布景，满足人们感受自然，回归自然的愿望，做到多样化、环保、生态和可持续发展。

（2）"休闲宜居"主题蓝绿空间：李村河中游、张村河中下游、大村河、杨家群河、河西河、郑州路河、水清沟河，穿越生活区，两侧为居民商户，人员相对密集，在满足生态功能的基础上，需要承担市民休闲娱乐的功能。运用多元化的景观设计手段，满足不同地段服务人群需求，局部可设置城市小品，增强景观效果。

（3）"安全生态"主题蓝绿空间：李村河（两河交汇口–张村河）段，在保证河道防洪排涝安全的基础上，合理利用现状植物资源，充分发挥其生态功能和景观功能，注重防洪与景观相融合。

#### 11.4.3.2　驳岸生态改造

李村河流域生态护岸改造主要集中在李村河中游、张村河下游和大村河下游，生态改造总长度9.80km，景观提升总长度6.90km，改造后李村河流域生态岸线率达到67%（表11-11）。

李村河流域生态护岸改造一览表　　　　　表11-11

| 河段 | 建设类型 | 建设长度（km） |
| --- | --- | --- |
| 李村河中游 | 生态改造 | 3.0 |
| 李村河下游 | 生态改造 | 0.8 |
| 李村河下游 | 景观提升 | 3.6 |
| 张村河 | 生态改造 | 4.2 |
| 大村河 | 生态改造 | 1.8 |
| 大村河 | 景观提升 | 3.3 |

各河道主要生态修复工程措施如下。

（1）李村河中游堤岸生态改造：治理前河道驳岸生硬，城市道路界面与河道界面分离，植物品种单一。经过生态蓄水，李村河中游近岸设计水深约50cm，河道内选择能适应水位变化、有观赏价值、耐污力强、多年生的植物栽种，构成生态景观，如芦苇、花叶芦竹、千屈菜、荷花等。河岸边选择多品种乡土树种种植，形成植被缓冲带，如乔灌草、垂柳、水杉、红枫、玉兰、迎春等。

（2）李村河下游生态护岸改造：李村河下游硬质护岸改造为生态护岸，在浅水区种植黄菖蒲、千屈菜、菖蒲等植物；对岸边带状绿地进行提升，增加植物种类及数量；岸上设置透水材料漫步道、活动场地。李村河下游沿河岸贯通连续的植被缓冲带，促进雨水排河过程中的自然下渗与净化，形成一道景观效果良好、环境效益突出的生态岸线。

（3）张村河生态护岸改造：根据景观要求，针对张村河生态修复提出可持续的双重驳岸措施，在保留部分现状堤岸的情况下，对河道内和周边绿化进行整体提升，通过建立亲水台阶、湿地水道、海绵设施等，打造开放多元的蓝绿交织空间。

（4）大村河生态护岸改造：大村河生态护岸改造结合用地和景观需求，将部分护岸改造为悬挑式护岸，改造长度1.80km。对河底进行生态化改造，换填土壤4.37万m³，水生植物种植面积7.42hm²，沿河恢复绿化3.80hm²。

### 11.4.3.3 水生态系统构建

通过水生动植物恢复、微生物配置、生态浮岛、人工湿地、曝气增氧等措施，保持河道生物的多样性，恢复河道生机，构建河道水生态系统。李村河流域实施河道水生态系统构建的河道主要包括李村河、张村河、金水河等，共建设生态湿地27.4hm²，增加水生动物投放区面积12.2hm²（图11-25）。

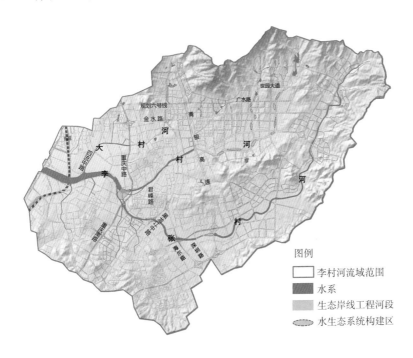

图11-25 李村河流域河道水生态系统构建分布图

图例
- 李村河流域范围
- 水系
- 生态岸线工程河段
- 水生态系统构建区

## 11.4.4 活水保质

青岛市作为典型的北方缺水城市，河道枯水期缺少生态基流。采用污水处理厂再生水对李村河干流及主要支流张村河、大村河进行生态补水，增加河道水动力，改善河道水质，维持生态和景观功能。各河道补水工程措施如下：

（1）李村河生态补水：上游世园会再生水净化厂出水水质采用景观环境与杂用水再生水水质标准，出水直接补充李村河上游河道。李村河中下游以李村河污水处理厂再生水为补水水源，沿途在青银高速、君峰路、两河交汇口、郑州路河共设置4处补水点，总补水量为18万m³/d，配套建设再生水管网11.60km，管径为200～1200mm；建设补水泵站2座，1座位于李村河污水处理厂，规模为20万m³/d，1座位于李村河张村河交汇口，规模为5万m³/d（图11-26）。

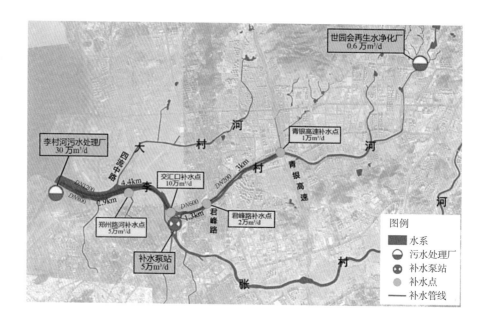

图11-26 李村河再生水生态补水布局方案

（2）张村河生态补水：张村河水质净化厂出水标准为类Ⅴ类地表水标准，再生水直接补充至张村河中游河道形成景观水面；黑龙江路下游河段以李村河污水处理厂再生水为补水水源，补水量为2万m³/d，配套建设再生水管线2.70km，管径为DN500（图11-27）。

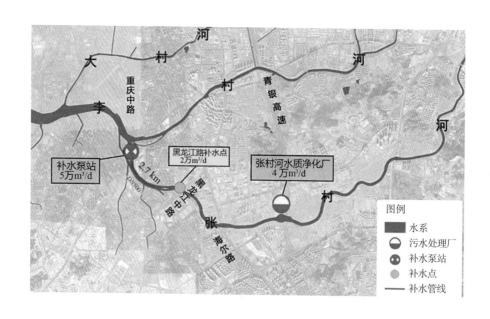

图11-27 张村河再生水生态补水布局方案

（3）大村河补水：金水路以南段以李村河污水处理厂再生水为补水水源，补水量为4000m³/d，晓翁村河、君峰路分别设置2座中途加压泵站。金水路以北段以河道内蓄存水量为循环水水源，将下游水体经河道水处理设施处理后，通过循环水泵输送到上游河道（图11-28）。

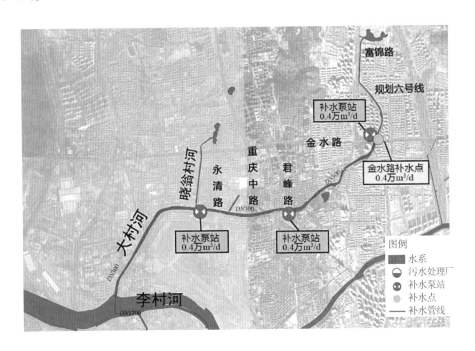

图11-28 大村河生态补水布局方案

## 11.5 管理保障措施

### 11.5.1 坚持高位组织推动

一是顶格协调。青岛市成立了由市政府主要领导任组长的黑臭水体治理工作领导小组，在市水务局下设办公室，组建工作专班。按照"周例会、月通报"制度落实、协调城市黑臭水体治理日常工作。

二是齐抓共管。印发《青岛市黑臭水体治理实施方案的通知》（青政办字〔2019〕46号），明确了62项重点任务工作目标与责任部门，各部门密切配合、团结治污；市水务管理局、市生态环境局、市城市管理局等部门多次召开联席工作会议，为治水一线提供最直接、最有力的支持。

三是重心下沉。各级河道责任人员坚持深入一线，加强日常动态巡查，针对现有城市黑臭水体，巡查频率每半月1次；针对群众关注度高的河道，巡查频率每周不少于1次，实现了城区河道全覆盖巡查和无盲区监控。

### 11.5.2 强化问责考核机制

一是强化督查问责机制。青岛市区建立了"指导-协调-督查"的工作机制，工作专班对巡河过程中发现的个别污水排放、漂浮物、淤泥等问题，进行督查通报。2020～2021年共下发督办函35份，建立问题台账，实行销号制度。

二是突出参建部门绩效考核。青岛市将黑臭水体治理纳入《青岛市经济社会发展综合考核实施细则》，考核结果与各区市、各部门的绩效评价挂钩。为进一步明确考核要点与方式，印发了《青岛市城市黑臭水体治理绩效考评办法》（青水治组办〔2020〕7号），明确采用听取汇报、资料查阅、现场检查相结合的形式开展绩效考评工作，2020年考核结果已通报各区。

三是加大排水执法力度。青岛市城市管理局、市生态环境局、市水务管理局联合印发了《青岛市黑臭水体治理排水执法工作标准》（青城管〔2020〕59号），定期检查洗车、施工工地、酒店等排水大户设施运行情况，市生态环境局将重点涉水排放工业企业纳入"双随机一公开"执法范围，严查严控，铁腕治污。

### 11.5.3 完善地理信息系统

青岛市开展城市地下管线普查与信息化建设工作，基本摸清了市区主要市政道路范围内给水、排水、燃气等8类约9000km地下管线情况。及时开展管线补测补绘、管线竣工测量成果入库等工作，建立以5～10年为一个排查周期的长效机制，动态更新管线信息。搭建地上地下一体化三维场景，更加直观地表达地下管线的空间位置关系（图11-29）。

图11-29 青岛市市区地下管线三维展示系统

### 11.5.4 建立在线监测体系

采用"布局一盘棋、监测一张网"的思路，形成以"源头-过程-末端"为指导，涵盖"源-网-站-厂-河"的分层分类精细化监测网络，综合运用云计算、大数据、地理信息系统、在线传感、物联网、互联网+、模型等先进技术和理念，为水环境系统综合评估及分析诊断提供长期、有效、准确的监测数据，动态监测水环境系统的运行状况及风险；扩容兼顾海绵城市建设、污水处理提质增效等要素，实现城市水环境的"智慧管理"，为实现李村河流域的"长制久清"提供有力支撑。

在李村河流域内共布设液位、流量、水质等在线监测设备214台。根据污水排放过程，在源头、分支节点、主干节点、调控节点以及最终的污水处理厂进行全过程监测，根据监测及化验数据进行溯源。

搭建青岛市水环境及海绵城市监测一体化平台，以"能力建设管理、项目建设管理、监测管理、公众服务监督管理、绩效考核管理、预警管理"为主功能模块，实现"排水一张图"，助推管理系统化、决策科学化、处理高效化（图11-30）。

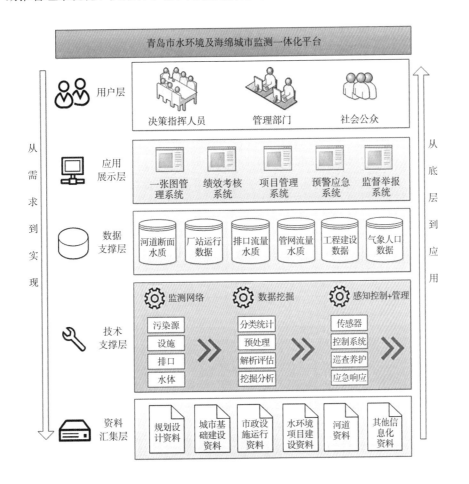

图11-30 青岛市水环境及海绵城市监测一体化平台总体框架

## 11.6 案例总结

**1. 流域系统治理，岸上岸下协同，实现由治"标"向治"本"转变**

青岛市李村河流域治理，转变了传统"头痛医头脚痛医脚"的碎片化治理理念，即各区原多采用硬化、排口封堵、临时截污等措施治理污水冒溢、水体黑臭等问题，导致水体治理效果易反复。青岛市逐步明确"全流域系统治理"的思路，加强顶层设计，编制印发了《李村河流域水环境治理系统化方案》《李村河水环境治理工作方案》，以流域为单元，查明问题底数，科学制定系统方案。统筹推进海绵城市建设、黑臭水体治理、防洪排涝、污水处理提质增效各项工作，提出了"控、拆、疏、建、补、修"六项方针，明确了"两提、两分、两清、两补、一体系"技术体系，一张蓝图干到底，实现标本兼治（图11-31）。

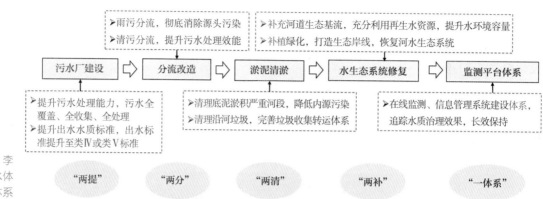

图11-31 李村河黑臭水体综合技术体系

### 2. 完善污水设施布局，提高出水标准，实现由"弃"向"用"转变

李村河流域污水处理设施布局转变了传统的"末端集中处理、出水排入胶州湾"模式，形成了空间"上-中-下"、规模"小-中-大"结合的三级布局。上游世园会净水厂规模0.6万m³/d，出水达到景观用水标准；中游张村河水质净化厂，规模4万m³/d，出水优于地表水V类水质标准；下游李村河污水处理厂扩建至30万m³/d，提标后达到类IV类地表水标准。再生水均可作为河道生态补水、景观绿化等使用，形成了"水净化、水利用、水生态"的区域水处理系统，既保障流域污水得到"全覆盖、全收集、全处理"，又充分结合河道生态补水需求，实现了再生水的"生态耦联、梯级利用"，为北方缺水城市水生态建设提供经验（图11-32）。

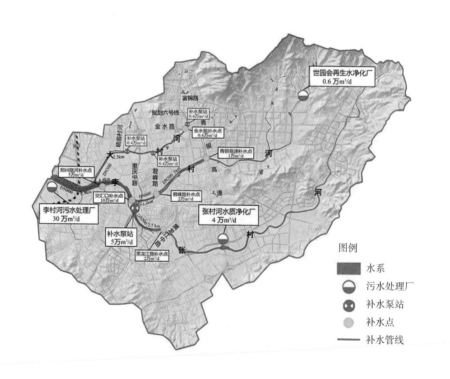

图11-32 李村河流域再生水生态补水总体布局

### 3. 深入推进雨污分流，取消临时截污，实现由"黑"向"清"转变

李村河流域整体为雨污分流制，但由于源头混错接、管网不健全等原因，存在大量雨

污混接排口，上一轮治理过程中大量采用临时截污，一方面增大了污水处理厂雨季运行压力，影响污水处理厂运行效能；另一方面雨天溢流严重，影响水体水质的稳定达标。随着对黑臭水体治理的深入认识，青岛市把"源头治理"作为第一要务，开展排口溯源整治，通过CCTV检测、QV检测、流量监测、水质监测等手段（图11-33），对排口上游开展地毯式摸排，全面排查管网破损、管网淤积、雨污混接、违法排污等问题，建立问题清单，"一口一策"明确整治方案。深入开展雨污分流工作，对沿岸社区全部进行雨污分流改造；以"不放过一家小作坊、不错失一条小支管"的决心，排查"散乱污"企业230家；针对重点排口，实施清污分流工程，全面取消临时流域内的临时截污措施。由末端粗放式截污转变为源头分流的精准截污，既减少溢流污染，又提高污水系统的运行效能。

图11-33 李村河流域管网检测工作现场情况

4. 完善长效管理机制，提高管护水平，实现由"乱"向"序"转变

李村河黑臭水体转变传统依靠工程治水的模式，建管并重，做好管理文章。青岛市以河长制为抓手，制定《李村河流域水环境管理责任手册》，对李村河流域的11条河道以社区为单元进行分段，设置94位河段长。在河长制、排水许可、排污许可等制度较为完善的基础下，坚持问题导向，进一步优化长效机制。2020年相继出台了《青岛市城市黑臭水体治理绩效考评办法》《青岛市黑臭水体治理相关企业信用管理办法》《青岛市黑臭水体治理排水执法工作标准》等10余项制度。青岛市加强黑臭水体日常巡查及监测，聘请第三方对城市黑臭水体每月开展固定监测，对问题严重的河段进行加密监测，做到"发现一处，整治一处"，确保青岛市黑臭水体治理的"常治长净、长制久清"。

5. 倡导社会参与，尊重百姓意愿，实现由"闭门造车"向"开门治水"转变。

"良好的生态环境是最普惠的民生福祉"，在李村河综合治理过程青岛市坚持开门治水，坚持众人的事由众人商量，大家的事情大家办。李村河流域水清沟河治理过程中，辖区政府先后三次同开发商磋商，并集中征求业主意见，最终由开发商投资2300万对河岸景观进行绿化提升，政府投资约3300万进行河道黑臭水体治理，真正实现了政府主导、社会参与的共建共享局面（图11-34）。

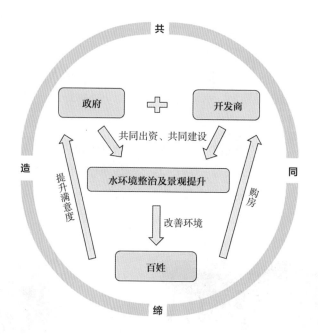

图11-34 青岛市水环境治理"共同缔造"模式

[延伸阅读7]    [延伸阅读8]    [延伸阅读9]

# 第12章 宜春市雷河案例

宜春位于江西省西北部，自建城至今已有2200多年的历史，自古是"江南佳丽之地，文物昌盛之邦"。宜春治水历史悠久，唐元和四年修建的李渠已有1200多年历史，目前仍有部分在使用。

雷河位于宜春市中心城区建成区边缘，上游流经工业园区，下游流经城市边缘区域，由于污水设施建设滞后造成的污水直排、职责不清造成的管理缺位等问题，2018年出现水体黑臭现象。为此，宜春市整合市、区两级资源，成立中心城区黑臭水体治理指挥部，以创建全国黑臭水体治理示范城市为契机，坚持"生态优先、绿色发展"，坚持问题导向、系统治理，扎实推进城市水环境治理，对雷河黑臭水体进行综合治理。通过补齐排水设施短板、落实建管责任等工程及非工程措施，雷河全面消除了黑臭，逐步实现了"水清、岸绿、河畅、景美、人和"的总体目标，市民获得感、幸福感不断增强，进一步凸显了宜春"山清水秀"的生态优势。雷河治理案例可为南方丘陵地区城市水体，特别是穿越工业园区水体的治理提供经验。

## 12.1 区域概况

### 12.1.1 区位分析

宜春市位于江西省西北部，长江中游城市群重要成员，地处东经113°54′~116°27′，北纬27°33′~29°06′之间，总面积2532.36km²。宜春市东境与南昌市接界，西北与湖南省长沙市交界，是环鄱阳湖城市群与长株潭城市群、长沙与南昌之间重要节点地区，赣西城市群主要成员。

雷河流域位于宜春市中心城区北部边缘（图12-1），袁河北岸，流域面积70.3km²。雷河发源于台立上水塘，上游流经工业园区，沿途接纳江丰河、三阳河等支流，末端汇入袁河。

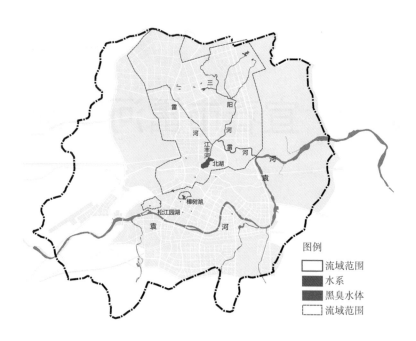

**图12-1** 雷河流域区位图

图例
- 流域范围
- 水系
- 黑臭水体
- 流域范围

## 12.1.2 气象特征

宜春市属中亚热带季风气候区，四季分明，全市年平均气温16.2~17.7℃。中心城区雨量丰富，多年平均降雨量1585.9mm，最大年降雨量2207.5mm（1954年），最小年降雨量1096.3mm（1963年）。降雨量年内分配极不均匀，主要集中在4~6月，约占年降雨量的44.45%，实测最大一日降雨量175.9mm（1967年），最大三日降雨量225.1mm（1994年）。

## 12.1.3 用地情况

**图12-2** 雷河流域工业企业分布图

图例
- 雷河流域范围
- 工业用地
- 水系

雷河流域内用地以工业用地为主，上游流经工业园区，下游流经山林用地区。雷河流域内分布着大量的工业企业（图12-2），约2千家，形成了以机电、锂电、新材料、医药、化工、服装、食品等为主体的产业集群。

对雷河流域下垫面进行解析，以绿地面积占比最多，为30.3%；屋顶、铺装、道路分别占比11.1%、3.4%、13.8%（图12-3、表12-1）。

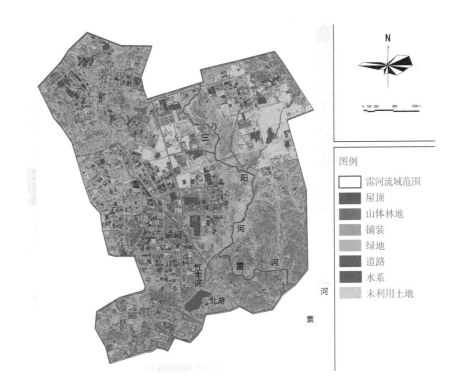

图例

☐ 雷河流域范围
■ 屋顶
山体林地
铺装
绿地
道路
水系
未利用土地

图12-3 雷河流域下垫面分布图

雷河流域下垫面面积占比表　　　　　表12-1

| 下垫面类型 | 屋顶 | 铺装 | 道路 | 绿地 | 山体林地 | 水系 | 未利用土地 | 合计 |
|---|---|---|---|---|---|---|---|---|
| 面积（hm²） | 779.4 | 241.1 | 968.0 | 2132.6 | 1616.0 | 728.5 | 564.1 | 7030 |
| 占比 | 11.1% | 3.4% | 13.8% | 30.3% | 23.0% | 10.4% | 8.0% | 100% |

### 12.1.4　水体概况

宜春市水系发达，中心城区主要河流为袁河，流域面积6486km²，河道全长273km，袁河干流自西向东蜿蜒流过宜春市城区中部，城区段河长25.66km，宽89～260m，平均河宽120～130m，河床底较河岸低4.0～7.0m，河道纵坡约1/2000。袁河宜春站多年平均流量为55.4m³/s，最大洪峰流量4000m³/s（1826年），最枯流量2.1m³/s（1963年）。其中，雷河是袁河的一级支流（图12-4）。

图12-4 宜春市中心城区水系分布示意图

雷河位于宜春市中心城区北部边缘，流域面积70.3km²，末端汇入袁河，长年有水。治理前，雷河黑臭水体长度12.6km（图12-5），包括雷河（蕉溪村-袁河，11.8km）及其支流江丰河（0.8km）。

雷河上游平均坡度约3‰，下游平均坡度约0.8‰，雷河沿线坡度变化趋势见图12-6。

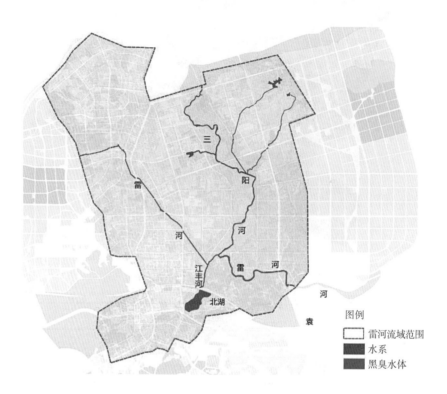

图12-5 雷河黑臭水体分布示意图

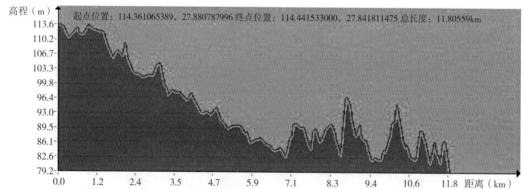

图12-6 雷河（蕉溪村-袁河）沿线地势变化趋势图

雷河治理前为轻度黑臭，水质指标见表12-2，照片见图12-7。

雷河治理前水质情况                                    表12-2

| 透明度（cm） | NH₃-N（mg/L） | DO（mg/L） | ORP（mV） | 水质情况 |
| --- | --- | --- | --- | --- |
| 20.7 | 7.61 | 4.1 | 145 | 轻度黑臭 |

图12-7 雷河治理前水体黑臭情况

### 12.1.5　排水系统

宜春市中心城区同时存在分流制及合流制，其中分流制区域主要分布在新建成区，面积约117.1km²，合流制主要分布在老城区，面积约36.29 km²。

治理前，宜春市中心城区内共有2座污水处理厂，分别为方科污水处理厂、经开区污水处理厂，总规模为17万m³/d，污水提升泵站4座，总规模19.2万m³/d，污水管网470.4km，合流制管网110.8km（图12-8）。

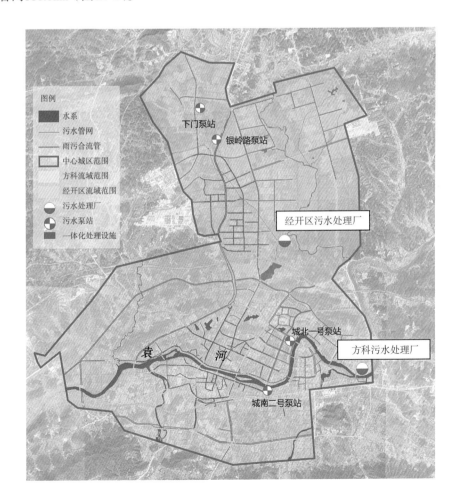

图12-8 宜春中心城区污水系统分布示意图

### 1. 方科污水处理厂系统

方科污水处理厂位于袁州区下浦街道金桥村，袁河下游右岸，服务范围主要为中心城区南部片区袁河两侧区域，为生活污水处理厂。方科污水处理厂现状处理能力14万m³/d，处理工艺采用百乐克（BIOLAK）+MBBR生物接触氧化，出水标准为一级A，2018年平均日进水量为11.4万m³/d，平均进水$BOD_5$为97.6mg/L。

方科污水系统以袁河为界，分为左岸子系统和右岸子系统，截污干管沿袁河两岸敷设，$DN1000 \sim DN1200$。左岸、右岸截流污水分别由一号泵站、二号泵站提升，泵站规模各为8万m³/d，污水提升后沿袁河右岸转输至方科污水处理厂，污水主干管为$DN1500 \sim DN1800$。污水管网长度约347.5km，合流管网长度约35.3km（图12-9）。

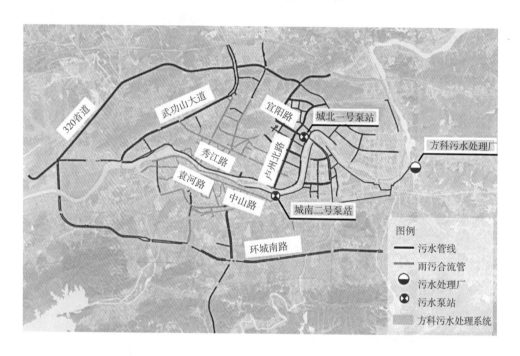

**图12-9** 方科污水系统主干管网分布示意图

### 2. 经开区污水处理厂系统

经开区污水处理厂位于雷河与三阳河交界处，主要收集处理经开区范围内工业污水，为工业污水处理厂。经开区污水处理厂现状处理规模3万m³/d，其中，一期规模1万m³/d，采用硅藻精土移动流化床+BAF模块工艺，出水为一级B级标准，二期规模2万m³/d，采用AAO+MBR工艺，出水为一级A级标准，尾水排入雷河。

经开区污水系统污水管道长度约122.2km，合流制管道长度约75.5km。经开区污水系统内污水管主要分布在雷河北侧区域，沿经发大道、宜商大道、春一路等敷设，$DN400 \sim DN700$，末端接入雷河北岸截污主干管。合流污水管主要分布在雷河南侧区域，主要沿宜春大道、宜工大道、中央大道等敷设，$DN400 \sim DN1500$，末端截流后接入雷河截污主干管。截污主干管沿雷河布置，末端接入经开区污水处理厂。系统内有下门泵站、银岭路泵站，泵站运行总规模为0.7万m³/d，分别提升下门片区、银岭路周边污水，排入污水管网自流进入经开区污水处理厂（图12-10）。

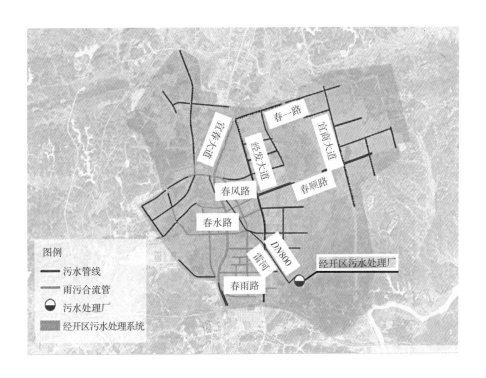

图例
—— 污水管线
—— 雨污合流管
◑ 污水处理厂
▓ 经开区污水处理系统

图12-10 经开区污水系统主干管网分布示意图

经开区污水系统为新建系统，经开区南侧的北湖片区内无生活污水处理设施，片区生活污水直排江丰河。经开区污水系统内所有工业企业均已设置污水管道收集生产污废水，并在厂区内预处理，出水水质达到《污水排入城镇下水道水质标准》后，排入市政污水管道，最终排入经开区污水处理厂。

## 12.2 存在问题分析

雷河流域位于城市建成区边缘，属于经开区污水系统，流域内排水收集及处理设施建设滞后，短板明显，污水直排水体问题突出，加之水体管理养护不到位，农业面源污染、底泥淤积及垃圾无序堆放等问题，导致河道水质恶化，环境脆弱水土流失严重，生态景观差。其中，排水设施建设滞后导致的污水直排是产生水体黑臭的最主要原因。

### 12.2.1 污水处理能力不足，效能低

**1. 污水处理设施能力不足，存在空白区**

根据统计数据，雷河流域内总污水量为3.6万m³/d，其中生活污水量0.8万m³/d，工业污水量2.8万m³/d。治理前，雷河流域内仅有1座经开区污水处理厂（图12-11），设计规模为3.0万m³/d，流域内污水处理规模不足。根据测算，经开区污水系统2030年污水量将达到9万m³/d，污水处理设施缺口较大。

特别是北湖片区缺乏生活污水处理设施，片区内生活污水经管道收集后，直接排入江丰河。片区面积约8km²，污水排放量约为0.5万m³/d。根据污水量预测，北湖片区2030年污水量约2.1万m³/d。

图12-11 雷河
流域污水处理厂
服务范围图

**2. 经开区污水处理厂一期出水水质不达标**

经开区污水处理厂一期1万m³/d，一级B排放标准，现状主体构筑物池体完整，但设备、管道老化腐蚀严重，除磷效果差，出水水质不稳定，超标现象时有发生，尾水直接排放入雷河，对雷河水质造成较大影响。

### 12.2.2 污水直排问题突出，污染大

治理前，雷河流域排水设施建设滞后、污水直排问题突出，沿线共有32处污水排口，污水直排量为14714m³/d。

**1. 排水管网建设缺口大，短板明显**

雷河流域位于城市建成区边缘，排水设施建设缺口大，短板明显。雷河流域内分流制、合流制排水体制共存。分流制区域主要分布在北湖片区及宜春大道东侧区域，面积为49.68km²。合流制区域主要分布在宜春大道西侧，区域面积为12.39km²。此外，部分城中村区域排水管网缺失严重，污水散排入河，面积为8.23km²（图12-12）。由污水设施不健全造成的30处直排口（居民污水直排口22处，分流制污水排口4处，合流污水直排口4处，见图12-13），污水直排进入雷河及其支流沟塘，造成水体污染。污水直排污染主要原因如下：

一是分流制区域管网不健全，朝霞路、锦绣大道等市政污水管网未贯通，下游污水无出路，存在4处分流制污水直排口，污水排放量为5850m³/d。

二是部分合流制区域管网无末端截污干管，雷河流域内26条市政道路、7个源头小区均为合流管网，末端缺少截污干管，污水通过4处合流直排口排入河道，污水排放量为7385m³/d。

三是农村生活污水散排，雷河流域61个村组、10个安置地（图12-14）排水管网缺失严重，生活污水直排入河或散排汇入屋后排水渠进入雷河水系。雷河沿线共有22处居民污水直排口，排水量136m³/d（图12-15）。

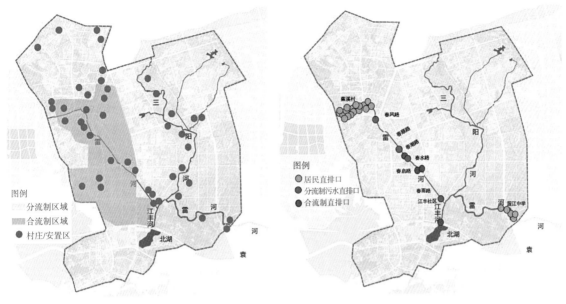

图例
分流制区域
合流制区域
● 村庄/安置区

图例
● 居民直排口
● 分流制污水直排口
● 合流制直排口

**图12-12** 雷河流域排水体制分布示意图

**图12-13** 治理前雷河沿线排口分布示意图

图例
⌐⌐⌐ 雷河流域范围
■ 水系
经开区
● 三阳镇
● 渥江镇

**图12-14** 农村散排村庄点分布示意图

**图12-15** 治理前农村污水直排口

### 2. 排水管网运行状况差，病害严重

一是雨污水管混错接严重。分流制区域内锦绣大道、宜阳大道等道路市政排水管存在82处雨污水管道混错接点（图12-16），通过2处排口将混接污水排河，污水排放量约为1343m³/d。

二是管道缺陷病害严重。部分管网建设年限较久，存在坍塌、错口、淤堵等病害情况。根据管网排查检测情况，雷河流域内排水管网共存在3、4级结构性缺陷849处（图12-17、图12-18），3、4级功能性缺陷14.84km（图12-19、图12-20）。

**图12-16** 雨污水管道混错接点分布示意图

**图12-17** 雷河流域排水管道3、4级结构性缺陷分布图

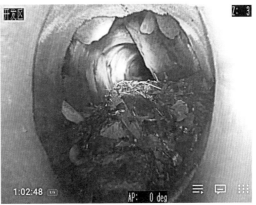

图12-18 排水管道3、4级结构性缺陷照片

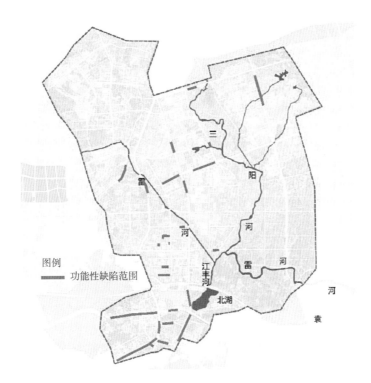

图例
—— 功能性缺陷范围

图12-19 雷河流域排水管道3、4级功能性缺陷分布图

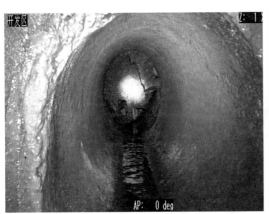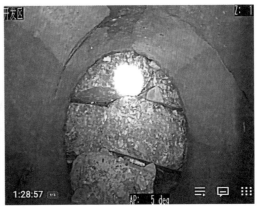

图12-20 排水管道3、4级功能性缺陷照片

### 12.2.3 底泥内源污染释放，影响久

#### 1. 污染物河底淤积，缓释入水体

治理前，雷河上游水深较浅，河底附着生长水草，淤泥较少。雷河下游及江丰河段为自然河道，流速缓慢，水中悬浮物沉积较多，雷河淤积范围示意见图12-21。污染物长期在河床中累积形成黑臭底泥，淤积长度为6.48km，平均淤积深度约为0.5~0.7m。

图例
■ 淤积范围

图12-21 雷河治理前淤积范围示意图

#### 2. 沿线生活垃圾堆积，渗滤液污染

治理前，雷河管理缺位，垃圾收集转运系统不完善，大量生活垃圾、建筑垃圾沿河岸无序堆放。经统计，雷河上游堆积垃圾量约1000m³，下游河岸堆积垃圾约11000m³，江丰河沿线堆积垃圾约3000m³（图12-22）。

图12-22 雷河治理前沿岸建筑垃圾堆积照片

### 12.2.4 雨天面源污染入河，来源广

#### 1．农业面源污染突出

雷河流域内农田约261hm²，主要分布在雷河起点、雷河下游及三阳河沿线，靠近村庄位置（图12-23）。由于农业生产活动中肥料的使用，氮素、磷素等营养物质及其他有机、无机污染物，雨天随径流入河污染水体。根据测算，雷河流域农业面源污染物排放量COD约为15.7t/a，$NH_3$-N约为4.7t/a，TP约为1.4t/a。

**图12-23** 雷河流域内农田情况

#### 2．雨水径流污染来源广

雷河流域建设用地以工业用地、居住用地为主，下垫面主要以屋顶、道路广场、绿地为主，雨季径流污染也会对河道污染带来一定负荷。

### 12.2.5 生态脆弱水体流失，韧性差

#### 1．护岸破损，生物多样性差

治理前，雷河沿线存在复合生态护岸、硬质护岸、自然护岸及暗涵等四种形式，其中复合式生态护岸及自然护岸长度占总长度的79.7%。雷河上游河段部分护岸剥落、塌陷、被垦殖，总体景观较差，岸线存在护岸缺失、护岸塌陷及护岸被垦殖等问题（图12-24）。

**图12-24** 雷河治理前护岸破损情况

雷河下游为自然岸线，沿河无亲水步道等休闲活动空间；植物以自然生长的杂草乱树为主，水体内鱼虾少见，生物多样性不足，生态环境脆弱（图12-25）。

**2. 护坡缺失，水土流失风险大**

治理前，雷河下游局部护坡、山体土壤裸露，水土流失风险严重，雨后河道浊度急剧升高，水体呈红壤色，透明度降低明显（图12-26）。

图12-25 雷河治理前生态环境情况

图12-26 雷河治理前水土流失情况

## 12.3 治理目标及技术路线

### 12.3.1 治理目标

根据《宜春市中心城区黑臭水体治理三年攻坚实施方案》《宜春市城市黑臭水体治理工作方案》等要求，明确雷河城市黑臭水体治理目标。

（1）全面消除雷河黑臭水体。居民满意度不低于90%，水面无大面积漂浮物，无大面积翻泥；透明度、DO、ORP、$NH_3$-N指标的平均值达到不黑不臭的要求。

（2）建立完善的污水收集处理体系，消除城中村、城乡结合部等污水收集处理空白区，消除污水直排口。

（3）形成设施全覆盖、功能完善的生活垃圾处理处置体系，建立完善的河面保洁及打捞体系，确保水面无漂浮物，两侧无垃圾。

（4）生态修复城市水体，水体功能和景观均达到良好效果，雷河治理后5.1km河段达到"水清岸绿、鱼翔浅底"的要求。

（5）建立完善的黑臭水体治理机制，确保水体治理效果的"长制久清"。

### 12.3.2　技术路线

根据雷河位于建成区边缘的特点，雷河城市黑臭水体治理按照从主到次、从易到难、兼顾区域开发建设时序的原则，找准关键问题，针对性提出雷河黑臭水体治理"三步走"战略（图12-27）。

第一步：补齐基础设施短板，消除旱天污水入河。优先完善污水收集处理设施，实现生活污水、工业废水的分别集中处理；针对分流制区域、合流制区域、城中村散排区域，因地制宜开展污水直排口治理工程措施，注重工程实效，消除污水散排区，消除生活污水直排口，保证旱天污水不入河。同时，加强基础卫生设施建设，强化河道环卫管理，清理河底淤泥，减少内源污染。

第二步：控制雨天面源污染，恢复河道生态系统。落实海绵城市建设理念，建设生态滞留设施、湿地，控制雨天径流污染，保障雨天河道水质达标。开展河道环境综合提升改造，恢复和重建河道水生态系统，提高水体自净能力。复绿裸露山体护坡，控制水土流失。

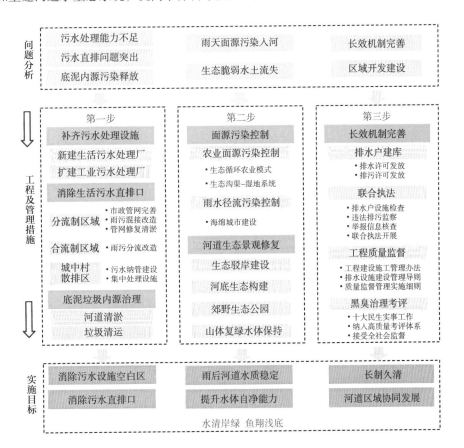

图12-27 雷河流域黑臭水体治理技术路线

第三步：优化长效管理机制，带动区域建设发展。健全、落实长效机制，加强排水户全方面管理，落实联合执法，项目建设全过程监督，全社会严格监督考评。进一步挖掘雷河生态价值，打通绿水青山与金山银山的双向转化通道，带动区域健康发展。

## 12.4 系统化治理方案

### 12.4.1 控源截污

#### 12.4.1.1 补齐污水处理设施短板

完善雷河流域污水处理系统，合理确定污水收集处理设施总体规模和布局。新建城北污水处理厂，建设规模为2.0万m³/d，处理北湖片区生活污水，城北污水处理厂建设期间采用一体化处理设施应急处理片区生活污水，降低水体污染；扩建经开区污水处理厂，由3.0万m³/d扩建至5.0m³/d，处理雷河流域内工业污水。

建成后，雷河流域污水处理规模由3.0万m³/d提升至7.0万m³/d，一方面实现了雷河流域污水的全处理，为未来区域建设发展预留一定空间；另一方面，实现了流域内生活污水、工业废水的分开集中处理，提升污水处理运行效能。

1. 新建城北污水处理厂

为解决北湖片区生活污水直排问题，新建城北生活污水处理厂处理北湖片区生活污水，根据污水量测算，设计规模确定为2.0万m³/d。处理工艺主要采用改良A/A/O+高效沉淀池+精密过滤（图12-28），一级A排放标准。从北湖片区污水总排口至城北污水处理厂建设污水主干管1.2km，消除了北湖片区生活污水总排口，形成了分别处理工业废水、生活污水的双污水处理厂形式（图12-29）。

2. 北湖片区生活污水应急处理

为使城北污水处理厂建设期间，减少北湖片区污水对江丰河的污染，采用应急方案解决北湖片区污水直排问题。在北湖片区污水管网系统下游采用购买服务的形式，租赁4套一体化处理设施处理北湖生活污水，每套一体化处理设施规模为500m³/d，出水标准为一级A标准，处理后排入沟渠或江丰河。

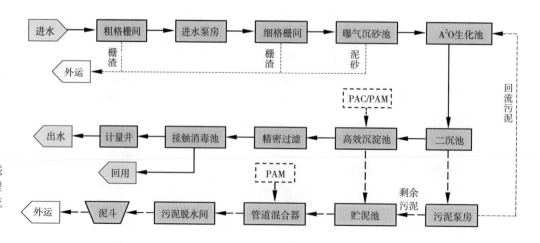

图12-28 城北污水处理厂设计工艺流程图

图12-29 雷河流域污水处理设施布局示意图（2020年）

**3.扩建及提标改造经开区污水处理厂**

建设经开区污水处理厂三期，规模为2.0万m³/d，采用RPIR（多模式AAO+RPIR模块）生物池+高效沉淀池+转盘滤池，其中RPIR为反应沉淀一体式矩形环流生物反应器，一级A排放标准，尾水排入雷河。

新建经开区污水处理厂一期一体化滤布滤池，强化出水水质，增加除磷加药系统，提标改造为一级A标准。

**12.4.1.2 分类精准治理污水直排**

在污水处理设施完善的基础上，根据分流制区域、合流制区域、污水散排区不同区域的特点，因地制宜，采取多元处理模式，全面消除流域内污水直排口，保证旱天污水不入河。

**1.分流制区域污水直排治理**

（1）打通污水断头管网。打通朝霞路、锦绣大道等4条道路污水管道，新建管道5.2km，完善污水收集输送系统。

（2）改造雨污混接管网。根据排水管网普查结果，通过新建、改造局部管网的形式将市政路上的混错接管道进行正确接驳，综合整改排水管道错接、漏接、混接点82处，新建管道5.2km。

（3）修复、清淤排水管网。根据排水管网CCTV检测结果，修复流域内3、4级结构性缺陷排水管道849处，更新破损管道，其中开挖修复4.7km，非开挖修复2.58km；清淤、疏通3、4级功能性缺陷排水管道12.84km，维护管道畅通，保障排水功能。

**2.合流制区域污水直排治理**

（1）市政路雨污分流改造。对工业园区内市政道路合流制管道全部进行分流制改造，现状合流管改造为雨水管，新建污水管接纳沿途污水排放，共改造26条道路合流管，新建污水管约25km，工业园区内市政路排水管网全部实现雨污分流。

（2）社区内雨污分流改造。对刘家组、土垄组等7个合流地块全部进行雨污分流改造，包括建筑内、建筑外分流改造。新建雨水立管，将阳台污水接入污水管；建筑外将原合流管道作为雨水管，新建污水管收集建筑污水，末端接入市政污水管，共新建排水管道46.2km（图12-30）。

3．污水散排区直排治理

加强雷河流域污水散排区排水设施建设，共完成61个村组、10个安置地的污水收集处理（图12-31）。

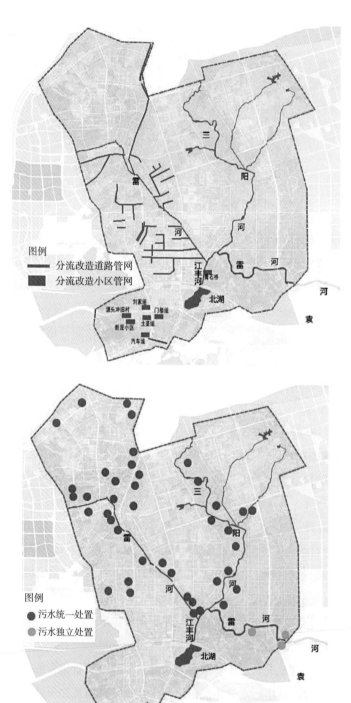

图12-30 雨污分流改造分布示意图

图12-31 污水散排区污水处理方式分类示意

（1）污水处理厂纳污范围内村组，按照"应接尽接"的原则，将化粪池污水全部接入污水管道，输送至污水处理厂统一处理。共完成58个村组、10个安置地的污水纳管建设，实现截污面积8.2km²，新建污水管网44.02km。

（2）污水处理厂纳污范围外村组，此部分污水难以接入市政管网，建设集中式污水处理设施就近处理。袁州区渥江镇3个村组配套新建污水管网8.4km，新建一体化污水处理设施2套，处理规模400m³/d，均采用一级A排放标准。

下面以渥江镇桥头新村、易家里等村组为例，介绍消除农村生活污水散排区方案（图12-32）。

图12-32 渥江镇易家里、桥头新村截污方案示意图

渥江镇易家里村组周边无污水管网设施，沿居民屋后设置DN200污水支管，逐户收集居民污水化粪池出水，沿雷河左岸道路设置DN300污水干管，接纳支管及渥江中学污水排出管，消除沿河居民直排口。由于渥江中学地势较低，周边无污水管网，综合考虑，设置一体化处理设施一套，处理规模100m³/d，处理易家里村组及渥江中学内污水，处理废水排入雷河。

桥头新村小区为多层楼房，沿屋后新建DN200污水管，逐户收集化粪池污水，沿小区主要道路布置DN300污水主管，设计管道长度1.38km，汇集后末端接入渥江镇一体化处理设施，新建处理规模500m³/d，配套建设DN300~DN400污水管约4km，收集周边污水。

### 12.4.1.3 面源污染控制

**1. 农业面源污染控制**

雷河治理过程中，采用生态化措施，源头削减雷河流域农业面源污染，控制入河污染物。

一是建设优质生态农业。全部清除禁养区养殖场，拆（关）养殖场（户）88个，栏舍面积9.2万m²；全面取缔河湖水库网箱养殖，开展增殖放流；实施农药化肥减量增效行动，2020年化肥、农药使用量比往年分别降低2.9%和4.8%。

二是构建"生态沟渠-湿地"系统。在雷河下游建设生态滞留沟渠1.5km，作为农田和河道之间的缓冲带（图12-33），并将一部分临近水体的自垦田地改造为湿地（图12-34），湿地面积4387m²，进一步净化处理农业面源污染。

图12-33 雷河生态滞留设施实景图

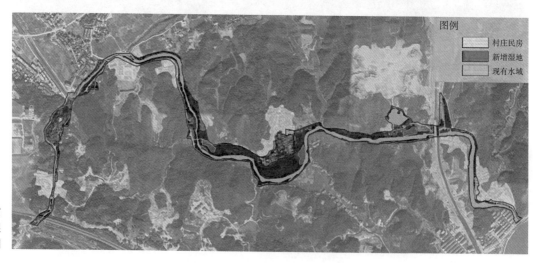

图12-34 雷河下游新增湿地位置示意图

## 2. 径流污染控制

宜春市出台了《宜春市人民政府办公室关于全面推进全市海绵城市建设的实施意见》（宜政办发〔2016〕37号），要求至2020年，城市建成区30%以上的面积年径流总量控制率达到75%。新建地块全过程落实海绵城市理念，改造地块结合雨污分流改造、小区景观提升等工作开展。

宜春市完成了城市双修试点区工程、广电大楼等片区和原有山体绿地海绵化改造，海绵城市建设面积约32.49km²（图12-35）。

图12-35 老城更新结合海绵城市建设效果实景照片

### 12.4.2 内源治理

内源污染治理措施主要为清理河底淤积底泥及沿河堆放垃圾，完善区域垃圾收集转运处理体系，明确管理责任，实现垃圾的无害化、减量化、资源化处理。

#### 12.4.2.1 河道清淤

对雷河和江丰河段进行清淤，清淤长度约6.48km，清淤厚度0.5~0.7m，清淤总量7.49万m³（表12-3）。雷河上游淤泥量少且多位于桥涵下，主要采用人工清淤方式，雷河下游段及江丰河段采用挖掘机清淤的方式。根据河道淤泥检测结果，淤泥不属于危废，将淤泥封闭运输脱水干化后进行集中处置。

雷河清淤情况统计表　　　　　　　　　　　表12-3

| 区段 | 河段长度（km） | 淤积深度（m） | 清淤量（万m³） | 清淤方式 |
|------|------|------|------|------|
| 雷河上游 | 1.0 | 0.7 | 0.7 | 人工清淤 |
| 雷河下游 | 4.6 | 0.7 | 6.44 | 机械清淤 |
| 江丰河 | 0.88 | 0.5 | 0.35 | 机械清淤 |
| 合计 | 6.48 | — | 7.49 | — |

#### 12.4.2.2 清理垃圾及资源化

根据宜春市生活垃圾分类及减量工作相关文件精神，在雷河流域内深入开展垃圾分类工作，坚持"政府推动、部门联动、全面发动、全民参与"的原则，实行投放、收集、转运、处理四个环节全程分类。

为避免垃圾入河，加强雷河流域基础卫生设施建设，各村组、社区配套垃圾收集设施，共建设2个垃圾中转站；完善卫生清理制度，落实管理责任，保证垃圾及时清理，防止在雨天漫流污染河道。清运雷河、江丰河沿岸建筑垃圾及生活垃圾，清运量约15000m³。

宜春市成立了宜春绿色动力再生能源有限公司，建设宜春市生活垃圾焚烧发电项目（图12-36），处理规模为1000m³/d，并配套建设炉渣制砖厂，年度发电能力约1.6亿度，彻

图12-36 宜春市生活垃圾焚烧发电厂中控平台

底解决了宜春市中心城区生活垃圾资源化利用率低的问题，实现了生活垃圾无害化、资源化、减量化。目前，生活垃圾焚烧发电厂已运行产电联网。

### 12.4.3 生态修复

通过改造生态驳岸、设置水生植物、建设湿地等措施构建河道周边蓝绿交融空间，提升河道生态功能；在打造"绿水"的同时，建设"青山"，喷播复绿雷河沿线裸露山体护坡，开展水土保持，实现绿水青山。

#### 12.4.3.1 生态修复建设湿地公园

结合防洪标准要求，对雷河沿线坍塌、破损、缺失等岸线进行改造，共2.8km，恢复被垦殖的生态护坡，绿化面积约8230m²，为水体留出足够的生态空间和滨水空间。工程措施如下：

（1）护岸修复：江丰社区、渥江中学段考虑到防洪安全因素不适宜采用生态岸线，仍采用硬质岸线，采用直立护岸形式补齐缺失护岸，新建长度约950m，采用自然河底。春风路-宜工大道等段采用嵌草砖护岸形式修复坍塌护岸，修复长度约1.8km（图12-37）。

（2）水清岸绿建设：新建雷河郊野湿地公园，占地面积36.9hm²，绿化面积23.3hm²，在河底配置金鱼藻等水生植物，构建水下生态系统，建设5.1km"水清岸绿、鱼翔浅底"示范段，成为市民休闲漫步的好去处（图12-38），串联北湖公园-江丰河-雷河，打造滨水湿地生态景观带（图12-39）。

图12-37 雷河护岸修复实景照片

图12-38 雷河水清岸绿及湿地公园照片

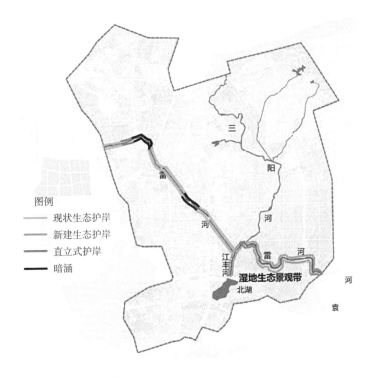

图12-39 雷河水清岸绿段分布示意图

### 12.4.3.2 护坡复绿水土保持

对现状河道两侧裸露山坡进行生态复绿，减少水体流失，提高生态环境质量，采用山体挂网客土喷播植生（图12-40），植物搭配为狗牙根+高羊茅，复绿面积21000m²。

图12-40 雷河下游裸露山体及复绿后对比

## 12.5 管理保障措施

宜春市立足黑臭水体治理"长制久清"，通过建立"三全一多"即"全方面管理排水户、多部门联合执法、全过程监管建设、全社会参与督查考核"等制度，构建了管理制度高要求、工程建设有保障、监督检查全覆盖的长效机制，全面系统推进雷河黑臭水体治理。

### 12.5.1 全方面管理排水户

#### 1. 全流程制度化管理生活排水户

一是构建生活排水户数据库。宜春市根据城市供水户信息、市场监督管理局登记信息等，开展排水户普查工作，统计梳理中心城区所有排水户信息，并分门别类入册管理，建立排水户数据库。

二是开展重点排水户管理。为了推动排水户排水行为规范化管理，宜春市制作了《宜春市中心城区排水设施建设规范宣传手册》，要求重点排水户建设预处理设施。市综合行政执法局将重点排水户预处理设施的维护养护工作交由第三方公司负责，定期维护清掏。其中，餐厨隔油池垃圾统一清掏收集运送，从源头上遏制了"地沟油"的生产链，保障了人民群众的生命健康安全。

三是及时发放及更新排水许可证。向满足要求的排水户发放排水许可证。当排水户申请工商信息变更时，以排水许可证变更为前置条件，确保了排水许可证与工商登记信息一致，实现排水户全流程制度化管理（图12-41）。

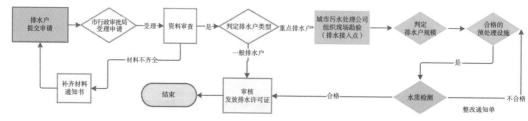

图12-41 排水户办理流程图

#### 2. 多层次管理工业排水户

工业园区聘请环保管家托管。经济技术开发区和袁州医药工业园区分别聘请了环保管家对工业园区内市政排水管网普查、工业企业排污、环境风险控制等进行一站式管理服务。

生态环境局委托第三方定期摸排。为了能够掌握工业企业内源头排污情况，市生态环境局委托第三方定期开展工业企业排污普查工作，普查内容包括企业内雨污水排口水质达标情况、企业污水预处理设施建设运行情况等内容。

### 12.5.2 多部门联合执法

一是立规建章。宜春市一方面制定了《宜春市中心城区排水管理办法（暂行）》，明确了禁止乱排、直排污水，另一方面制定了《宜春市中心城区排水联合执法行动方案》，建立了包括市综合行政执法局、市生态环境局、市行政审批局、市工信局、市商务局等多部门的排水联合执法队伍，定期开展联合执法，对违法排污问题责令限期整改。

二是联合执法。依法取缔沿街经营性单位和个体工商户污水乱排直排，责令整改"小、散、乱"排污等非法行为。针对工业企业违法排污行为，责令涉事企业开展雨污水管混错接改造、预处理设施建设、加强环保设施运维管理等工作，更进一步要求工业园区及相关工业企业进行自查自纠，举一反三，做到厂区内雨水、污水双达标排放（图12-42）。

图12-42 多部门联合执法及责令整改通知书

### 12.5.3 全过程监督建设

排水设施建设质量直接影响运行效果，宜春市出台多项工程质量监管机制，涉及施工、管理、信用机制等多方面，规范排水实施建设行为。

《宜春市中心城区排水设施建设管理导则（暂行）》对排水实施建设材料、质量、工程移交等提出了要求；《宜春市中心城区市政基础设施工程建设施工管理办法》明确了市行政主管部门职责，要求办理施工许可制度、安全文明施工等，加强了市政基础设施工程的建设管理；《宜春市中心城区市政给水排水工程质量监督管理实施细则》对市政给水排水工程质量要求及监督管理提出了明确要求。

### 12.5.4 全社会参与考评

为加快推进黑臭水体治理工作、改善群众居住环境，宜春市将黑臭水体治理工作列入2020年宜春市"十大民生实事"中，接受市人大、政协监督考核，考核结果纳入高质量发展全市考评体系中。同时，为提高社会公众对黑臭水体治理的参与度、加强社会监督，宜春市采取现场设立项目展示牌、发放宣传资料、制作宣传视频、定期组织新闻发布会、省市电视广播媒体宣传等多种形式宣传介绍黑臭水体治理工作（图12-43）。中共宜春市委宣传部、宜春市综合行政执法局联合主办关于黑臭水体治理的"2021年宜春市'文明宜春，幸福家园'摄影、征文、短视频大赛"，在市内引起了较高的话题度及参赛热潮（图12-44）。

图12-43 市人大常委巡查督查及新闻发布会介绍雷河治理情况

图12-44 摄影、征文、短视频大赛组织在雷河采风

## 12.6 案例总结

宜春市按照系统化治理思路，深入推进排水设施补短板、工业污水全分离、排水全流程管理、全民治水齐抓共管等工作，在工程建设及长效机制的双重推动下，消除了水体黑臭现象，重建了水体生态系统，持续改善了城市水环境，使雷河呈现出了"水清、岸绿、景美、河畅、人和"的美丽意境，提升群众幸福感和满意度。

**1. 重点补齐排水设施短板，多措并举、系统治理**

宜春市以排水设施补短板为核心，按照分散与集中相结合的原则，推动城市边缘区域污染防治，消除污水直排口，实现雷河流域内污水收集处理全覆盖。

一是推进农村污染治理。通过截污纳管措施，新建和改造雷河流域内农村、安置地、老旧小区的排水设施，消除农村污水散排区，实现了城市边缘区域污水管网全覆盖。

二是补齐排水管网短板。通过开展雨污分流改造、排水断头管打通、雨污混错接管改造、缺陷管道修复疏通等工作，完善了排水管网系统，消除了沿河排污口，实现了旱天污水不入河。

**2. 统筹分离工业生活污水，精准分析、对症下药**

宜春市厘清思路，精准分析雷河流域内生活污水和工业污水混杂问题，通过新建生活污水处理厂，提标扩容工业污水处理厂，使雷河流域污水处理规模提升至7.0万m³/d，能够满足雷河流域内污水收集处理需求，并分离生活污水、工业废水，实现分别处理。

新建城北污水处理厂处理北湖片区生活污水，污水处理厂纳污范围外新建一体化污水处理设施处理村组散排污水，实现了雷河流域内生活污水处理全覆盖，经开区污水处理厂一期提标及三期扩容，处理工业园区污水。生活、工业污水处理厂各自独立运行，实现了生活污水和工业污水有效分离，保障了污水处理厂处理效能。

**3．落实排水户制度化管理，联合执法、重点监督**

宜春市建立了排水联合执法常态化机制，形成了涵盖生活排水户全流程管理、工业排污户多层次管理等排水全方面制度化管理模式。

完善排水建设管理，推行事前审批及完工检测制度。宜春市制定了《宜春市中心城区排水设施建设管理导则》《宜春市中心城区排水管理暂行办法》等文件，要求项目实施前进行排水接入初审，污水无出路限制审批。建设项目完工后应开展排水管网CCTV检测，作为管网设施移交依据等内容。

**4．着力提升建设管理水平，齐抓共管、成果共享**

宜春市借助创建黑臭水体治理示范城市契机，采用"多维度管理、多角度监督"模式，通过全社会齐抓共管，破解跨界河道治理难题。

一是多维度管理。通过批准《宜春市文明行为促进条例》，明确"禁止向河流、水库等水体排放污水、倾倒垃圾等损害生态环境的不文明行为"，加强刚性约束。宜春市委关于制定"十四五规划"建议中提出，打造山水林田湖草生命共同体，践行"生态+"理念，完善生态价值转换机制等内容，并配套出台多项管理制度，规范工程建设、质量管理、信用机制等全过程行为。依托管网、排水设施数字化平台，借助大数据、互联网等科技手段，实现智慧化管理。

二是多角度监督。将黑臭水体治理工作列入"十大民生实事"，接受社会监督，邀请市人大、政协监督考核，考核结果纳入高质量发展全市考评体系。同时加强舆论宣传，打通公众监督渠道，引导市民共同参与。

[延伸阅读10]　　　　[延伸阅读11]　　　　[延伸阅读12]

# 参考文献

［1］ 王家卓，胡应均，张春阳，等. 对我国合流制排水系统及其溢流污染控制的思考［J］. 环境保护，2018，46（17）：14-19.

［2］ 唐建国，王家卓，马洪涛. 完善城市排水系统巩固和提升黑臭水体整治成效［J］. 给水排水，2018，54（1）：1-7.

［3］ 任婷婷. 基于ENVI的武汉市用地构成和热环境变化研究：“共享与品质——2018中国城市规划年会”论文集［C］. 北京：中国建筑工业出版社，2018：387-401.

［4］ 宋任彬，潘珉，何锋，等. 滇池流域典型城市河道生态状况调查分析［J］. 环境科学导刊，2019，38（5）：29-34.

［5］ 徐后涛. 上海市中小河道生态健康评价体系构建及治理效果研究［D］. 上海：上海海洋大学，2016：19.

［6］ 郭迎新，徐海东，谢薇，等. 海绵城市理念下的老城区CSO污染控制探索与实践［J］. 中国给水排水，2019，35（14）：1-6.

［7］ 周传庭. 合肥市老城区全地下雨水调蓄池工厂设计［J］. 中国给水排水，2019，35（14）：63-66.

［8］ 邱佩璜. 杭州市城市河道生态治理模式与河道评价体系研究［D］. 杭州：浙江大学，2017：4-8.

［9］ 肖朝红，周丹，马洪涛，等. 基于污水系统提质增效的老旧城区黑臭水体整治［J］. 中国给水排水，2021，37（10）：23-27.

［10］ 周益洪. 小城市污水量预测方法及相关规划参数的确定［J］. 净水技术，2013，32（3）：59-62.

［11］ 王永金，崔立波，武绍云，等. 南明河流域治理中污水处理厂布局与建设模式探讨［J］. 中国给水排水，2020，36（6）：7-13.

［12］ 周丹，马洪涛，常胜昆，等. 基于问题导向的老城区海绵城市建设系统化方案编制探讨［J］. 给水排水，2019，55（7）：32-38.

［13］ 郝婧，周丹，聂超，等. 福州老旧小区的海绵化改造案例［J］. 中国给水排水，2020，36（12）：20-24.

［14］ 常胜昆，周丹，马洪涛，等. 厦门浯溪黑臭水体合流制溢流污染控制技术［J］. 中国给水排水，2021，37（6）：1-5.

［15］ 唐磊，车伍，赵杨，等. 合流制溢流污染控制系统决策［J］. 给水排水，2012，38（7）：28-34.

［16］ 车伍，唐磊. 中国城市合流制改造及溢流污染控制策略研究［J］. 给水排水，2012，38（3）：1-5.

［17］ 张自杰. 排水工程（第五版）［M］. 北京：中国建筑工业出版社，2015.

［18］ 郑岩杭，李翠梅，黄瑜琪. 合流污水系统最优截流倍数研究［J］. 水利水电技术，2020，51（10）：173-179.

［19］ 史秀芳，卢亚静，潘兴瑶，等. 合流制溢流污染控制技术、管理与政策研究进展［J］. 给水排水，2020，46：740-747.

［20］ 闫攀，赵杨，车伍，等. 中国城市合流制溢流控制的系统衔接关系剖析［J］. 中国给水排水，2020，36（14）：37-44.

［21］ 杨正，车伍，赵杨. 城市"合改分"与合流制溢流控制的总体策略与科学决策［J］. 中国给水排水，2020，36（14）：46-55.

［22］ 王文亮，王二松，贾楠，等. 基于模型模拟的合流制溢流调蓄与处理设施规模设计方法探讨［J］. 给水排水，2018，54（10）：31-34.

［23］ 王翔，张伟，杨文辉，等. 三级处理塘与生态沟渠用于农业面源污染治理［J］. 中国给水排水，2019，35（18）：94-98.

［24］ 李戈. 探究城市蓝线规划编制办法［J］. 建筑建材装饰，2015（13）.

［25］ 杨正，赵杨，车伍，等. 新西兰流域综合管理规划概况及对中国实践的启示［J］. 景观设计学，2019，7（4）：28-41.

［26］ 孙从军，张明旭. 河道曝气技术在河流污染治理中的应用［J］. 工程与技术，2001，4：12-20.

［27］ 肖可. 城市河流型湿地公园生态修复探讨——以弥勒市甸溪河湿地公园生态修复为例［D］. 重庆：西南大学，2017：51.

［28］ 王谦，王秋茹，王秀蘅，等. 城市雨源型河流生态补水治理案例研究［J］. 给水排水，2017，43（10）：47-53.

［29］ 王星. 潮白河干流北京段河道生态环境需水量研究［D］. 北京：清华大学，2018：4-7.

［30］ 王浩，周祖昊，王建华，等. 流域综合治理理论、技术与应用［M］. 北京：科学出版社，2020.

［31］ 常胜昆. 某河流黑臭水体治理工程设计方案［J］. 绿色环保建材，2018（2）：74.

［32］ 桑非凡，黄月. 高密度建成区域黑臭水体治理思路——以厦门市新阳主排洪渠为例［J］. 中国资源综合利用，2019，37（2）：62-65.

［33］ 王家卓. 城市水环境治理PPP模式需重视绩效、边界、规范化［J］. 城乡建设，2018（14）：15-16.